21 世纪高等院校计算机专业规划教材

Oracle 数据库开发
——SQL&PL/SQL

姜 英 主 编

王 凯 陈丽萍 副主编

姜 敏 郑吉军 参 编

中国铁道出版社

CHINA RAILWAY PUBLISHING HOUSE

东软电子出版社

内 容 简 介

本书是东软软件工程师认证体系教材之一，是 Oracle 数据库开发人员不可或缺的学习资料，由拥有多年 Oracle 开发、应用、企业培训工作经验的多位编者综合了各行业中基于 Oracle 数据库的 SQL 与 PL/SQL 的开发应用知识后，合力编写。

全书共分 16 章，从实用角度出发，以通俗易懂、浅显精炼的方式全面地介绍了关系型数据库管理系统的相关概念，以及如何基于 Oracle 11g 数据库管理系统实现 SQL 语句与 PL/SQL 程序的编写。同时，还结合开发人员的实际工作需要，介绍了 Oracle 11g 数据库安装与数据库创建、数据库网络访问配置、用户\权限与角色的日常应用及维护、数据的逻辑备份和恢复操作等常用管理技术。

本书定位准确，立足基础，注重实践，图文并茂，便于读者方便、直观地学习。

本书适合作为高等院校计算机专业的教材，也可供从事软件开发和应用的技术人员、对 Oracle 数据库开发感兴趣的人员学习和参考。

图书在版编目（CIP）数据

Oracle 数据库开发：SQL&PL/SQL/姜英主编.
--北京：中国铁道出版社，2012.7
21 世纪高等院校计算机专业规划教材
ISBN 978-7-113-14891-1

Ⅰ.①0… Ⅱ.①姜… Ⅲ.①关系数据库系统-数据库管理系统-高等学校-教材 Ⅳ.①TP311.138

中国版本图书馆 CIP 数据核字（2012）第 130506 号

书　　名：Oracle 数据库开发——SQL & PL/SQL
作　　者：姜英　主编

策　　划：秦绪好　杨　勇　张晓箐　　　读者热线：400-668-0820
责任编辑：吴宏伟　贾淑媛
封面设计：付　巍
封面制作：刘　颖
责任印制：李　佳

出版发行：中国铁道出版社（100054，北京市西城区右安门西街 8 号）
　　　　　东软电子出版社（116023，大连市软件园路 8 号）
网　　址：http:// www.51eds.com　　http://press.neusoft.edu.cn
印　　刷：化学工业出版社印刷厂
版　　次：2012 年 7 月第 1 版　　2012 年 7 月第 1 次印刷
开　　本：787mm×1092mm　1/16　印张：17.5　字数：415 千
印　　数：1～3000 册
书　　号：ISBN 978-7-113-14891-1
定　　价：38.00 元（内含 1CD）

前　言

　　近年来，Oracle 数据库已在各行各业得到了广泛应用，对于从事软件开发行业一线工作的程序员来说，掌握 Oracle 数据库的开发技术已是必不可少。为了让更多的从事软件开发或管理的读者能够快速了解和掌握 Oracle 开发技术，编写组人员分别结合各自多年对 Oracle 数据库的开发实践经验及教学经验，倾力编写了本书。

　　本书主要讲述基于 Oracle 数据库开发的 SQL 与 PL/SQL 程序设计语言。Oracle 数据库是目前世界上流行的关系数据库管理系统，系统可移植性好、使用方便、功能强，适用于各类计算机环境，在数据库领域一直处于领先地位。本书从实用角度出发，结合数据库开发及应用程序开发人员在实际工作中所用到的技术，以通俗易懂，直观浅显的方式介绍了 SQL 的语法及应用、PL/SQL 的语法及应用、Oracle 网络服务器配置、SQL*Plus 环境和 PL/SQL Developer 集成开发环境的使用、用户权限管理，以及数据库备份和恢复等内容。这些是进行 Oracle 数据库系统开发及管理的必修内容，也是学习大型数据库的基础。

　　本书结构清晰、语言流畅、图文并茂，列举了大量的应用案例，便于学生掌握学习的要点。全书共分 16 章，各章主要内容如下：

　　第 1 章，Oracle 数据库基础。介绍了数据库管理系统及 Oracle 数据库的相关概念，以及如何安装 Oracle 和创建数据库，如何使用 Oracle 的常用工具，如何启动和停止数据库实例，如何进行 Oracle 网络连接的管理。

　　第 2 章，编写简单的查询语句。首先对本书课程案例环境进行了介绍，然后介绍了如何使用 SELECT 语句对数据库实现简单的查询，以及 SQL*Plus 命令的使用。

　　第 3 章，限制数据和对数据排序。主要介绍了如何使用 WHERE 子句实现查询条件的限定，以及如何使用 ORDER BY 子句对查询结果进行排序。

　　第 4 章，单行函数。介绍了函数的概念，以及字符函数、数字函数、日期函数、转换函数、通用函数的应用。

　　第 5 章，多表查询。介绍如何使用 Oracle 自有的多表连接语法和 ANSI SQL99 标准的连接语法来实现多表连接查询，涉及的连接方式有笛卡儿积、等价连接、不等价连接、外连接等。

　　第 6 章，分组函数。主要介绍了 SUM 函数、AVG 函数、MIN 函数、MAX 函数和 COUNT 函数，以及如何将上述函数与 GROUP BY 分组子句和 HAVING 子句结合使用。

　　第 7 章，子查询。介绍了子查询的相关概念，以及相关子查询和不相关子查询的语法及应用。

　　第 8 章，数据操作及事务控制。主要介绍了 INSERT、UPDATE、DELETE、MERGE 语句的语法和应用，以及事务与锁的相关概念和应用。

　　第 9 章，表和约束。主要介绍了如何使用 CREATE、ALTER、DROP、TRUNCATE 对数据库中的表进行管理，如何使用约束实现数据的完整性控制。

　　第 10 章，其他数据库对象。介绍了常用数据库对象——视图、序列、索引、同义词的创建与管理。

第 11 章，PL/SQL 概述。介绍了为什么使用 PL/SQL，以及 PL/SQL 结构、变量声明、表达式与运算符的使用、IF 条件控制和循环控制结构等内容，以及如何使用 SQL 语句实现 PL/SQL 与 Oracle 数据库服务器间数据的交互。

第 12 章，游标。介绍了游标的概念及处理步骤、游标的属性、游标 FOR 循环的应用等内容，以及游标的高级应用——带参数的游标。

第 13 章，异常处理。介绍了什么是异常，如何捕获和处理异常，以及异常的传播等内容。

第 14 章，创建存储过程和函数。主要介绍了存储过程和函数的概念、语法及应用，以及带参数的存储过程和函数的创建、管理及应用。

第 15 章，用户、权限和角色。主要介绍了如何使用数据控制语句（DCL）实现对数据库中的用户、权限和角色的管理。

第 16 章，Oracle 数据库备份与恢复。主要介绍了如何使用 Oracle 新版本中的数据泵（EXPDP 和 IMPDP）技术，以及传统的导入导出工具（IMP 和 EXP）进行数据库的逻辑备份和恢复操作。

本书是东软软件工程师认证体系教材之一，是作为 Oracle 数据库开发人员不可或缺的学习资料。书中内容全面，图文并茂，将开发人员在日常开发工作中常用的 SQL 与 PL/SQL 开发技术，以及必备管理技术结合在一起进行介绍。尤其在诸如 SELECT 语句的 EXISTS 操作符使用、TOP-N 分析的 ROWNUM 伪列使用、MERGE 语句使用、读一致性及锁的部分的介绍弥补了该类图书中一些常见的遗漏现象。加之每章课后均配有练习题进行针对性训练，使得知识点的学习和掌握更加轻松。

本书包含一张配套光盘，内容包括电子课件、学习环境搭建代码、教学大纲、案例代码等，供读者参考使用。

本书编者工作经验丰富，有多年的 Oracle 开发、应用和企业培训经验，各位编者分别来自大学、知名 IT 企业、知名 IT 培训机构等不同行业。

本书由姜英主编，王凯、陈丽萍任副主编，其中第 1 章、第 8 章、第 10 章、第 15 章由姜英和郑吉军编写；第 2～7 章、第 16 章由王凯和姜敏编写；第 9 章、第 11～14 章由陈丽萍编写。

由于时间仓促，作者水平有限，书中疏漏及不足之处在所难免，恳请广大读者谅解，并欢迎批评指正。

编　者

2012.5

目 录

第1章 || Oracle 数据库基础

数据库技术从 20 世纪 60 年代中期产生至今已经经历了 50 多年的发展，成为了计算机科学技术领域中发展较迅速的技术之一，也是应用最为广泛的技术之一，已成为计算机信息系统与 Web 应用系统开发过程中不可或缺的一项技术。从而，也随之成为了开发技术人员在实际工作中所必须具备的一项技能。本章将以 Oracle 数据库为切入点，从数据库的基础知识开始，直至具体的针对 Oracle 数据库技术的介绍与应用，由浅入深地进行介绍。

1.1   数据库管理系统概述

要学习数据库知识，首先必须对数据库技术中所涉及的一些术语和基本概念有所了解。

1.1.1   数据库和数据库管理系统

数据库（Database，DB）是数据的集合，通常理解为存放数据的仓库。那么，数据作为数据库中存储的基本对象，又该如何理解？通常，习惯上我们理解数据就是一些数字，但这只是数据的一种传统和狭义的理解。广义上，数据的种类很多：文字、图形、图像、声音、学生的档案记录、货物的运输等情况，都是数据。

实际应用中，用户把有用的数据存储在数据库中，在需要的时候可以被相关的用户访问和修改，不需要的数据也可以被删除。对于这些数据，针对不同的数据库，它们的组织格式是不同的，但无论在逻辑上或物理上是如何组织的，数据最终都是以数据库的形式存储在计算机上呈现给用户的。

数据库管理系统（Database Management System，DBMS）是位于用户与操作系统之间的一层管理数据库的软件。DBMS 是所有数据的管理系统，主要管理功能包括数据的存储、维护、安全性、一致性、并发性、恢复和访问等。

数据库管理系统是数据库系统（Database System，DBS）的一个重要组成部分。数据库系统是指计算机系统中引入数据库后的系统，一般由数据库、数据库管理系统、应用程序、数据库管理员和用户构成。

实际应用中，通常所说的使用哪种数据库，是指 Oracle 数据库、DB2 数据库或 SQL Server 数据库等，一般都是指使用哪种数据库管理系统，而不是数据库。数据库只是数据的集合，没有数据库管理系统的支持，那些数据也就仅仅是存储在计算机上的一些死数据而已，没有太大的实用价值。

在使用 DBMS 管理数据库的时候，还要借助于一种特殊的数据——数据字典（Data Dictionary）

数据，这些特殊数据也可称为系统目录。数据字典作为数据库中的一种数据，通常也保存在数据库中，只不过这种数据记录的是数据库中存放的各种对象的定义信息和其他一些辅助管理信息，包括名字、结构、位置、类型等。比如，访问一个员工表记录时，需要知道该表的数据存放在数据库的哪个结构中（物理结构和逻辑结构）、该表的结构（字段的定义）以及要访问的用户是否有该表的访问权限等信息。只有知道了这些信息，DBMS 才能确认如何去取得表中的数据。这些信息都是数据字典中的数据。这些数据也称为元数据（Metadata）。通过各种数据字典视图，可以查询出各种数据对象的定义信息，数据库管理员（DBA）需要非常熟悉这些数据字典视图。

1.1.2 数据库的发展阶段

数据库的发展阶段就是关于数据的管理方法的发展阶段，主要有三个阶段。

1．手工管理阶段

该阶段数据不保存，只包含在处理该数据的程序中，数据的生存周期限制在程序的运行周期中，数据只是作为程序内部的数据结构来组织和使用的。由于数据不保存成文件，更没有专门的软件系统对数据文件进行管理，从而数据的重用度也低。

2．文件管理阶段

此时已经有了文件系统的概念，数据可以被保存到文件中，数据量也增大到一定的程度。但文件管理阶段还是数据存储的初级阶段，文件的格式依赖于特定的程序，对于其他应用很难共享数据；另外，基于单独文件的存储方式也不适合于大量用户的并发访问。

下面看一个文件管理阶段的数据库的例子。有一个应用程序 1 是学生管理程序，该程序使用的学生信息存储在文件 F1 中；应用程序 2 是课程管理程序，它存储的课程信息放在文件 F2 中；应用程序 3 则是学生选课程序，它存储的信息存放在学生选课信息文件 F3 中。应用程序 3 在执行的时候，需要访问学生的信息文件 F1 和课程的信息文件 F2，才能决定 F3 中的数据如何存储，而 F1 和 F2 是另外 2 个应用程序的数据文件格式，也就是说应用程序 3 需要单独设计开发 F1 和 F2 的数据格式解析程序；另外，F3 中存放的数据势必也要包含 F1 和 F2 的数据，也造成了大量的数据冗余。从该例中，可以看到文件管理系统的特点如下：

① 应用程序编写不方便，如果还有其他的应用程序需要访问 F1 和 F2，仍然需要应用程序单独设计数据存取方法。

② 数据冗余不可避免。

③ 数据严重依赖于应用程序，数据是面向应用的，共享性差。

④ 基于文件的存储很难支持并发访问。

⑤ 数据间联系弱。

⑥ 安全性差，难以按照用户来表示数据。

随着数据量的持续增大和各种数据管理的功能需求，数据管理发展到第三阶段。

3．数据管理阶段

该阶段出现了专用的数据库管理系统，专门用来管理大量的多用户、多应用的数据，提供了丰富的数据管理功能。多用户是因为 DBMS 提供了网络支持功能，在数据存储组织上不再是单一的基于文件的存储，各种 DBMS 都有对应于自己的数据逻辑存储结构和物理存储结构，以比文件更小的单位存取数据，从而提高了并发度。多应用是因为 DBMS 给各种应用开发都提供了统一的开发接口，使得各种应用很容易共享使用同一个数据库中的数据。

现在用数据管理阶段的思路来改造一下文件管理阶段提到的例子。学生管理系统、课程管理系统和学生选课系统作为三个应用程序，不再直接处理和访问数据，而是访问 DBMS，DBMS 再去访问所有信息的集合——数据库。可以看到，数据管理阶段的特点如下：

① 集成度高：将相互关联的数据集成在一起。

② 较少的数据冗余。

③ 程序与数据相互独立。

④ 由 DBMS 提供机制来保证数据的安全可靠。

⑤ 由 DBMS 提供机制保证数据的共享和一致性。

各种大型数据库，如 Oracle、DB2、SQL Server 等都是数据管理阶段的数据库产品。

1.1.3 数据库的类型

数据库能够有效合理地存储各种数据，为各个信息领域的信息处理提供准确、快速的数据。要做到在数据库中有效合理地存储数据，首先要将现实世界中的客观事件反映到数据库世界中，需要对信息进行抽象和转换。那如何使现实世界中的信息在数据世界中得到正确的反映呢？这就必须通过研究现实世界信息对象来建立相应的模型，从而实现从"现实世界—信息世界"和"信息世界—数据世界"的转换，在此过程中，需要建立两种模型：一种是信息模型，它是在信息世界中为研究现实世界对象建立的较为抽象的模型，是不依赖于计算机软硬件具体实现的模型；另一种模型是数据模型，它是在信息模型基础上所建立的适用于数据库应用的模型。

数据模型包括了数据结构、数据操作和完整性约束三大要素。根据三大要素实现方式的不同，数据库在发展初期就被划分为网状数据库、层次数据库和关系数据库三类。

1．网状数据库

数据的存储单位为记录，记录又由多个数据项组成，数据项可以为多值和复合型数据。每个记录都有一个被称为码（Database Key）的系统自动生成的标识符来区别。网状数据库用户在操作数据库时，不但要指出要操作的对象，还要指出怎么查，比如要指出欲查询对象的存取路径。

2．层次数据库

层次数据库的出现源于日常中一种结构的事务抽象。日常中的很多事务是有层次关系的，比如父与子、经理和雇员等。层次数据库中的数据就是按照这些层次关系组织在一起的。最基本的数据间的关系就是父子关系。另外，没有父记录的结点是根结点，其他的子结点都有且只有一个父结点。层次数据库很容易被描述成树状的结构。

3．关系数据库

虽然网状数据库和层次数据库已经具有了数据集中和共享的功能，但数据独立性和抽象级别上仍有欠缺。用户使用这些数据库时，仍然要指出数据的存取路径。而关系数据库则解决了上述问题。关系数据的模型是 IBM 的研究员 E.F.Codd 博士于 20 世纪 70 年代提出的，随后经过补充，成为现在数据库领域的最成熟的数据模型。

三大数据库在实际应用中经过不断的比较改进，最后关系数据库系统占据了主导地位，因此，现在所说的数据库系统一般都是指关系数据库系统。在关系数据库中，数据模型采用的是实体–

关系模型。所谓实体-关系模型，就是指对于信息世界对象的研究，使用实体-关系方法（Entity-Relationship Approach, E-R 法）进行抽象。

实体是指客观存在的事物，如职工、工厂、设备等。实体可通过其若干属性值来描述。而属性则代表了事物某方面的特征，如一个职工可以由职工编号、姓名、年龄、性别等属性来描述。

关系是指实体集之间的联系。例如，工厂生产某些产品，"生产"就是工厂集合与产品集合之间的一个关系；学生学习某门课程，"学习"就是学生集合与课程集合之间的一个关系。

在关系数据库中，无论是实体还是实体间的联系都由单一的结构类型——"关系"来表示。而在具体的数据库应用中，关系也称为表。因此，一个关系数据库也可归结为是由若干个表组成的数据库。

1.2 关系数据库基础

本节将结合关系数据库的数据结构、数据操作和完整性约束三个方面来进一步介绍关系数据库的一些概念，并介绍关系数据库的 Codd 十二条法则。

1.2.1 关系数据库的数据结构

关系最初是源于数学中集合间元素的关系，是建立在数学基础上的。对于关系数据库来说，关系就是表的同义词，表中包含了一些属性，数据是存储到表中的。通常查询数据、操作数据就是查询和操作表中的数据。

表是关系数据库中的主要对象，是用于存储各种各样的数据信息的数据库基本对象。

表是由行和列组成的，类似于二维数组的结构。行又称记录，一行就是一条记录，也称一个元组；列又称字段或属性；行和列的交集称为数据项，指出了某列对应的属性在交叉行上的值，也称字段值。在一个表中，列名必须是唯一的，不能有名称相同的两个或者两个以上的列存在于同一个表中。列标明了数据存放的位置，也就是定义了数据需要存放在哪个属性下。列需要定义数据类型，如整数或字符型的数据。在一个数据库中，对某个所有者来说，表名也必须是唯一的，这是由系统强制实现的。

上面提到的行、列、表、字段、记录、关系、属性、数据项、字段值等都是关系数据库中很常用的概念。下面来看看如何区别和分类。

行、记录和元组代表相同的含义；表和关系代表相同的含义；而列、属性和字段代表相同的含义；数据单元、数据项、属性值和字段值代表相同的含义。在关系数学中，一般使用关系、属性和元组这些概念描述；在关系数据库中，则一般使用表、记录，以及字段、字段值这些概念来描述；而行和列在日常用语中用得较多。请看图 1-1 所示的对表/关系中常见术语的说明。

对于一个符合关系模型的表，通常具备下列特性：

① 存储在数据项中的数据（也就是一个字段值）是原子的，即不可再拆分。

② 同一个字段存储的数据，其数据类型必须是一致的。

③ 每一行记录都是唯一的，即使对于所有字段内容都相同的记录，在数据库内部也有特定的标识进行区分。

④ 字段没有先后顺序，字段定义的先后顺序对于数据的存储没有实际的影响。

列、字段、属性

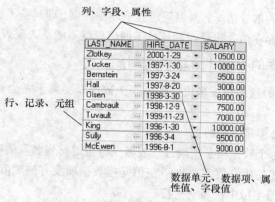

行、记录、元组

数据单元、数据项、属
性值、字段值

图 1-1　表/关系中的常见术语

⑤ 记录也没有顺序，无论是以什么顺序存储的记录，在需要的时候，都可以对其进行存取操作。

⑥ 同一个表中每一个字段的名字是唯一的。

1.2.2　关系数据库的数据操作

使用数据库系统存储数据的目的是为了应用。一方面，需要使用某种方式将数据以一定的格式存储到数据库中，如数据的录入；另一方面，从数据库中以某种方式提取数据用于各种实际需要。实际应用中，常常需要对数据库中的对象和数据进行创建、删除、修改、查询等操作，而要想数据库能够正确地执行用户操作，就需要用户对数据库发出相应的数据库可以识别的操作指令。关系数据库中，可识别指令操作主要有 SELECT（查询）、INSERT（插入）、UPDATE（修改）、DELETE（删除）、CREATE（创建）等。这些语句的应用合在一起构成了 SQL。

SQL 即结构化的查询语言（Structured Query Language，SQL），是由位于加利福尼亚的 IBM 实验室于 20 世纪 70 年代后期开发出来的，是符合美国国家标准学会（American National Standard Institute，ANSI）标准的关系数据库的操作语言。使用 SQL 可以实现用户对关系数据库的一系列操作。SQL 是本书的重点内容，在后续章节中将详细介绍。

1.2.3　关系数据库的完整性原则

关系数据库要求具备实体完整性和引用完整性两个完整性原则。

① 实体完整性也称行完整性，要求表中的所有行有唯一的标识符，也就是主关键字。主关键字又称主键（Primary Key），是能够唯一标识表中每一行记录的字段，可以包括一个字段或者多个字段。多个字段组合构成的主键也称复合键。主键的值是否能够修改，或者表中的记录是否能够删除，这要依赖于主键所在的表和其他表之间是否存在引用完整性约束。

② 引用完整性是由表的外键约束来实现的。外键（Foreign Key），是作为一个表中的一个或多个字段而存在的，这些字段在引用表中通常作为主键。也就是说，外键列中的数据通常是来源于引用表的引用列。

通过引用完整性原则可使得主关键字（在被引用表中）和外关键字之间的关系得到维护。也就是说，如果在被引用表中的某行数据被某外关键字引用，那么这一行将不能被删除，相对应的主键值也不能被修改。例如，一个数据库中有人事表和财务表，人事表记录了本单位的员工信息，财务表记录了本单位员工的借款情况，两表间建立了外键约束，即具备了引用完整性约束。那么，如果某个员工在财务表中存在借款记录，则该员工的信息就不能从人事表中删除或修改。

1.2.4　关系数据库的 Codd 十二条法则

从更完整的、更严格的意义角度来说，如果一个数据库要属于完全关系型，需要符合 Codd 提出的十二条法则：

① 信息法则：数据必须是原子的。

② 授权存取法则：每个数据项必须通过"表名→行主键→列名"的顺序来访问。

③ 必须以一致的方式使用空值（Null）。空值是指数据项没有被赋值，而不是在数值型字段中代表 0，也不是在字符型字段中代表空格符。

④ 数据字典应该作为一个关系表在数据库内部存储，并且可通过常规操作来访问该数据字典中的数据。

⑤由数据库提供数据的存取方式，而且是仅有的方式。不允许任何其他应用程序以其他方式直接访问数据库中的数据。

⑥ 定义为可被更新的视图应该可更新。

⑦ 必须有集合级的数据插入、更新和删除。一次操作可以操作多条记录。

⑧ 物理数据独立性。如果一个表从一个物理结构上移动到另外一个物理结构上，不会对应用产生任何影响（应用透明）。

⑨ 逻辑数据独立性。应用也不依赖于逻辑结构。如果一个表必须被分成两个部分（比如分区表），那么应该提供一个视图，以把两个部分合在一起，对于应用来说没有影响。

⑩ 完整性的独立性。完整性规则应该存储在数据字典中。

⑪ 分布独立性。数据库即使被分布，也应该能够继续工作。

⑫ 非破坏性法则。如果允许低级操作，也不能绕过安全性或完整性等规则。比如，数据库的备份恢复工具不能忽略约束来操作数据。但是具体实现的时候，出于效率的考虑，很多数据库厂家都有各自的实现方法，不一定完全遵守该准则。

综上所述，如果一个 DBMS 能够满足本节中讨论过的所有原则，包括：结构的原则、操作的原则、完整性的原则以及 Codd 十二条法则，那么它就可以作为关系数据库管理系统。Oracle 就是一种关系数据库管理系统。

1.3　Oracle 数据库概述

随着 Oracle 数据库的广泛应用，对于 Oracle 数据库的了解和掌握已经势在必行。本节中将对 Oracle 数据库的一些基本情况进行简要介绍。

1.3.1　Oracle 数据库简介

Oracle 数据库软件是 Oracle 公司开发的关系数据库产品，支持各种操作系统平台，包括 Windows、Linux 和 UNIX 等。目前，Oracle 在关系数据库产品领域内处于领先地位。

Oracle 的最新数据库软件版本是 Oracle 11g，该版本是在 2007 年发布的。但 Oracle 8i、Oracle 9i 和 Oracle 10g 的版本目前仍然在广泛使用中。

Oracle 数据库的典型特征简介如下:

① 具有大型主流数据库的所有典型特征:

- 支持海量存储、多用户并发高性能事务处理。
- 多种备份和恢复策略:包括高级复制、物理和逻辑的 24×7 备份和恢复工具、异地容载实现等。
- 开放式联接。给各种其他应用提供了统一的接口,并可以接入很多其他传统应用程序。
- 遵循 SQL 规范,支持各种操作系统、用户接口和网络通信协议的工业标准。

② 第一个实现网格计算的数据库(从 10g 版本开始)。

③ 应用集群实现可用性和可伸缩性。Oracle 提供了用户要求的响应时间,并降低了宕机成本。借助作为网格计算基础的 Oracle 能够应用集群,提供不间断的可用性、可伸缩性和低成本集群。

④ 业界领先的安全性。具有独特的安全特性,能够满足隐私、法规和数据整合方面的需求,这些特性包括行级安全性、细粒度审计和透明的数据加密技术。

⑤ 借助自我管理使数据库降低管理成本。Oracle 使耗时且易出错的管理工作自动化,因此数据库管理员可以将精力集中到战略性业务目标上。

1.3.2　Oracle 公司的产品

Oracle 公司除了核心的数据库软件产品之外,还有很多其他软件产品,它实际上是世界上的第二大软件公司。其产品包括:

① 数据库:Oracle 数据库的主要版本发展包括 7.3、8、8i、9i、10g、11g,目前应用较多的是 9i、10g、11g 版本数据库。

② 中间件服务器:提供企业级的应用部署平台,主要有 Oracle Application Server、Weblogic 等。

③ ERP 产品:企业管理组件,包括财务管理、人力资源管理、生产管理等模块。

④ 开发工具:包括 Oracle JDeveloper、Oracle Designer、Oracle Developer 等应用软件,可方便快捷地开发基于 Oracle 数据库的应用。

⑤ 数据仓库产品:包括 Discover、OWR、Express 等数据仓库构建、数据挖掘与分析等软件包。

1.4　Oracle 数据库的基本概念

学习 Oracle 数据库,首先要掌握它的一些基本概念。本节将对 Oracle 数据库的组件和一些基本概念进行介绍。

1.4.1　Oracle 的组件简介

Oracle 软件运行所需的组件主要包括两部分,即 Oracle 服务器和数据库,具体体系结构如图 1-2 所示。

数据库的概念前面已经提过,数据库是用来存储用户所需要的数据。但实际上,用户不能够直接访问这些数据库文件来获取数据,因此,Oracle 提供了一套服务器程序来与用户交流沟通信息,这套运行着的 Oracle 程序就称为 Oracle 服务器(Oracle Server)。那么,Oracle 服务器是如何运行的呢?

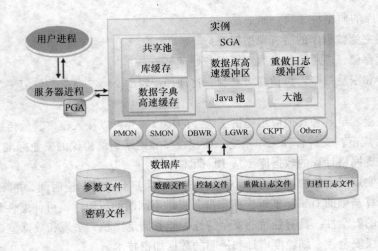

图 1-2　Oracle 体系结构图

首先，由用户进程（User Process）发出请求指令。用户进程是指用户连接 Oracle 服务器所使用的程序。为处理该用户进程，Oracle 服务器将启动一个服务器进程（Server Process），由该服务器进程全权来处理用户进程的所有请求 SQL。

服务器进程启动后，该服务器进程并不能直接访问数据库中的数据，要想最终访问数据库中的数据，还要通过 Oracle 体系结构中至关重要的组件——实例（Instance）。Oracle 实例又称 Oracle 的例程，是由背景进程和内存结构共同组成的。如果需要访问数据库的数据，那么在访问数据库的数据之前，必须启动 Oracle 实例。任何 Oracle 要处理的数据，必须先取到实例内存中，然后才能对其进行相关操作。Oracle 实例启动后，系统就自动分配一个系统全局区域（System Global Area，SGA），并且同时启动 Oracle 的后台进程，如 PMON、SMON 等进程，这些后台进程主要用来完成监控系统运行、维护数据库的一致性、写日志等功能。

综上所述，Oracle 体系结构中是"通过用户进程→服务器进程→数据库实例→数据库"这样的一条主线进行数据操作的。客户端用户进程只跟服务器进程间通信，而服务器进程收到用户请求后，与实例交互并访问和操作实例中的数据，并把操作结果返回给客户端，而针对实例中数据的操作最终会被反映到数据库中。

1.4.2　数据库文件与存储

数据是存放在数据库中的，Oracle 的数据库不仅存放用户的数据，还存放其他一些数据。在 Oracle 体系结构图（见图 1-2）中，数据库主要包括三种核心文件：数据文件（Data Files）、重做日志文件（Redo Log Files）和控制文件（Control Files）。

① 数据文件中存放的是用户的数据和系统的数据。用户数据存放用户对象（表或者索引等）中的数据，而系统数据则主要是指数据字典中的数据，本章开始部分已对数据字典进行简要的叙述。一个 Oracle 数据库一般会包含多个数据文件。

② 重做日志文件记录了系统改变的日志。像一本流水账一样，日志文件按照时间顺序严格记录了数据库发生的所有改变，主要用于数据库的恢复。按照时间顺序把日志中记录的操作再执行一遍，就可以把一个已备份的数据库恢复成当前的情况。正因为如此，日志文件在 Oracle 中被

称为"重做日志文件"。

③ 控制文件记录了数据库的一些核心配置数据,如数据库的名字和数据库的物理结构。实例在访问数据库的时候,必须先从控制文件中获得结构上的信息,然后才能访问数据库的相关文件,从这个角度来说,控制文件又相当于实例和数据库间的一座桥梁。

三种核心文件是不可或缺的,缺少任何一个文件,都会造成实例运行的失败。

除了上述三种核心文件外,数据库还包含一些其他文件,如参数文件(Parameter File),该文件是在实例启动时,配置实例运行一些相关的参数(如内存分配的大小、实例运行出错的日志存放位置等)。

用户和系统的数据是存在数据文件中的,这是从物理存储的角度来理解(操作系统上存在的文件),其实,Oracle 内部还有自己的一套数据存储组织形式,称为逻辑存储结构。在从操作系统或者物理上获得空间后,Oracle 自己来管理这些空间的使用。Oracle 把这些可用的空间组织成逻辑存储的主要单位——表空间。以后任何对象的创建、扩展所需要的空间都是由 Oracle 自己从相应的表空间中分配。也就是说,表空间是由一个或多个数据文件组成的,逻辑结构(表空间)和物理结构(文件)关联后,对于空间的分配则完全是由 Oracle 内部在表空间中自动进行管理。

1.4.3 数据库对象

存储对于用户来说是相对透明的,用户更关心的是数据存储在哪些对象中,应访问哪些数据库对象以获得相应的数据。

数据库内最主要的对象是表,用户和系统的数据都是存储在表中的。除了表之外,其他数据库对象包括索引、约束、视图、序列、同义词、存储过程、函数、触发器和包等。分述如下:

① 索引:索引中存储的数据是表中的某一列或某些列上的数据(所有记录),这些数据是排序的,而排序后的记录可以通过一些算法被快速定位,所以使用索引可以加速对表中的数据进行查询。

② 约束:用于保证数据的一些完整性规则。约束的条件是加在字段上的,限制的是该字段上的数据。

③ 视图:把一个查询的 SQL 语句存储成一个数据库对象,该对象就是视图。视图中并不存储数据。用户可以像访问表一样访问视图中涉及的数据。

④ 序列:该对象可以产生类似递增或递减这样规律的不重复的数字。

⑤ 同义词:一个数据库对象的别名。

⑥ 存储过程:一个存储在数据库中的 PL/SQL 程序。

⑦ 函数:一个存储在数据库中的 PL/SQL 函数,返回计算结果。

⑧ 触发器:可以由某些事件触发去执行某些 PL/SQL 的程序。

⑨ 包:一组存储过程和存储函数的集合。

上述这些对象在后续章节中会有相应介绍。

1.4.4 数据库安全

数据库创建后,普通用户如何使用数据库?要想访问数据库,需要知道登录数据库所使用的用户名和密码,用户必须先登录数据库服务器,然后才能进行其他操作。登录时,数据库服务器首先要校验的就是用户名和密码。

通过密码校验后，用户能够执行什么操作呢？在没有授权的情况下，任何操作（包括登录）都不能进行。要想执行相关的操作必须获得相关操作的权限，权限管理一般是数据库系统管理员（DBA）执行的任务。另外，为了简化权限的管理，增加了角色的概念。

数据库的对象是组织在用户下的，不同的应用对象通常组织在不同的用户下。数据库用户登录数据库服务器后，默认所操作的对象就是该用户自己的对象。

用户和用户下的所有对象的集合在 Oracle 中有另外一个术语：方案。方案的名字与用户的名字是相同的，但通常我们说用户下的对象时，都是使用"方案"，而不是使用"用户"。一个用户默认访问的对象是该用户名对应的方案中的对象，访问其他方案的对象采用的方法是"方案名.对象名"。

Oracle 有两个特殊的用户：SYS 和 SYSTEM，在数据库创建的时候就已经默认创建了。SYS 用户是 Oracle 数据库的超级用户，拥有数据库的超级权限，能够执行所有的数据库操作，包括创建、删除、启动、停止数据库等。SYSTEM 用户一般作为普通的数据库管理员用户，也拥有很多的管理权限，如管理普通用户、创建数据表空间等。这两个用户都是管理相关的用户，要注意其使用的安全性。

用户、对象和权限在后续相关章节会有介绍。

1.4.5 数据库网络访问

客户端通过网络连接 Oracle 服务器时，服务器端和客户端都要做相应的 Oracle 网络的配置工作。其配置方法在 1.8 节介绍，下面先介绍跟网络配置密切相关的几个术语。

1．数据库名

数据库的名称。每个数据库都有一个唯一的名字，在控制文件中有记录。如果想通过一个实例来访问数据库,在实例的参数文件中需要通过 db_name 参数来使实例和相关的数据库关联起来。

2．实例名

Oracle 服务器中最主要的内存数据结构和后台进程的总称。通俗一点理解就是 Oracle 程序在内存中的名字。实例名在实例的参数文件中是用 instance_name 来指定的，通常与 db_name 名字相同（一定要注意，即使参数值相同，但代表的含义不同）。实例名还有很多的其他重要作用，其中比较重要的有两个应用。

① 在启停实例前，具体启停哪个实例（如果系统上存在多个实例），是由操作系统的环境变量 ORACLE_SID 来决定的，它指定本次启动和停止哪个数据库实例。

② 客户端访问 Oracle 服务器时，客户端也需要指出要访问服务器上的哪个实例，但客户端配置的信息不是实例名，而是服务名；服务器上自然会提供该服务名对应的"服务"，实质就是：连接那个数据库实例，在服务器的数据库服务配置中就有连接那个数据库实例的配置。

3．服务名

Oracle 服务器对外提供的数据库访问的服务名,配置客户端的时候,需要知道要连接的 Oracle 服务器所提供的服务名。在服务器端的网络配置中，这是非常重要的一个参数，通常是由用户自己配置的，但默认安装时会有默认值，默认值是由实例的参数文件中 service_name 参数决定的，和实例名、数据库名一致。该服务名对应配置的最主要内容就是服务关联哪个数据库实例，以把客户端的对该服务的相关请求转给相关实例来处理。

4．连接字符串

客户端通过网络连接 Oracle 服务器时，用于描述访问哪个数据库的访问地址的字符串，结构为 "主机名（或 IP）：端口号：服务名"，比如 "192.168.102.101:1521:oradb"，这里面主要包含以下两部分内容：

① Oracle 服务器的网络配置信息：主机（或 IP）+端口号。

② 服务器对外提供的数据库服务名，上述连接字符串中对应的数据库服务名是 oradb。

5．网络服务命名

客户端在连接服务器时，如果每次都使用连接字符串，会比较麻烦。可以在客户端给连接字符串定义一个别名，以后客户端在连接的时候，使用这个服务名就可以了，而不必引用烦琐的连接字符串，但实际上，服务命名在 Oracle 内部仍然需转换成连接字符串后使用。

1.5　安装 Oracle 和创建数据库

首先需要知道一点：安装 Oracle 软件和创建数据库是两回事。安装软件只是代表安装哪个版本的 Oracle 软件，是安装 Oracle 9i、Oracle 10g 还是 Oracle 11g 等，本书中将以安装 Oracle 11g 为例对 Oracle 的安装过程进行介绍。Oracle 的安装只是把运行软件需要的相关程序、库文件以及其他软件文件复制到磁盘上，并做好软件相关的设置，但此过程并不创建数据库。安装的过程中，有一个选项要求确认是否安装后立即创建数据库，实际上该创建 Oracle 数据库的过程是使用已经安装好的 Oracle 软件中的建库工具来实现的。数据库创建完成后，会自动创建一个使用这个库所需实例的相关配置，以后启动实例就可以对数据库进行访问，存取用户的数据。

1.5.1　安装需求

在安装 Oracle11g 数据库之前，首先要清楚地知道自己的软硬件环境是否满足该版本安装的最低需求，不同版本的安装界面和过程是存在一些差异的。Oracle 11g 的安装需求如表 1-1 所示。

表 1-1　Oracle 11g 的安装配置需求

项　　目	最　低　要　求
操作系统	Windows 2000 服务器版 SP1 以上
	Windows Server 2003 所有版本
	Windows XP Professional
	Windows Vista
	Windows Server 2008
	Windows 7
CPU	最小 550 MHz，推荐最小 1 GB
网络配置	TCP/IP 命名管道
浏览器	IE 6.0 Firefox 1.0
内存	最小 1 GB
虚拟内存	物理内存的两倍
硬盘	NTFS 5 GB

1.5.2　安装前的准备工作

1．创建有权限的操作系统用户和组

UNIX/Linux 系统环境下，一般创建一个 Oracle 用户，建立一个 DBA 组，并且把 Oracle 用户分配到 DBA 组中。而 Windows 系统环境中，不需要单独创建用户和组。一般使用 Administrator 组的用户来安装 Oracle，安装时，软件会自动创建一个 ORA_DBA 组，并把安装软件的操作系统用户分配到该组中。

2．设置环境变量

当基于 UNIX/Linux 系统进行安装时，环境变量一般是在安装软件和创建数据库之前由用户手工设置。而基于 Windows 系统则不需要，在 Oracle 软件的安装和创建数据库的过程中，很多参数会自动设置好。在 Windows 系统中，这些环境变量存在于注册表中的 HKEY_LOCAL_MACHINE→SOFTWARE→ORACLE 目录下，如图 1-3 所示。

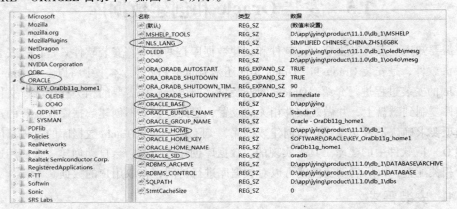

图 1-3　Windows 注册表中的 Oracle 环境变量

环境变量在操作系统中设置，一般用来设置用户的环境信息，如用户执行程序时的搜索路径 PATH 等。Oracle 软件运行所需要的几个主要的环境变量具体如下：

①　ORACLE_BASE：Oracle 软件安装的根目录。一般命名为 Oracle，根据操作系统的不同建在不同的目录下。同一个 ORACLE_BASE 下可以安装多个版本的 Oracle 软件。

②　ORACLE_HOME：Oracle 软件安装的主目录。当然该目录是在 ORACLE_BASE 目录层次之下的，但是不同的 Oracle 软件安装在不同的目录下。

③　ORACLE_SID：操作系统中的这个环境变量用来控制启动和停止哪个数据库实例。

④　PATH：把常用的 Oracle 执行程序放到 PATH 中，指定自动查询的路径。而 Oracle 执行程序通常都在 $ORACLE_HOME/bin 路径下面。

引用环境变量的值时，常用 "$" 符号 + 环境变量名，比如 $ORACLE_HOME 就是指 Oracle 软件安装的主目录。

Oracle 软件安装后所形成的目录结构如图 1-4 所示，通过

图 1-4　Oracle 的目录结构

该目录结构可以进一步对环境变量进行理解。

　　图 1-4 中可以看到 ORACLE_BASE 的根路径为 D:\app\jying 目录。安装的主目录 ORACLE_HOME 为 D:\app\jying\product\11.1.0\db_1。数据库的创建目录一般由用户来定，常见的情况是建立一个 oradata 子目录，然后在其下创建数据库。在图 1-4 中，oradata 目录也在 ORACLE_BASE 路径下（具体实施的情况依据磁盘分布情况来定此目录），在 oradata 下创建了一个数据库，数据库名为 oradb。如果创建了多个数据库，将会在 oradata 目录下以各数据库名称命名生成多个子目录。另外，ORACLE_BASE 下面还有一个 admin 子目录，下面存放的目录名是实例的名字，图 1-4 中的数据库实例名称为 oradb，默认情况下与数据库的名称相同。admin\oradb 目录下存放的大多是一些实例运行时的日志情况，如果数据库实例的运行出现了一些问题，可以到该目录下去查看相关文件寻找原因。虽然大家可以看到实例名字跟数据库名是相同的，但代表的含义却完全不同。

　　在 UNIX 系统中，对于 ORACLE_BASE 和 ORACLE_HOME 目录是需要用户手工提前创建的，而在 Windows 中不需要创建，在软件安装的过程中设定路径名称就可以了。

1.5.3　软件安装

　　Oracle 的安装是使用安装工具 OUI（Oracle Universal Installer）来完成，OUI 是基于 Java 语言开发的 Oracle 安装工具，除了实现安装功能外，还可以使用 OUI 卸载 Oracle 软件。下面介绍如何在 Windwos 7 中使用 OUI 安装 Oracle 11g，具体安装过程如下：

　　① 进入安装程序目录，如图 1-5 所示，由于是在 Windows 7 系统进行安装，在安装前需要对安装文件进行兼容性处理，否则将不能通过操作系统检查，无法完成安装。处理方式是，右击 setup.exe，在弹出的快捷菜单中选择"属性"命令，弹出"属性"对话框后，选择"兼容性"选项卡，显示效果如图 1-6 所示。选择"以兼容模式运行这个程序"复选框，单击"确定"按钮。

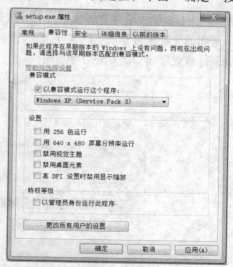

图 1-5　Oracle 安装程序　　　　　　　　　图 1-6　安装程序兼容性配置

　　② 以管理员身份运行安装程序 setup.exe，运行界面如图 1-7 所示，稍后进入 OUI 初始界面，如图 1-8 所示。

图 1-7　安装程序运行

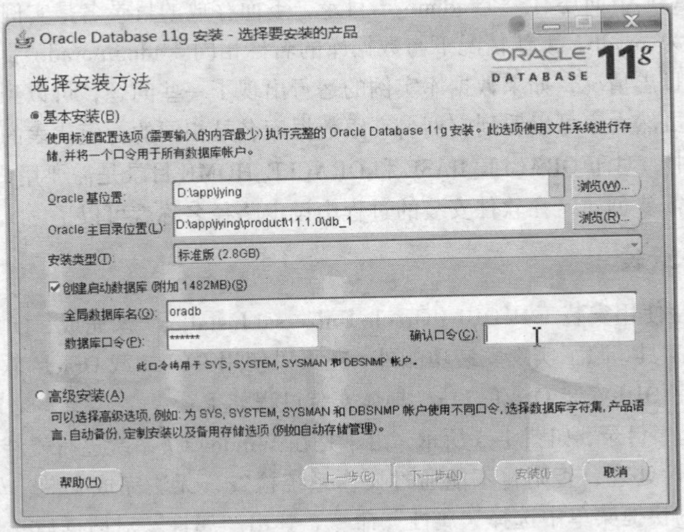

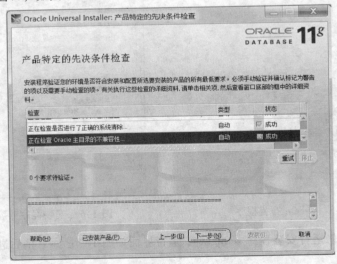

图 1-8　选择安装方法

③ 在图 1-8 中，填写全局数据库名、数据库口令和确认口令后，单击"下一步"按钮。OUI 执行一系列的先决条件检查，以确保当前环境配置支持当前版本数据库的安装，弹出："产品特定的先决条件检查"窗口，如图 1-9 所示。

图 1-9　产品特定的先决条件检查

④ 单击"下一步"按钮，弹出"分析相关性"窗口，如图 1-10 所示，进行相关性分析。分析结束后，单击"下一步"按钮，进入 Oracle 配置管理器注册界面，如图 1-11 所示。在该界面中可进行数据库与 Metalink 账户相关联的配置，并指定 Metalink 账户的用户名和国家/地区代码。

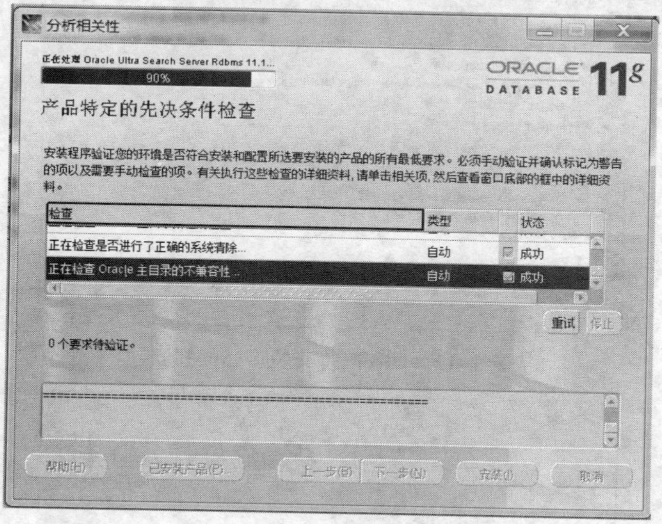

图 1-10　分析相关性

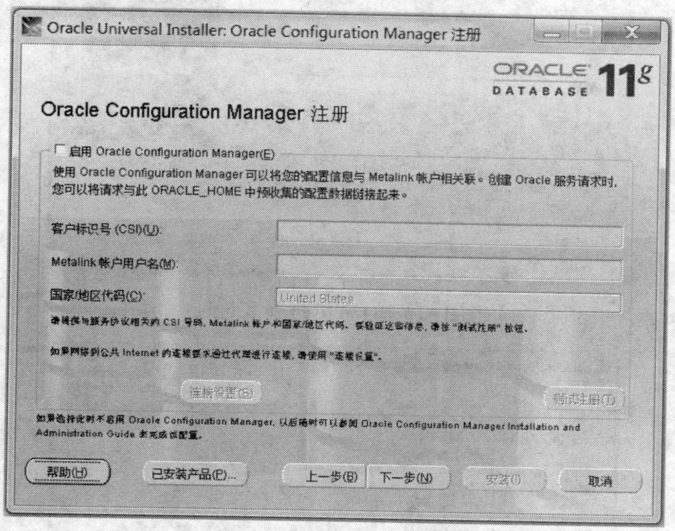

图 1-11　Oracle 配置管理器注册

⑤ 单击"下一步"按钮，继续进行安装，OUI 将显示已选择的待安装产品列表，如图 1-12 所示。

⑥ 单击"安装"按钮，则正式开始安装 Oracle，如图 1-13 所示。

⑦ Oracle 软件安装完成后，如果选择了数据库配置助手项，则数据库的配置助手将会自动运行，如图 1-14 所示。Oralce Net Configuration Assistant 验证网络配置后，使用数据库配置助手（DBCA）进行数据库的创建，如图 1-15 所示。数据库创建完成后，显示数据库创建完成界面，如图 1-16 所示。

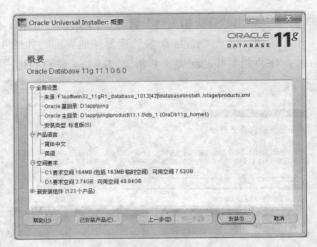

图 1-12　Oracle 待安装产品的列表

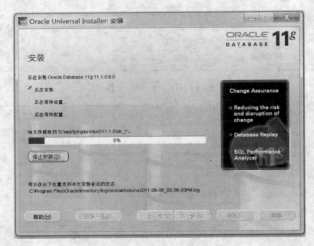

图 1-13　Oracle 待安装进度

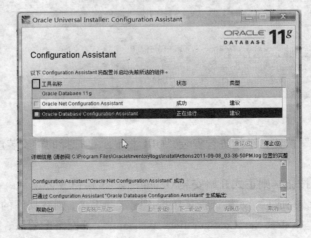

图 1-14　Oracle 配置助手

图 1-15　数据库创建进度

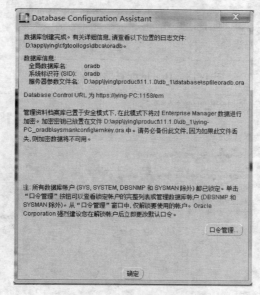

图 1-16　数据库创建完成

⑧ 单击"口令管理"按钮，进入"口令管理"界面，如图 1-17 所示。通过"口令管理"界面可以对数据用户进行锁定或解锁，以及口令修改等操作。通常情况下，只有没有被锁定的账户才能用来操作数据库。

图 1-17　口令管理

⑨ 口令管理操作完成后，单击图 1-16 中的"确定"按钮，显示 Oracle 配置助手安装成功界面，如图 1-18 所示。稍后进入 Oracle 11g 安装成功界面，如图 1-19 所示。

图 1-18　Oracle 配置助手安装成功

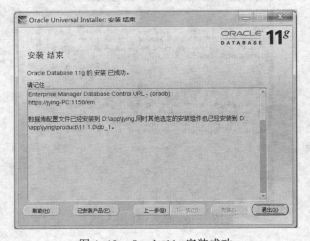

图 1-19　Oracle 11g 安装成功

⑩ 安装完成后，可通过查看"开始"菜单或者在 Windows 命令窗口运行相关命令校验安装是否正确，数据库是否正常可用。查看开始菜单，如图 1-20 所示。

图 1-20　安装成功后在开始菜单中的目录

在 Windwos 命令窗口的命令行下输入"Sqlplus 用户名/密码",例如 Sqlplus system/oracle,如果出现图 1-21 所示效果,说明数据库已创建并可正常使用。

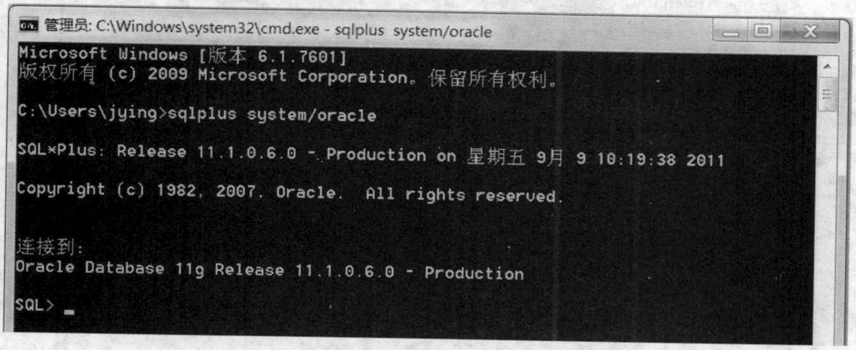

图 1-21　Windows 命令窗口运行 SQL*Plus 工具连接数据库

1.6　常　用　工　具

在了解了 Oracle 数据库的基本概念,并进行了 Oracle 数据库软件的安装后,接下来如何使用 Oracle 数据库的一些常用工具,也是作为一名 Oracle 数据库用户或开发人员所必须掌握的技术。本节中将针对 Oracle 的一些常用工具进行介绍。

1.6.1　SQL*Plus 工具

SQL*Plus 工具是强大的 Oracle 内嵌工具之一,只要安装了 Oracle 的客户端或服务器软件,该软件就会默认创建,所以,其应用范围非常广泛。

SQL*Plus 提供了 SQL 语句执行的环境,也可以用于管理数据库。SQL*Plus 支持 Oracle 的 SQL 语句的执行,也支持自己的一套 SQL*Plus 命令,如数据库实例的启动和停止命令。SQL*Plus 工具的运行界面如图 1-21 所示。SQL*Plus 工具运行后,在"SQL>"提示符后输入要运行的 SQL 语句等,便可以对数据库进行操作。

1.6.2　数据库管理工具 DBConsole

Oracle 11g 提供了基于 Web 页面的数据库管理工具 DBConsole(Oracle Enterprise Manager 11g Database Control),使用该工具可以用来管理、诊断和调优数据库等。可以通过单击开始菜单中 Oracle 程序目录下的 Database Control 链接运行 DBConsole。还可在 IE 地址栏中输入 Oracle 安装完成时要求记住的 URL 地址 https://jying-PC:1158/em,具体如图 1-19 所示。第一种方式最终的运行也是引用了该 URL 地址。输入 URL 地址后,将显示登录页面,如图 1-22 所示。

输入管理员用户名 sys、口令并选择连接身份后,单击"登录"按钮进入数据库管理页面,如图 1-23 所示。

在该主页面中包括了例程(实例的管理)、可用性(备份和恢复)、服务器(存储和安全性等),以及其他一些管理功能。

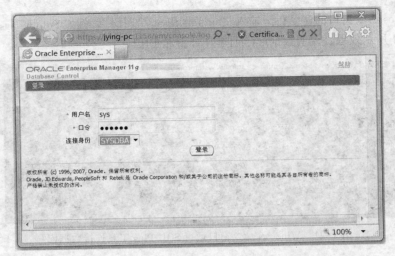

图 1-22　DBConsole 登录

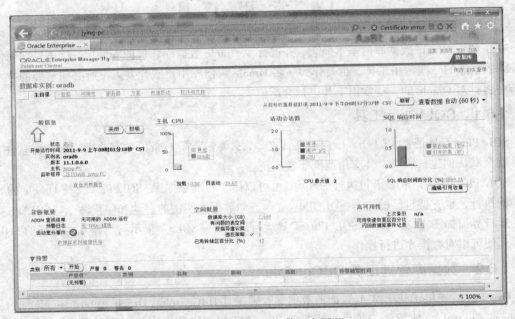

图 1-23　DBConsole 管理主页面

1.6.3　DBCA 数据库配置助手

在安装 Oracle 软件时，可以只选择安装软件而不创建数据库，在安装完软件之后再创建数据库。Oracle 提供了创建数据库的图形化的工具 DBCA（Database Configuration Assistant）。启动方法：从开始菜单中的 Oracle 目录下选择或者在 Windows 命令行窗口中执行 dbca 命令。具体的数据库创建过程与前面提到的 Oracle 安装过程中数据库的配置过程基本一致。

1.6.4　NetCA/NetMgr 网络配置工具

Oracle 提供了图形化的网络配置工具，包括 NetCA（Net Configuration Assistant）和 NetMgr（Net Manager），关于网络配置工具的使用在 1.8 节详细介绍。

1.6.5 Oracle 第三方工具 PL/SQL Developer

PL/SQL Developer 是专为 Oracle 数据库而开发的一个集成开发环境（IDE），使用 PL/SQL Developer 可以实现对 Oracle 数据库对象的管理和维护，以及客户/服务器应用程序的服务器部分的存储程序单元的开发，完成程序的编辑、编译、纠正、测试、调试、优化和查询等任务。本书中后续章节所涉及的 SQL 语句及 PL/SQL 代码编写和调试均在该 IDE 环境下完成。

PL/SQL Developer 的安装十分简单，先安装 PL.SQL.Developer.exe 文件，然后安装 chinese.exe 文件进行汉化。

安装成功后在桌面单击 PL/SQL Developer 的快捷方式进入登录界面，如图 1-24 所示。

图 1-24 PL/SQL Developer 登录页面

输入用户名和口令，选择好要连接的数据库的客户端网络服务名，该客户端网络服务名在 1.8 节中进行详细介绍。选择连接身份为 Normal，单击"确定"按钮登录，进入到 PL/SQL Developer 的操作界面，如图 1-25 所示。

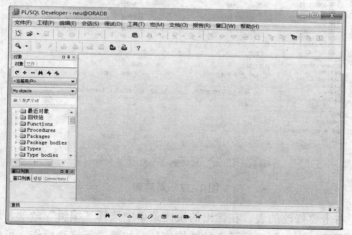

图 1-25 PL/SQL Developer 操作界面

用户可以在左边下拉菜单中选择 My objects，然后选择 Tables，可以显示出当前登录用户中的所有表，如图 1-26 所示。下面对常用操作进行介绍。

新建表：单击选中 Tables 文件夹，然后右击，在弹出的快捷菜单中选择"新建"命令，进入到创建新表的界面，如图 1-27 所示。用户可以根据自己的需要来创建新表，但一定要遵循 Oracle 规范。新表信息填写完毕后单击"应用"按钮创建成功。

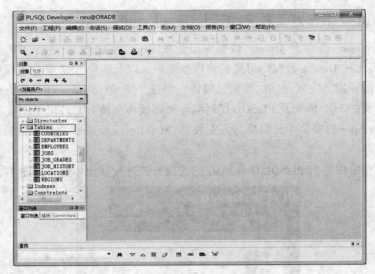

图 1-26　当前用户中的表

图 1-27　新建表

修改表结构：右击要修改的表，在弹出的快捷菜单中选择"编辑"命令，进入到修改表结构界面，如图 1-28 所示。该页面显示了表的结构信息，如要进行修改操作，可根据实际需求谨慎修改，修改后单击"应用"按钮提交修改内容。

查看表结构：右击要查看的表，在弹出的快捷菜单中选择"查看"命令，进入到查看表结构的界面，如图 1-29 所示。

删除表：右击要删除的表，在弹出的快捷菜单中选择"删掉表"命令，就可以删除已创建的表。

查询表中数据：右击要查询的表，在弹出的快捷菜单中选择"查询数据"命令，进入查询结果界面，如图 1-30 所示，这里显示了所有已写入的数据。

图 1-28　修改表结构

图 1-29　查看表结构

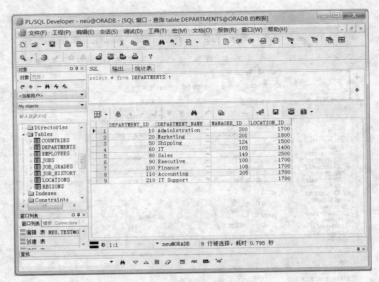

图 1-30   查询表中数据

编辑表数据：右击要编辑的表，在弹出的快捷菜单中选择"编辑数据"命令，进入编辑界面，如图 1-31 所示。图中显示了表中所有已写入的数据，用户可以对想要编辑的数据进行修改。

图 1-31   编辑表数据

数据修改后单击页面中的"√"按钮，然后单击"提交"按钮（快捷键为【F10】）将修改信息提交到数据库，形成最终记录，则修改成功。如果对于未进行"提交"操作的数据要进行"回滚"操作时，可单击"回滚"按钮（快捷键为【Shift + F10】）进行回滚，如图 1-32 所示。

添加数据：用户可以单击页面中的"+"按钮记入改变增加一条新的空白记录，然后在记录中添加需要的数据，然后单击页面中的"√"，最后单击"提交"按钮（快捷键为【F10】）则添加成功，如果要回滚未提交的数据，可单击"回滚"按钮（快捷键为【Shift + F10】），如图 1-33 所示。

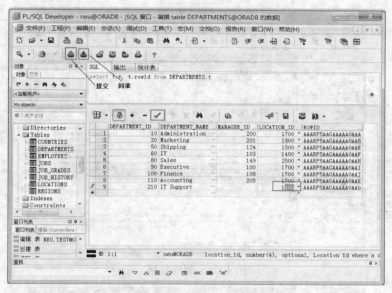

图 1-32 数据提交和回滚

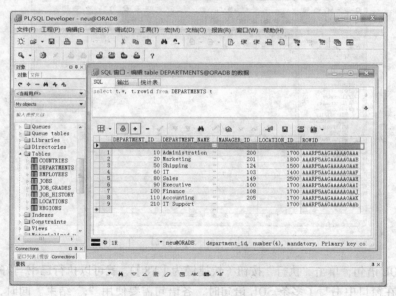

图 1-33 添加数据

删除数据：选中要删除的记录后用户可以单击界面中的 "–" 按钮删除记录，然后单击界面中的 "√" 按钮，最后单击 "提交" 按钮（快捷键为【F10】）则删除成功，如果要回滚未提交的数据，可单击 "回滚" 按钮（快捷键为【Shift + F10】），如图 1-34 所示。

除了上述操作外，也可以通过在 "SQL 窗口" 中输入 SQL 语句实现对表的操作，如通过 CREATE、ALTER、DROP、SELECT、INSERT、UPDATE、DELETE 等命令来对表或表中数据进行操作。单击 "新建" 按钮，在下拉菜单中选择 SQL 窗口，可打开 SQL 窗口，进入到 SQL 语句书写界面，如图 1-35 所示。

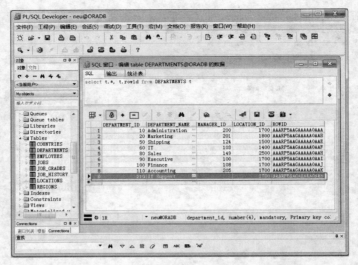

图 1-34　删除数据

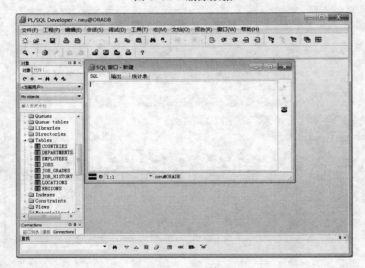

图 1-35　SQL 窗口

书写完 SQL 语句，单击"执行"按钮（快捷键为【F8】），就可以执行已书写好的语句，需要注意的是，当在窗口中书写了多条 SQL 语句时，各语句需要使用";"结束。同时，多条 SQL 语句中除了查询语句之外，其他 SQL 语句在执行之后需要单击"提交"按钮进行提交操作，如果需要回滚可单击"回滚"按钮进行回滚，如图 1-36 所示。

在图 1-36 中，当单击 按钮时，将同时执行 SQL 窗口中的所有语句，如果希望仅执行其中的某一条语句，可拖曳鼠标选中该条语句，然后再单击 按钮，则仅执行被选中语句，如图 1-37 所示。

PL/SQL Developer 除了可以完成上述 SQL 操作外，其另一个非常重要的功能就是可在该环境下进行 Oracle 存储程序单元的开发，实现对存储过程、函数、触发器、包等 Oracle 存储程序单元的创建、修改、编译、删除等操作。下面将以函数为例对上述功能进行介绍。

创建函数：单击工具栏中的"新建"按钮，选择"程序窗口→函数"命令，弹出函数创建"模板向导"对话框,如图 1-38 所示。填写函数名称、参数列表、返回值类型信息后,单击"确定"按钮,进入程序编辑器窗口,如图 1-39 所示。

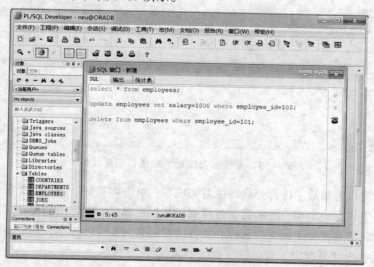

图 1-36 SQL 窗口的使用(执行所有语句)

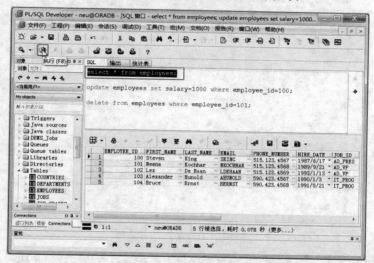

图 1-37 SQL 窗口的使用(执行单条语句)

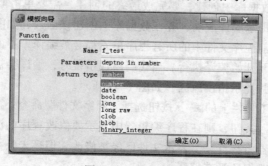

图 1-38 模板向导

图 1-39　根据函数模板生成函数创建代码

在程序编辑窗口将函数主体部分代码编写完成后，单击 按钮，弹出一个保存对话框，如果程序编辑器窗口中只有一个单一的函数、过程或包等程序单元，则弹出的保存对话框会自动根据这个程序单元的名称和类型生成文件名称和文件的扩展名。图 1-39 中的代码只有一个函数 f_test，则单击 按钮后弹出"另存为"对话框，如图 1-40 所示。

图 1-40　"另存为"对话框

执行保存操作后，仅是将程序的代码进行了保存，而并没有执行这段代码，也就意味着上例中的函数 f_test 还没有在数据库中创建，要完成最终的创建，需要单击 按钮对代码进行编译和执行，如果代码正确，则提示编译成功，并在数据库中创建该函数，如图 1-41 所示。

执行编译操作时，当前程序文件中的所有程序单元都会被编译，不论是否选择了某个程序单元，都将从第一个程序单元开始编译执行。当代码出现错误时，编译会被终止，程序编辑器将定位到引起错误的代码行，并提示错误原因，如图 1-42 所示。

程序的修改：可单击工具栏上的 ▼按钮选择"程序文件"命令，在弹出的对话框中选中要修改的文件，单击"打开"按钮，则在程序编辑器中显示要修改程序的源代码，修改程序时，窗口底部有一个蓝色的指示器将被点亮，表示文件已经被修改，但还未保存。如果窗口底部是黄色指示器，表示文件已经修改但还没有编译。

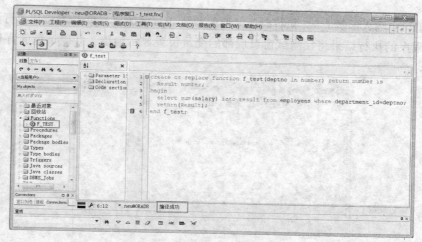

图 1-41　程序编译和执行

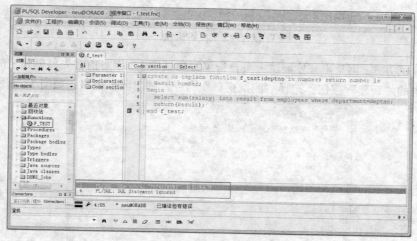

图 1-42　程序编译错误

　　程序成功编译后，通常还需要对程序的功能进行测试。PL/SQL Developer 提供了测试功能。测试功能的实现有两种方式，较为简单常用的方式是在对象浏览器中选中要测试的程序单元，右击，在弹出的快捷菜单中选择"测试"命令，弹出测试窗口，如图 1-43 所示。

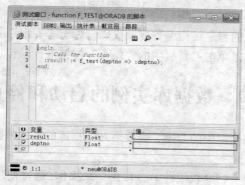

图 1-43　程序测试

在测试窗口中输入函数 f_test 执行时所需要的参数 deptno 的值，单击 按钮执行测试脚本，运行完成后程序的执行结果将在测试窗口底部的变量位置显示输出，并以黄色的背景显示，如图 1-44 所示。

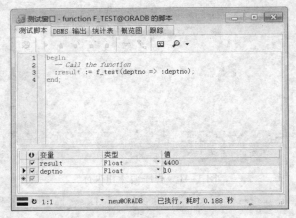

图 1-44　执行测试

另一种测试方式，则是由开发测试人员自行编写测试脚本，编写前首先要创建空的测试脚本，单击工具栏中的"新建"按钮，选择"测试窗口"命令，弹出测试窗口，如图 1-45 所示。

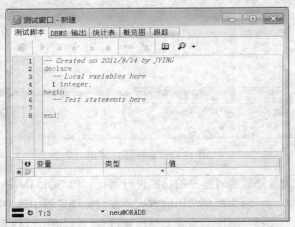

图 1-45　测试窗口

在测试窗口中根据给定的程序结构编写测试代码，代码编写完成后，可单击 按钮进行测试。如果需要保存测试代码，可以单击工具栏中的"保存"按钮进行保存。

1.7　数据库实例的启动和停止

使用数据库，并访问数据库中的数据，需要通过数据库的实例来操作，那么如何来启动和停止一个 Oracle 数据库实例呢？

实例的启动和停止需要有特殊权限的 Oracle 用户来操作，通常使用 SYS 用户以 SYSDBA 的身份来操作实例。

在 UNIX/Linux 中，启动和停止 Oracle 实例都是采用 SQL*Plus 工具。执行 SQL*Plus 命令的操作系统用户一般是当初安装 Oracle 软件的用户，常为 Oracle，该用户的两个环境变量 ORACLE_HOME 和 ORACLE_SID 必须设置正确，以确认此次启动或停止的实例和所使用的 Oracle 软件的版本和实例名。

在 SQL*Plus 中，首先以特权用户身份登录。

```
SQL> conn sys as sysdba
请输入口令： ******
已连接。
```

启动数据库实例的命令为 startup，下面看看启动的过程。

```
SQL> startup
ORACLE 例程已经启动。

Total System Global Area        143727516 bytes
Fixed Size                      453532 bytes
Variable Size                   109051904 bytes
Database Buffers                33554432 bytes
Redo Buffers                    667648 bytes
数据库装载完毕。
数据库已经打开。
```

实际上启动的过程分为三步，第一步是启动实例（启动过程中的"ORACLE 例程已启动"提示部分），分配内存启动后台进程等。第二步是打开数据库的控制文件，并把实例和数据库关联起来（通过控制文件关联），即启动过程中的"数据库装载完毕"部分。第三步是打开数据库文件，可以访问数据了，也就是启动过程中提示的"数据库已经打开"。

如果一个数据库实例已经打开了，再次启动时，会出现提示：

```
SQL> startup
ORA-01081: 无法启动已在运行的 ORACLE --- 请首先关闭
```

关闭数据库的命令是 shutdown，关闭的步骤跟启动的步骤正相反，先关闭数据文件，然后关闭控制文件，最后关闭整个实例。shutdown 有几个关闭参数，最常用的参数是 immediate，采用该参数可以在预期的时间内快速、安全地关闭数据库实例。

```
SQL> shutdown immediate
数据库已经关闭。
已经卸载数据库。
ORACLE 例程已经关闭。
```

UNIX/Linux 的启动和停止实例的方法是比较通用的方法，但在 Windows 中还有点特殊性。Windows 是借助于 Windows 服务来管理 Oracle 实例的启动和停止，也就是说，必须先启动相关的 Windows 服务，然后才能继续对实例进行管理。Windows 中的相关 Oracle 服务是在 Oracle 软件安装和数据库创建的时候建立的，下面看看相关的 Windows 服务，如图 1-46 所示。

一般情况下，Oracle 需要启动的 Windows 服务通常有两个，一个是与实例相关的服务，图 1-46 中名字为 OracleServiceORADB 的服务代表与 Oracle 实例名 ORADB 相关的 Windows 服务，现在状态为"已启动"，说明 Windows 的服务已经启动，Windows 服务启动后，可以继续使用标准的 Oracle 方法对实例进行管理（类似 UNIX/Linux 的 SQL*Plus 命令 startup/shutdown）。另外一个服务名字为

OracleOraDb11g_home1TNSListener，该服务用来启动 Oracle 服务器端的网络监听服务功能，在下
一节会详细介绍网络的配置与管理。

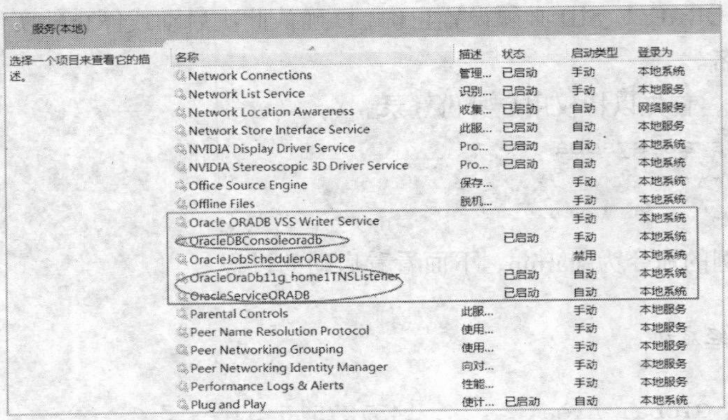

图 1-46   Windows 中相关的 Oracle 服务

Windows 的服务启动之后，对于 Oracle 实例，可以使用 SQL*Plus 的 shutdown 和 startup 命令
来停止或重新启动实例。

实际上，默认情况下，Windows 服务如果已经启动了，Oracle 实例也随之自动被启动，数据
库也被打开使用。同样，关闭 Windows 服务，Oracle 数据库和实例也会默认被关闭，所以，在
Windows 中，通常都是通过对 Windows 服务的控制来启动和停止 Oracle 数据库。

1.8   Oracle 的网络连接基本管理

在前面章节介绍了 Oracle 的体系架构，已经了解到一个客户端程序如果想连接一个 Oracle 服
务器，Oracle 服务器会相应产生一个服务器进程来处理该客户端进程的所有请求。那么，客户端
程序如何配置并连接 Oracle 服务器，而 Oracle 服务器又是如何处理的呢？本节中将进行 Oracle 网
络连接技术的介绍。

1.8.1   Oracle 网络连接基本原理

Oracle 的网络连接从结构上可分成两部分，一部分是客户端（Client），另一部分是服务器
（Server）。图 1-47 所示为 Oracle 网络连接的基本结构。

在服务器端，Oracle 的数据库实例已经启动，如果客户端程序（图 1-47 中的 User 进程）想
通过网络来访问该服务器实例中的数据，Oracle 是如何管理的？

在网络服务中，比较常见的解决方案是服务器端有一个程序在某个端口上监听客户的网络连
接请求，当收到客户的连接请求后，监听程序建立一个客户端到服务器之间的网络连接通道，但
之后的通信并不是发生在客户端和监听程序之间。通常情况下，监听程序是把该连接交给另外一
个服务器端程序（例如图 1-47 中的 Server 程序）来处理，监听只是来判断新的网络连接请求，
建立连接，然后把一个客户端程序和另外一个服务器端程序建立起关联关系。

这个监听程序在 Oracle 中称为 Listener 程序，该程序是在 Oracle 软件安装和配置时创建的，
在需要对外提供 Oracle 网络服务前启动。从上述分析中可以看到该监听包含的配置信息包括在哪

台服务器上监听（主机名或 IP 地址），在哪个端口上进行监听（这两条信息就可以用以确认建立网络连接）。另外，监听还有一个重要的配置信息是接收到客户端的连接请求后，把客户端的请求转给哪个数据库实例来处理。

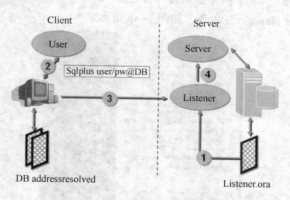

图 1-47　Oracle 网络连接基本结构

客户端需要配置哪些信息？客户端需要知道服务器监听的位置（机器和端口），还要配置使用哪个数据库实例的信息。详细步骤如下：

① 在服务器端启动监听程序，在配置的端口上监听客户端的连接请求。监听程序的配置信息中也包含有数据库服务的配置信息（把连接转给哪个数据库实例）。

② 客户端发起连接请求。图 1-47 中 SQL*Plus 的连接用户名和口令后面使用了@DB，@符号后面跟的是客户端已配置完成的 Oracle 网络服务名 DB，该服务名中包含了服务器监听的主机信息、端口信息以及要连接的数据库实例等信息。

③ 客户端发起连接请求后，监听程序和用户进程间建立连接，监听程序同时确认该客户端程序欲连接的数据库相关信息，由监听程序在相应的数据库服务器中申请创建一个新的服务器进程（Server Process），然后把客户端的请求交给该服务器进程来处理。以后该客户端程序只与该服务器进程通信，而与监听程序无关。

从上述步骤可以看出，监听程序只是负责接收和建立客户端的连接请求，以及把客户端的连接请求转向一个服务器进程，并不负责其后的客户端和服务器间的通信。

1.8.2　Oracle 网络服务器配置

Oracle 服务器端要想提供网络服务，必须配置和启动监听。监听配置所需的信息前面已经提过，包括监听的主机、端口号以及对外提供的数据库服务。默认安装数据库之后，会创建一个名为 LISTENER 的监听器，其监听的端口号为 1521，其监听的主机为数据库实例所在的主机，其对外提供的数据库服务为默认的数据库实例（默认服务名和实例名相同）。

用户可以手工来配置和管理监听的启停。配置涉及配置文件和配置工具。监听的配置文件是 $ORACLE_HOME/network/admin/listener.ora，如果用户不熟悉文件的语法和格式，建议使用图形化的工具 NetCA 或 NetMgr 来配置。

NetCA 是采用向导的方式，一步一步采集参数，而 NetMgr 是采用菜单界面的方式，一次性地在一个界面中配置很多参数。本节 Listener 的配置采用 NetMgr 工具，下一节 Oracle 客户端的配置采用 NetCA 工具。

1．使用 NetMgr 进行监听配置

使用 NetMgr 配置 LISTENER 的具体操作步骤如下：

① 打开 NetMgr，在"开始"菜单中选择"所有程序"→"Oracle-OraHome11g_home1"→"配置和移植工具"→"Net Manager"命令，如图 1-48 所示。

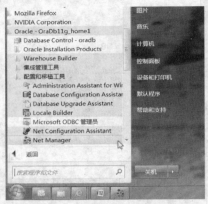

图 1-48　NetMgr 网络配置图 1

② 进入 NetMgr 配置界面，如图 1-49 所示。

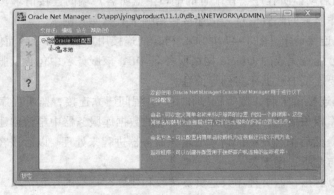

图 1-49　NetMgr 网络配置图 2

③ 展开"Oracle Net 配置"→"本地"→"监听程序"。

④ 这里已有监听 LISTENER，如图 1-50 所示。该监听通常在数据库安装过程中创建，如果该监听出现异常，可通过修改图 1-49 右侧的网络地址信息进行重新配置，也可以删除异常监听 LISTENER，通过创建一个新的监听来进行重新配置。对已有监听 LISTENER 的删除可通过选中该监听，单击图 1-49 左侧工具栏上的✖按钮，或是选择"编辑"菜单中的"删除"命令进行删除。对于新的监听的创建，可以通过单击图 1-49 中的➕按钮，或者选择"编辑"菜单中的"创建"命令弹出创建监听对话框，提示输入监听器的名字，默认的名字为 LISTENER1，具体如图 1-51 所示。单击"确定"按钮后继续，进入监听配置页面，如图 1-52 所示。

首先配置"监听位置"。单击"添加地址"按钮来配置监听运行的主机以及监听的端口等信息，如图 1-53 所示。图中将对网络协议（选择 TCP/IP）、主机名称（使用 IP 地址也可以）、监听的端口信息进行配置。

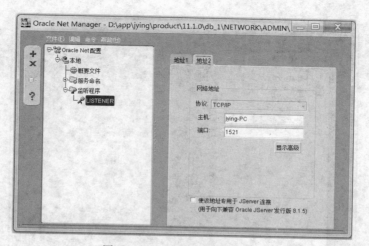

图 1-50　NetMgr 网络配置图 3

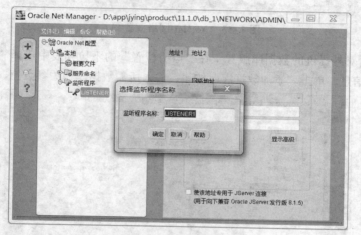

图 1-51　NetMgr 网络配置图 4

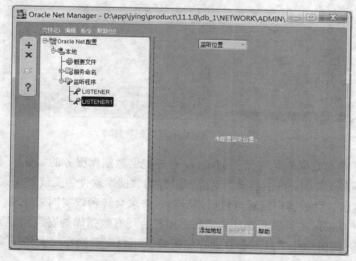

图 1-52　NetMgr 网络配置图 5

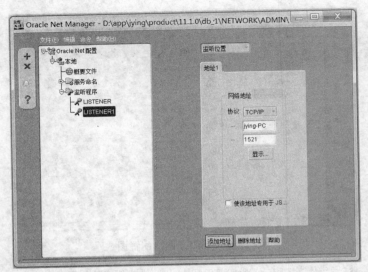

图 1-53　NetMgr 网络配置图 6

⑤ 配置监听对外提供的数据库服务。在"监听位置"的下拉列表中选择"数据库服务"来配置数据库服务信息，单击"添加数据库"按钮，输入所需数据库相关参数值，如图 1-54 所示。

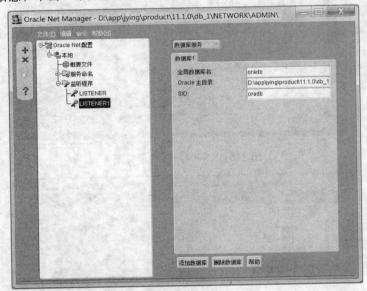

图 1-54　NetMgr 网络配置图 7

图 1-54 中，"全局数据库名"代表 Listener 对外提供数据库服务的服务名（客户端配置中所使用的数据库服务名），"Oracle 主目录"对应该服务的数据库软件的安装目录，SID 代表该服务对应的数据库实例名，以后客户端对该数据库服务的请求会转到该实例来处理。全局数据库名是用户自定义的，但 Oracle 主目录和 SID 名字则必须符合现有数据库的安装和配置情况。

⑥ 保存配置。该图形化工具不会自动存储配置，用户需要选择"文件"菜单中的"保存网络配置"命令来保存配置，如图 1-55 所示。

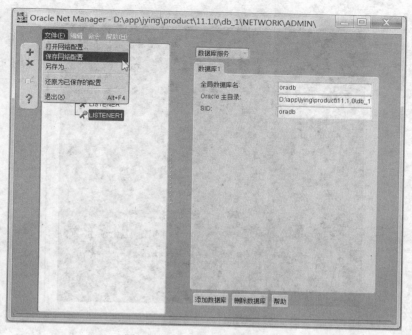

图 1-55　NetMgr 网络配置图 8

2．监听的启动和停止

在 Windows 中，配置了监听后，同时会相应地创建一个 Windows 服务，可以通过 Windows 服务来启动和停止监听。该服务在图 1-46 中已有说明。

启动和停止监听，对于数据库管理员来说较通用的方法是采用命令行工具 LSNRCTL。LSNRCTL 是监听器的管理工具，其最常用的三个子命令为 start（启动监听）、stop（停止监听）和status（查看当前监听的运行情况）。监听启动前，先停止监听，采用 lsnrctl stop 命令，如图 1-56所示。

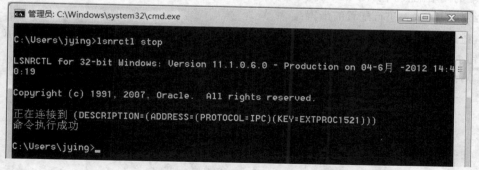

图 1-56　Windows 命令窗口停止监听

启动监听采用 lsnrctl start 命令，如图 1-57 所示。

当启动或停止命令运行后，出现"命令执行成功"等标识后，说明监听已经成功启动或停止，对于已成功启动的监听就可以给客户端提供网络服务。

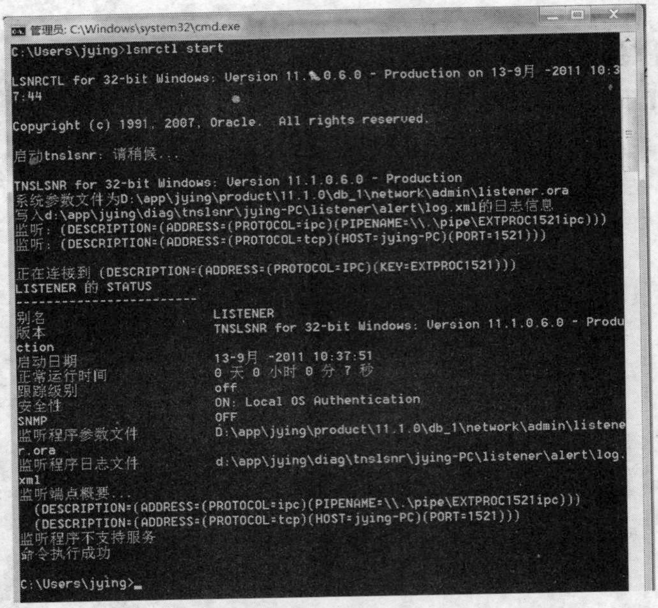

图 1-57　Windows 命令窗口启动监听

1.8.3　Oracle 网络客户端配置

客户端如果想连接 Oracle 服务器，有多种策略和方法。其中最典型的一种就是客户端安装 Oracle 客户端软件，然后配置 Oracle 客户端网络，再通过客户端配置的网络名连接 Oracle 服务器。

Oracle 客户端的配置文件包括 sqlnet.ora 和 tnsnames.ora 两个文件，其位置都在 $ORACLE_HOME\network\admin 目录中。sqlnet.ora 文件内包含客户端连接服务器所采用的途径和方法配置信息，而 tnsnames.ora 文件内则包含采用最常见的连接方法（本地命名策略）时的客户端的网络配置详细信息。sqlnet.ora 文件默认已经选择最常见方法，所以只按照这种连接方法来配置客户端的网络配置。同样，如果对于文件的语法格式不是很熟悉，建议采用 NetCA 工具来配置。下面介绍使用 NetCA 进行配置的步骤：

① 进入 NetCA 配置页面，选择"本地 Net 服务名配置"单选按钮（见图 1-58），单击"下一步"按钮。

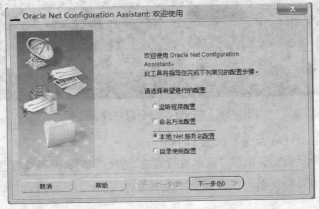

图 1-58　NetCA 网络配置图 1

② 在打开的对话框中选择"添加"单选按钮，添加一个新的网络配置（见图 1-59），单击"下一步"按钮。

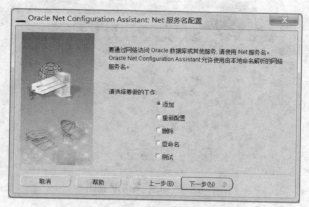

图 1-59　NetCA 网络配置图 2

③ 在打开的对话框中输入欲连接的 Oracle 服务器的服务名（监听提供的数据库服务名，见图 1-60），单击"下一步"按钮。

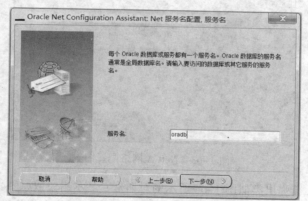

图 1-60　NetCA 网络配置图 3

④ 在打开的对话框中选择网络连接协议：TCP（见图 1-61），单击"下一步"按钮。

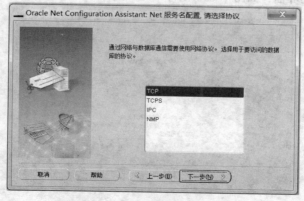

图 1-61　NetCA 网络配置图 4

⑤ 在打开的对话框中配置连接监听所在的主机名和端口号（见图 1-62），单击"下一步"按钮。

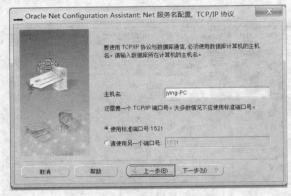

图 1-62　NetCA 网络配置图 5

⑥ 在打开的对话框中选择"是，进行测试"单选按钮（见图 1-63），单击"下一步"按钮。

图 1-63　NetCA 网络配置图 6

⑦ 若测试失败，会弹出类似图 1-64 所示的对话框，显示出失败原因。本例中测试失败的原因是 Oracle 测试采用的默认的用户名 System 和其默认的密码，因为在安装过程中已经设定新密码，所以测试失败。单击"更改登录"按钮弹出更改登录对话框，重新输入正确的用户名和密码后进行测试，显示测试成功界面，如图 1-65 所示，单击"下一步"按钮。

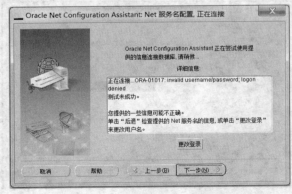

图 1-64　NetCA 网络配置图 7

图 1-65　NetCA 网络配置图 8

⑧ 在打开的对话框中输入客户端的网络服务名以存储在配置文件中（见图 1-66）。以后客户端连接的时候使用该名字作为网络连接字符串。继续单击"下一步"按钮。

图 1-66　NetCA 网络配置图 9

⑨ 在打开的对话框中选中"否"单选按钮，不再继续配置其他网络服务（见图 1-67），并一直进行到正常退出为止。

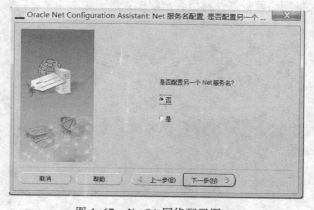

图 1-67　NetCA 网络配置图 10

⑩ 测试是否可正常连接使用，如果出现图 1-68 所示界面，表示连接成功，可正常使用。

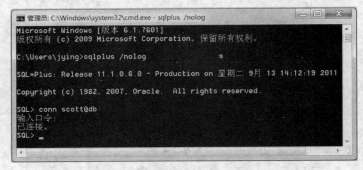

图 1-68   NetCA 网络配置图 11

小   结

本章主要针对数据库管理系统的基本概念和 Oracle 数据库的特点，以及 Oracle 公司的主流数据库产品进行介绍。主要涉及了 Oracle 11g 数据库在 Windows 平台上的安装需求和安装步骤；Oracle 主要的管理工具 DBConsole 和网络配置工具 NetCA/NetMgr 的主要功能和其他一些基本工具；PL/SQL Developer 工具的基本使用方法；Oracle 实例的启动和关闭操作等内容。

习   题

1. 熟悉 Oracle 体系结构，查看数据库文件及存储、数据库基本对象、数据库网络访问相关参数。

2. 练习使用 SQL*Plus 工具。

3. 练习使用数据库管理工具 DBConsole。

4. 练习使用 DBCA 配置助手。

5. 练习使用 NetCA/NetMgr 网络配置工具。

6. 练习启动和关闭数据库实例。

7. 练习进行 Oracle 网络服务器及网络客户端配置。

第2章 | 编写简单的查询语句

从本章开始，我们将开始接触 SQL。SQL 是通用的结构化查询语言，在各类关系型数据库中是通用的，但会有细节语法的区别。本书主要介绍在 Oracle 数据库环境下 SQL 的应用。

2.1 SQL 简介

SQL（Structured Query Language，结构化查询语言），是标准的操作 RDBMS（Relational Database Management Systems，关系数据库管理系统）的语言。SQL 在 Oracle、DB2、Sybase、SQL Server 等数据库管理系统上得到了广泛应用。同时，SQL 已经成为一个工业标准，被美国国家标准协会（American National Standards Institute，ANSI）、国际标准化组织（International Organization for Standardization，ISO）、国际电工委员会（International Electrotechnical Commission，IEC）共同认可。

SQL 可以在数据库中实现多种功能，总结起来可以分为以下几类：

① 查询语言（Data Retrieval）。

② 数据操作语言（Data Manipulation Language），通常缩写为 DML。

③ 数据定义语言（Data Definition Language），通常缩写为 DDL。

④ 数据控制语言（Data Control Language），通常缩写为 DCL。

⑤ 事务控制语句（Transaction Control）。

这些语句在数据库的开发和管理过程中，都很常用，也是非常重要的。在后面的章节中，我们会分别介绍这些 SQL 语句。

SQL 语法与英语语法类似，符合人类的思维习惯，所以 SQL 比较容易学习和掌握。在本章中，会通过众多的代码实例及练习题，让大家充分掌握 SQL 在 Oracle 数据库中的应用。

2.2 课程案例环境简介

为了更好地进行课程介绍，本书中用一个虚拟的公司环境作为课程案例。这个公司是一个跨国公司，公司的业务主要分布在北美和欧洲。由于业务开展需要，该公司建立了人力资源管理系统，这个系统所对应的数据库就是我们使用的这个案例数据库。数据库中保存了公司员工、部门、部门所在位置、职位等相关信息。我们将在整个课程中学习作为一名数据库开发/管理人员，如何开展日常的工作。

课程主要涉及该数据库中的以下几张表：

① employees（员工信息表），包括了公司员工的基本信息，主要有 employee_id（员工编号）、

last_name（姓）、job_id(职位)、salary（工资）等。

②jobs（职位信息表），包括公司相关职位的基本信息，主要有 job_id（职位）、job_title（职位全称）等。

③salgrades（工资级别表），包括工资级别信息，主要有 grade_level（工资级别）、lowest_salary（最低工资）、highest_salary（最高工资）等。

④departments(部门信息表)，包括公司各部门的基本信息，主要有 department_id（部门编号）、department_name（部门名称）、location_id（位置编号）等。

⑤locations（位置信息表），包括公司的位置信息，有 location_id（位置编号）、street_adress（地址）、city（城市）等。

如果没经过特殊说明，本书的实例及练习都是在这个案例环境中完成。

2.3　基本查询语句

大量的数据信息存储在数据库中，如何找到需要的内容是我们面临的首要问题。SELECT 查询语句就是这个问题的最佳解决方案。最简单的查询语句只需要包含 SELECT 和 FROM 子句。

基本查询语句语法：

```
SELECT  *|{[DISTINCT] 列名|表达式 [别名][,...]}
FROM 表名;
```

在 SQL 语句中，SELECT 子句指定要显示的列或表达式；FROM 子句则要指定这些列所在的表。本语法的其他的部分，将会在本章内稍后部分介绍。

根据基本语法，我们可以很容易写出第一条查询语句。本书内所有的例子都是基于实战考虑，第一条查询语句也是这样。现在可以想象这样一个背景：作为公司的开发人员，在你的项目中，需要显示出公司所有部门的信息。你应该怎样通过 SQL 语句实现这样的功能呢？

例 2-1　查询公司所有部门的信息示例一。

```
SELECT *
FROM departments;
```

例 2-1 的结果如图 2-1 所示。

	DEPARTMENT_ID	DEPARTMENT_NAME		MANAGER_ID	LOCATION_ID
1	10	Administration	...	200	1700
2	20	Marketing	...	201	1800
3	50	Shipping	...	124	1500
4	60	IT	...	103	1400
5	80	Sales	...	149	2500
6	90	Executive	...	100	1700
7	100	Finance	...	108	1700
8	110	Accounting	...	205	1700
9	200	Operations	...		1700

图 2-1　例 2-1 运行结果

注意：本书中 SQL 代码结果都是在 PL/SQL Developer 工具中生成。如使用其他开发工具，生成的结果除显示格式上略有不同外，内容应该是完全一致的。

代码解释：

①整条语句的功能是查询公司所有部门的信息。"*"代表访问表中所有的列，departments

是表的名字。

② 在 Oracle 数据库中，每条 SQL 语句的结尾需要加分号。

同样，你也可以把 departments 表中所有的列依次写在 SELECT 关键字的后面，列之间用逗号间隔。这两种方法的结果是完全相同的。具体代码如例 2-2 所示。

例 2-2　查询公司所有部门的信息示例二。

```
SELECT department_id, department_name, manager_id, location_id
FROM departments;
```

问题：例 2-1 与例 2-2，哪条语句效率更高些？为什么？

2.4　在查询语句中查找特定的列

在实际开发和管理工作中，更多的情况是，我们只希望找到表中的部分列信息，而不是全部。例如，如果只想知道公司的部门名称以及部门所在地点，而不关心部门的其他信息，这样的语句如何实现呢？

例 2-3　查询公司各部门名称及所在地点。

```
SELECT department_name, location_id
FROM departments;
```

例 2-3 的结果如图 2-2 所示。

	DEPARTMENT_NAME	LOCATION_ID
1	Administration	1700
2	Marketing	1800
3	Shipping	1500
4	IT	1400
5	Sales	2500
6	Executive	1700
7	Finance	1700
8	Accounting	1700
9	Operations	1700

图 2-2　例 2-3 运行结果

代码解释：在 SELECT 语句中，对表中部分列查询的方法，叫做投影（Project）。这种语句的书写很简单，就是在 SELECT 语句中，把需要的列写出来就可以了。列的书写顺序决定显示结果的顺序。

2.5　SQL 语句的书写规则

通过前面的几个例子，大家应该对 SQL 查询语句有一定了解了。作为一种语言，SQL 也有自己的一些书写规则及习惯。这里我们来做一个介绍。同时为了介绍书写规则，这里有必要明确一些概念。

① 关键字（Keyword）：SQL 保留的字符串，在自己的语法中使用。例如，SELECT 和 FROM 是关键字。

② 语句（Statement）：一条完整的 SQL 命令。如 SELECT * FROM departments;是一条语句。

③ 子句（Slause）：部分的 SQL 语句，通常是由关键字加上其他语法元素构成。例如，SELECT *是子句，FROM departments 也是子句。

清楚了这些概念，下面介绍一下 SQL 的书写规则。

① 不区分大小写。也就是说 SELECT，select，Select 的执行效果是一样的。

② 可以单行来书写，也可以书写多行。例 2-4 和例 2-1 结果是完全相同的。

例 2-4 查询部门所有信息。

```
SELECT * FROM departments;
```

③ 关键字不可以缩写、分开以及跨行书写。如 SELECT 不可以写成 SEL 或 SELE CT 等形式。

④ 每条语句需要以分号（ ; ）结尾。

注意：虽然在一些工具中（如 PL/SQL Developer），最后一条语句的结尾可以不加分号，但是为了代码的完整性及一致性，这里要求每条语句结尾加分号。

从上面可以看到，SQL 语句的书写规则还是比较简单的。

但是在实际开发工作中，代码仅仅符合上面的书写规则是远远不够的，还要求代码易读、书写格式统一等。一般不同企业会有不同的代码书写规范。在本书中，SQL 语句统一按照以下规范进行书写。

① 关键字大写，其他语法元素（如列名、表名等）小写。

② 语句分多行书写，增强代码可读性。通常以子句分行。

③ 代码适当缩进。

问题：我们前面的代码，哪些是规范的？哪些是不规范的？

提高：SQL 代码书写不规范，除了可读性差外，还可能会有什么问题？

2.6　算术表达式的使用

在开发过程中，我们经常要作一些计算。比如说，公司准备给每名员工每月涨 400 元工资。在真正兑现承诺之前，财务经理想要先查看一下，涨工资后的每名员工的工资是多少。这样的需求该如何实现呢？

SQL 语句中，我们可以使用算术运算符完成表达式的运算。SQL 常用的算术运算符是"+"（加）、"-"（减）、"*"（乘）、"/"（除）。在这里我们可以用算术表达式来解决问题。

例 2-5 查询员工现在的工资及上涨后的工资。

```
SELECT employee_id, last_name, salary, 400+salary
FROM  employees;
```

例 2-5 的结果如图 2-3 所示。

注意：SELECT 语句只能返回结果，表的内容并没有修改。这里的表达式列 400+salary 并不是 employees 表中新添加的列，而只是表达式运算结果，列标题名就是表达式名。

在算术表达式中同样有优先级存在，总结起来有以下几句话：

① 先算乘除，后算加减。

② 同级操作符由左到右依次计算。

③ 括号中的运算优先于其他运算符。

	EMPLOYEE_ID	LAST_NAME		SALARY	400+SALARY
1	200	Whalen	...	4400.00	4800
2	201	Hartstein	...	13000.00	13400
3	202	Fay	...	6000.00	6400
4	205	Higgins	...	12000.00	12400
...					
24	174	Abel	...	11000.00	11400
25	176	Taylor	...	8600.00	9000
26	178	Grant	...	7000.00	7400

图 2-3 例 2-5 运行结果

问题：回到上一个场景，如果财务经理想要得到每个员工调薪后的年薪，应该用下面的例 2-6 还是用例 2-7 实现呢？

例 2-6 查询员工现在工资及调整后的年薪。

```
SELECT employee_id, last_name, salary, 400+salary*12
FROM employees;
```

例 2-6 的结果如图 2-4 所示。

	EMPLOYEE_ID	LAST_NAME		SALARY	400+SALARY*12
1	200	Whalen	...	4400.00	53200
2	201	Hartstein	...	13000.00	156400
3	202	Fay	...	6000.00	72400
4	205	Higgins	...	12000.00	144400
...					
24	174	Abel	...	11000.00	132400
25	176	Taylor	...	8600.00	103600
26	178	Grant	...	7000.00	84400

图 2-4 例 2-6 运行结果

例 2-7 查询员工现在工资及每月增长后的年薪。

```
SELECT employee_id, last_name, salary, (400+salary)*12
FROM employees;
```

例 2-7 的结果如图 2-5 所示。

	EMPLOYEE_ID	LAST_NAME		SALARY	(400+SALARY)*12
1	200	Whalen	...	4400.00	57600
2	201	Hartstein	...	13000.00	160800
3	202	Fay	...	6000.00	76800
4	205	Higgins	...	12000.00	148800
...					
23	149	Zlotkey	...	10500.00	130800
24	174	Abel	...	11000.00	136800
25	176	Taylor	...	8600.00	108000
26	178	Grant	...	7000.00	88800

图 2-5 例 2-7 运行结果

代码解释：例 2-6 中，由于没有括号，优先运算的是乘法，所以没有实现我们的需求，只是给员工每年涨了 400 元，与我们的需求不符；而例 2-7 则完全符合我们的要求。

提示：应该在复杂运算中使用括号，增强代码的可读性。

问题：表达式（400+salary）*12 的列标题是什么？这样显示是否妥当？

2.7 空值（NULL）的应用

2.7.1 空值（NULL）的介绍

NULL 在 SQL 语句中，是一个值得重视的对象。尤其在数学运算中，如果没有考虑空值，经常会出现一些莫名其妙的结果。

首先来看一下空值的状态。经理需要获得员工的 last_name（姓）、salary（工资）和 commission_pct（佣金百分比）的信息。

例 2-8 员工基本信息及佣金百分比情况。

```
SELECT last_name, salary, commission_pct
FROM employees;
```

例 2-8 的结果如图 2-6 所示。

	LAST_NAME		SALARY	COMMISSION_PCT
1	Whalen	…	4400.00	
2	Hartstein	…	13000.00	
3	Fay	…	6000.00	
4	Higgins	…	12000.00	
…				
22	Vargas	…	2500.00	
23	Zlotkey	…	10500.00	0.20
24	Abel	…	11000.00	0.30
25	Taylor	…	8600.00	0.20
26	Grant	…	7000.00	0.15

图 2-6　例 2-8 运行结果

我们看到在 commission_pct（佣金百分比）列中，很多都是空白的。只有 SA_MAN（销售主管）和 SA_REP（销售代表）才在这个列上有值。这是因为在这个虚拟公司中，只有销售人员才会有佣金，而其他员工并没有被分配这个值。这种情况下，Oracle 把这个字段分配为空值（NULL）。

简单来说，没有值就是空值（NULL）。产生的原因多种多样，Oracle 官方资料中这样定义：

① A null is a value that is unavailable, unassigned, unknown, or inapplicable.（空值是不可用的、未分配的、未知的或不可应用的。）

② A null is not the same as zero or a blank space.（空值不等同于零或空格。）

在我们这个例子里，除销售人员外，其他员工的 commission_pct（佣金百分比）都是未分配的。这种情况下 Oracle 通常会分配空值（NULL）给这个字段。

还有一些情况产生空值，因为是未知的。

例 2-9 查询部门信息及经理 ID 情况。

```
SELECT department_name, manager_id
FROM departments;
```

例 2-9 的结果如图 2-7 所示。

代码解释：这里的 Operations（操作）部门刚刚成立，部门的经理还没有委任，所以 manager_id 设置为空值，等到经理已知时就会更新为经理编号。

图 2-7　例 2-9 运行结果

同时要强调的是，空值（NULL）不能和 0 或者空格等同看待。0 是数值类型，空格是字符类型，而任意数据类型的列都可以包含空值（NULL）。

2.7.2　空值（NULL）在算术表达式中的使用

从前面的例子中，我们也可以清楚地看到，空值可以很方便地表示未知数据。但是空值同样会对很多 SQL 语句的结果产生很大影响。现在我们来看一下，空值对算术表达式的结果会产生什么样的影响。

我们再次回到虚拟公司场景。我们曾经完成了财务经理的一个需求，"得到每个员工调薪后的年薪"（具体代码见例 2-7），当他看到打印出的结果后，感到很满意，不过又马上提出一个新的要求：统计出提升工资后，每个员工每年的总收入。总收入公式：总收入=总工资+总佣金（佣金由 salary*commission_pct 生成）。于是，写出例 2-10 的代码。

例 2-10　空值对算术表达式的影响。
```
SELECT last_name, salary, (400+salary)*12+(400+salary) *12*commission_pct
FROM employees;
```
例 2-10 的结果如图 2-8 所示。

图 2-8　例 2-10 运行结果

结果完全出乎我们的意料。在 2-7 中，我们还看到每个人还有不菲的薪水，结果在这里却发现很多人都没有了收入。

这种意想不到的结果都是由空值（NULL）造成的。在算术表达式中任意一个值是 NULL，则表达式最终结果就是 NULL。在这个虚拟公司中，很多人的佣金（commission_pct）都是空值（NULL）那么表达式 (400+salary)*12+(400+salary) *12*commission_pct 的结果也必然是空值。

正因为空值有这样的特点，所以我们在算术运算中通常要对先对空值进行处理，然后再运算。这些解决的方法我们会在第四章单行函数中向大家进行介绍。

2.8　列别名的使用

这节来讨论一下查询语句的列别名的使用。列别名实际上就是给查询语句的结果改变列名。首先来看看在没有使用列别名时，列标题的形式。

细心的读者可能发现，前面的例子中，结果的列标题显示是有些规律可循的。这里我们来总结一下。

在 SQL*Plus 工具中，列标题的显示分别按照以下规则显示，根据列数据类型不同而不同。

① 字符与时间类型：列标题显示为左对齐并且大写。

② 字符类型：列标题显示为右对齐并且大写。

通过上面的介绍，我们已经知道通常列标题的显示规则。但是，很多情况下，我们需要修改列名的显示方式。

比如有些情况下，我们希望把列名显示为小写形式，或者列名能更清楚地表示出列的含义。

再比如说，在数学运算中，默认情况下，表达式的列标题就是表达式本身，如例 2-5、例 2-6、例 2-7、例 2-10。而最终用户最关心的是结果，而不想（也没有必要）知道得出这个结果的过程。

以上这些需求，都可以通过列别名来实现。

那么列别名如何来进行书写呢？列别名书写的方法并不复杂，主要有两种书写方式。

第一种方式：列名　列别名。

第二种方式：列名　AS　列别名。

其中，第一种方式更常用些。

在以下 3 种情况下，列别名两侧需要添加双引号（""）。

① 列别名中包含有空格。

② 列别名中要求区分大小写。

③ 列别名中包含有特殊字符。

我们通过例 2-11 来解释一下列别名的使用。

例 2-11　类别名使用示例。

```
SELECT employee_id id, last_name as employee_name, salary "Salary",
(400+salary)*12 "Annual Salary"
FROM employees;
```

例 2-11 的结果如图 2-9 所示。

	ID	EMPLOYEE_NAME		Salary	Annual Salary
1	200	Whalen	...	4400.00	57600
2	201	Hartstein	...	13000.00	160800
3	202	Fay	...	6000.00	76800
4	205	Higgins	...	12000.00	148800
5	206	Gietz	...	8300.00	104400
6	100	King	...	24000.00	292800
7	101	Kochhar	...	17000.00	208800
8	102	De Haan	...	17000.00	208800
...					
23	149	Zlotkey	...	10500.00	130800
24	174	Abel	...	11000.00	136800
25	176	Taylor	...	8600.00	108000
26	178	Grant	...	7000.00	88800

图 2-9　例 2-11 运行结果

代码解释：在这个例子中，我们看到了列别名的各种应用情况。employee_id（员工编号）和 last_name（姓）分别用到列别名定义的两种方式：直接加列别名和用 AS 的方法。后两列都用到了双引号（""）。salary（工资）需要列名首字母大写；表达式(400+salary)*12 的别名中包含有空格。

问题：列别名如果是中文，应该如何表示？与列名采用中文相比较，使用列别名有什么好处？

2.9　连接运算符的使用

在使用 SQL 语句中，我们经常需要把多个列或者列和表达式、算术表达式、本意文字（literal，代表常量字符串）等连接在一起，来更清楚地表达我们的意思。在 Oracle 中，我们采用双竖线（‖）来做连接运算符，完成上面的功能。

例如，在 employees 表中，包含有 first_name（名）和 last_name（姓），同时还有 PHONE_NUMBER（电话号码）这几列，如果我们想要输出"某某员工的电话号码是…"这样的完整字符串，需要用下面的方法实现。

例 2-12　连接运算符示例。

```
SELECT first_name‖' '‖last_name‖'''s phone number is '‖
       phone_number "employee's Phone number"
FROM employees;
```

例 2-12 的结果如图 2-10 所示。

employee's Phone number	
1	Jennifer Whalen's phone number is 515.123.4444	…
2	Michael Hartstein's phone number is 515.123.5555	…
3	Pat Fay's phone number is 603.123.6666	…
4	Shelley Higgins's phone number is 515.123.8080	…
5	William Gietz's phone number is 515.123.8181	…
…		
23	Eleni Zlotkey's phone number is 011.44.1344.429018	…
24	Ellen Abel's phone number is 011.44.1644.429267	…
25	Jonathon Taylor's phone number is 011.44.1644.429265	…
26	Kimberely Grant's phone number is 011.44.1644.429263	…

图 2-10　例 2-12 运行结果

代码解释：这段代码实现了我们想要输出"某某员工的电话号码是…"的功能。双竖线（‖）把表中的列（如 last_name）、本意文字（literal，如'''s phone number is '）等连接在一起，并给生成的单个列起别名"employee's Phone number"。

这里还要强调一下本意文字（literal）。literal 并没有一个准确的翻译，本书中把它称作"本意文字"或直接写 literal。它指的是包含在 SELECT 子句中的字符、数字或日期，它和列名、别名不同。本意文字（literal）实际上是需要按照原样输出的值。

如果本意文字（literal）是字符或者日期类型，需要在其两端加单引号（''）。每个本意文字（literal）都会在每行结果上输出一次。

如果想在本意文字（literal）中输出一个单引号（'），需要用一对单引号（''）实现，否则语句在执行时会产生歧义。

2.10　DISTINCT 关键字的用法

现在回头来看在本章开头的基本查询语句语法，发现除了 DISTINCT 外，所有的内容都已经学习过了。

DISTINCT 关键字的主要功能是消除重复行。

回到我们的虚拟公司。公司的经理想要看一下公司员工都来自于哪些部门。这可以通过查询 department_id（部门编号）来实现。

例 2-13　部门标号示例（未消除重复行）。

```
SELECT department_id
FROM employees;
```

例 2-13 的结果如图 2-11 所示。

	DEPARTMENT_ID
1	10
2	20
3	20
4	110
5	110
...	
23	80
24	80
25	80
26	

图 2-11　例 2-13 运行结果

代码解释： 这里显示出了所有的结果，但是很多值都是重复的。这并不是我们所需要的。通过 DISTINCT 关键字就可以解决这个问题。

例 2-14　部门标号示例（已消除重复行）。

```
SELECT DISTINCT department_id
FROM employees;
```

例 2-14 的结果如图 2-12 所示。

	DEPARTMENT_ID
1	100
2	
3	20
4	90
5	110
6	50
7	80
8	10
9	60

图 2-12　例 2-14 运行结果

代码解释： 例 2-14 可以很清楚地表现出来我们需要的部门列表，每个部门只显示一次。

提高： 通过对比发现，例 2-14 的结果是有序的，而例 2-13 并不是。这也说明 DISTINCT 在语句执行过程中进行了排序。

如果想要实现多列消除重复行，只需要把多个列名写在 DISTINCT 之后就可以了。

例 2-15　多列重复行筛选示例。

```sql
SELECT DISTINCT department_id, job_id
FROM employees;
```

例 2-15 的结果如图 2-13 所示。

	DEPARTMENT_ID	JOB_ID
1	110	AC_ACCOUNT
2	90	AD_VP
3	50	ST_CLERK
4	80	SA_REP
5	110	AC_MGR
...		
12	100	FI_ACCOUNT
13		SA_REP
14	10	AD_ASST
15	20	MK_REP

图 2-13　例 2-15 运行结果

代码解释：例 2-15 中，当两列的内容同时相同时，才算是重复行予以消除。

到此为止，我们已经把基本查询语句进行了介绍，下面再来简单了解一下 SQL*Plus 命令。

2.11　SQL*Plus 命令的介绍

当在 Oracle 工具 SQL*Plus 中输入一条 SQL 语句并执行时，屏幕会显示出执行结果。实际上结果的生成是由我们输入的 SQL 语句与 SQL*Plus 命令共同作用的结果。

2.11.1　SQL 语句与 SQL*Plus 命令的区别

SQL 语句与 SQL*Plus 命令主要有以下区别：

① SQL 语句是开发语言，而 SQL*Plus 是 Oracle 使用的工具。

② SQL 语句直接访问 Oracle 数据库，并返回结果；而 SQL*Plus 命令是在返回结果上进行处理，如显示格式等。

③ SQL*Plus 命令只是使每个客户端环境有所不同，不会直接访问数据库。

④ SQL 语句不可以缩写，而 SQL*Plus 命令可以缩写。

下面就来简单介绍几条常用的 SQL*Plus 命令。由于 SQL*Plus 命令不是 SQL，所以以下各节代码需要在 PL/SQL Developer 的 Command Windows 中完成。

2.11.2　DESC[RIBE]命令

DESC[RIBE]语句是以后经常用到的命令。它是 Oracle 数据库独有的命令，其主要功能是显示表结构。来看下面的例子。

例 2-16　DESCRIBE 命令示例。

```sql
DESCRIBE employees
```

例 2-16 的结果如图 2-14 所示。

```
SQL> DESCRIBE employees
Name            Type          Nullable Default Comments
-------------   -----------   -------- ------- ------------------------------------------------
EMPLOYEE_ID     NUMBER(6)                      Primary key of employees table.
FIRST_NAME      VARCHAR2(20)  Y              First name of the employee. A not null column.
LAST_NAME       VARCHAR2(25)                 Last name of the employee. A not null column.
EMAIL           VARCHAR2(25)                 Email id of the employee
PHONE_NUMBER    VARCHAR2(20)  Y              Phone number of the employee; includes country code and area code
HIRE_DATE       DATE                         Date when the employee started on this job. A not null column.
JOB_ID          VARCHAR2(10)                 Current job of the employee; foreign key to job_id column of the
jobs table. A not null column.
SALARY          NUMBER(8,2)   Y              Monthly salary of the employee. Must be greater
than zero (enforced by constraint emp_salary_min)
COMMISSION_PCT  NUMBER(2,2)   Y              Commission percentage of the employee; Only employees in sales
department elgible for commission percentage
MANAGER_ID      NUMBER(6)     Y              Manager id of the employee; has same domain as manager_id in
departments table. Foreign key to employee_id column of employees table.
(useful for reflexive joins and CONNECT BY query)
DEPARTMENT_ID   NUMBER(4)     Y              Department id where employee works; foreign key to department_id
column of the departments table
```

图 2-14　例 2-16 运行结果

代码解释：例 2-16 显示出表 employees 的表结构，也就是 employees 表的定义，包括表的列名，是否可以为空（NULL），数据类型。这些信息都是在开发中经常需要查找和使用的。关于 NOT NULL、数据类型等内容会在后面章节中进行详细介绍。

SQL*Plus 命令结尾可以不加分号 "；"，SQL*Plus 命令可以适当缩写。例 2-16 就可以缩写为例 2-17 的形式。

例 2-17　DESC 命令示例。

```
DESC employees
```

2.11.3　SET 命令

我们可以使用 SET 命令来控制当前会话的 SQL*Plus 环境。也就是说，所有的 SET 命令修改的环境，只在当前 session 中生效。

SET 命令语法：

```
SET 系统变量 值
```

也就是把相应的系统变量赋予对应的值。下面就介绍几个在 SQL*Plus 环境中都可以使用到的 SET 命令。

SET ECHO {ON|OFF}：控制是否把刚执行的语句在屏幕上显示出来，默认值是 OFF。

SET HEADING {ON|OFF}：控制是否显示列标题，默认值是 ON。

这里用两个例子来查看一下 SET 命令的功能。

例 2-18　SET 命令示例。

```
SET ECHO ON
SET HEADING OFF
SELECT *
FROM departments;
SET ECHO OFF
SET HEADING ON
```

例 2-18 的结果如图 2-15 所示。

代码解释：例 2-18 中，查询语句与例 2-1 完全相同，可是由于 SET 命令的作用，显示结果完全不同。

```
SQL> SET ECHO ON
SQL> SET HEADING OFF
SET HEADING OFF
SQL> SELECT *
SELECT *
  2  FROM    departments;
FROM departments;
            10 Administration              200          1700
            20 Marketing                   201          1800
            50 Shipping                    124          1500
            60 IT                          103          1400
            80 Sales                       149          2500
            90 Executive                   100          1700
           100 Finance                     108          1700
           110 Accounting                  205          1700
           200 Operations                               1700

9 rows selected
```

图 2-15　例 2-18 运行结果

由于 SET ECHO ON 的作用，我们执行的语句也再结果中重复显示。而 SET HEADING OFF 则使列标题隐藏起来。

在语句的末尾，我们通过两条命令恢复当前会话的环境。虽然这两条语句不是必须的，但是作为一个完整的语句，需要把环境恢复正常。

SQL*Plus 还有很多命令，如果大家在工作中需要可查询相关文档。

小　　结

本章主要介绍了基本的 SQL 查询语句的构成，实现了课程案例环境的设计。在语句方面，介绍了第一条查询语句的书写方法；提供查询语句中查找特定的列的方式以及 SQL 语句的书写规则。然后提到算术表达式的使用，重点强调了空值（NULL）的应用方法、列别名的使用、连接运算符的使用和 DISTINCT 关键字的用法。最后对 SQL*Plus 命令进行了介绍。

习　　题

1. 查询员工表中所有员工的信息。
2. 查询员工表中员工的员工号、姓、每个员工涨工资 100 元以后的年工资（按 12 个月计算）。
3. 查询员工 first_name 和 last_name，要求结果显示为 "姓 last_name 名 first_name" 格式。
4. 查询所有员工所从事的工作有哪些类型（要求去掉重复值）。

第3章 || 限制数据和对数据排序

在上一章中，我们已经学习了通过 SQL 语句实现对表中列的筛选。在实际工作中，我们还会经常需要对表中的行进行筛选，尤其在一些系统中的表会有上百万行的记录，每次查询时没有必要返回所有的记录，只找到需要的就可以了。本章中我们就会学习到如何限制记录。

在实际工作中，我们还要对返回的记录按照某种规则来排列顺序。数据排序也会在本章中介绍。

3.1 选择表中的部分行

我们来看一个场景。在虚拟公司里，公司总经理希望找到公司中月薪高于 12 000 元的人员，可以通过下面语句实现：

例 3-1 查询公司月薪高于 12 000 的员工信息。

```
SELECT employee_id, last_name, salary
FROM employees
WHERE salary >= 12000;
```

例 3-1 的结果如图 3-1 所示。

	EMPLOYEE_ID	LAST_NAME	SALARY
1	201	Hartstein	... 13000.00
2	205	Higgins	... 12000.00
3	100	King	... 24000.00
4	101	Kochhar	... 17000.00
5	102	De Haan	... 17000.00
6	108	Greenberg	... 12000.00

图 3-1 例 3-1 运行结果

代码解释：在 SQL 语句中对表的部分行进行筛选，需要把条件写在 WHERE 语句中。

这里我们可以看到，SQL 语句的语法又多了一个 WHERE 关键字，具体语法格式如下：

```
SELECT *|{[DISTINCT] 列名|表达式 [别名][,...]}
FROM 表名
[WHERE 条件];
```

在 SQL 中，WHERE 语句需要使用的是完整的表达式。表达式就需要使用相应的运算符。常用的运算符分为比较运算符和逻辑运算符。下面分别对比较运算符和逻辑运算符进行介绍。

3.2 比较运算符的使用

在 SQL 语句中，比较运算符主要包括：

① >: 大于。

② >=: 大于等于。

③ <: 小于。

④ <=: 小于等于。

⑤ =: 等于。

⑥ <>: 不等于。

特殊比较运算符包括: BETWEEN…AND…、IN（列表）、LIKE、IS NULL。

特殊比较运算符将在下一节进行介绍。

在 Oracle 中使用比较运算符的时候，还需要遵循以下原则:

① 字符及日期类型需要在两端用单引号。

② 字符类型大小写敏感。

③ 日期类型格式敏感，默认格式'DD-MON-RR'。

下面几小节来分别介绍一下比较运算符的使用。

3.2.1　字符类型大小写敏感的实例

在数据库中，想要查找 last_name 是 King 的员工，他是这个虚拟公司的 CEO。

例 3-2　查询员工的 last_name 是 King 的信息。

```
SELECT employee_id, last_name, salary
FROM employees
WHERE last_name = 'king';
```

例 3-2 的结果如图 3-2 所示。

EMPLOYEE_ID	LAST_NAME	SALARY

图 3-2　例 3-2 的结果

公司的 CEO 居然在数据库中不存在！这当然是不可能的，原因就是我们在查询数据时，把 last_name 的首字母改为小写了。因为 Oracle 对字符类型大小写敏感，所以必须在 WHERE 语句中匹配数据库中存储的字符，否则不能返回结果。修改后的语句如例 3-3 所示。

例 3-3　查询员工的 last_name 是'King'的信息。

```
SELECT employee_id, last_name, salary
FROM employees
WHERE last_name = 'King';
```

例 3-3 的结果如图 3-3 所示。

EMPLOYEE_ID	LAST_NAME	SALARY
1	100	King …	24000.00

图 3-3　例 3-3 的结果

提高: 当我们对表中存储的字符类型大小写未知的情况下，应该怎么完成记录的筛选?

3.2.2　日期类型格式敏感的实例

在 Oracle 中，日期类型是格式敏感的，默认的日期格式是'DD-MON-RR'。DD 代表的是本月中的第几天，MON 是月份英文的前三位，RR 是两位的年份。在 Oracle 9i 以及以上版本中，RR 格式年份支持并推荐写四位。

日期在中文环境和英文环境中还有不同。中文环境中，月份需要写成中文格式。

例如，2012 年 6 月 30 日，在查询的时候，中文环境中需要写成'30-6 月-12'或'30-6 月-2012'，英文环境需要写成'30-JUN-12'，或'30-JUN-2012'。

例 3-4   查询在 1999 年 1 月 1 日以后进入公司的雇员信息。

```
SELECT last_name, hire_date
FROM employees
WHERE hire_date >= '01-1 月-1999';
```

例 3-4 的结果如图 3-4 所示。

	LAST_NAME	HIRE_DATE
1	Lorentz	⋯ 07-二月-99
2	Popp	⋯ 07-十二月-99
3	Mourgos	⋯ 16-十一月-99
4	Zlotkey	⋯ 29-一月-00
5	Grant	⋯ 24-五月-99

图 3-4   例 3-4 的结果

在 SQL*Plus 中，转换成英文环境，需要输入语句：

```
ALTER SESSION SET NLS_LANGUAGE='AMERICAN';
```

例 3-5   查询在 1999 年 1 月 1 日以后进入公司的雇员信息（英文环境）。

```
ALTER SESSION SET NLS_LANGUAGE='AMERICAN';
SELECT last_name, hire_date
FROM employees
WHERE hire_date >= '01-JAN-1999';
```

代码解释：在 Oracle 中，日期显示的格式与语言相关，具体由 NLS_LANGUAGE 参数决定。ALTER SESSION SET NLS_LANGUAGE='AMERICAN'; 是把语言环境改为美语环境，有效范围是在当前会话中，也就是没有在 SQL*Plus 中注销前，该修改均有效。

3.3   特殊比较运算符的使用

特殊比较运算符主要包括：BETWEEN…AND…、IN（列表）、LIKE、IS NULL。

3.3.1   BETWEEN…AND…运算符的使用

BETWEEN…AND… 运算符主要实现对相应区间的选择。公司经理准备查看一下月薪在 4 200～6 000 元的员工。这样的需求可以通过以下语句实现。

例 3-6   查询月薪在 4 200～6 000 元的雇员。

```
SELECT employee_id, last_name, salary
FROM employees
WHERE salary BETWEEN 4200 AND 6000;
```

例 3-6 的结果如图 3-5 所示。

代码解释：BETWEEN…AND…实现对相应区间的选择。相对小的值放在 BETWEEN 和 AND 中间，相对大的值放在 AND 后。

	EMPLOYEE_ID	LAST_NAME		SALARY
1	200	Whalen	...	4400.00
2	202	Fay		6000.00
3	104	Ernst		6000.00
4	107	Lorentz		4200.00
5	124	Mourgos		5800.00

图 3-5　例 3-6 结果

提高：通过 BETWEEN…AND…判断两个日期之间的信息如何来写？需要注意哪些问题？

3.3.2　IN 运算符的使用

IN 运算符主要在对指定的几个值进行查看时使用。经理准备查看一下所有工作部门在 10，90 或 110 号部门员工的信息。这个需求可以通过例 3-7 实现。

例 3-7　查询部门编号为 10、90 或 110 的雇员信息。

```
SELECT employee_id, last_name, salary, department_id
FROM employees
WHERE department_id IN (10, 90, 110);
```

例 3-7 的结果如图 3-6 所示。

	EMPLOYEE_ID	LAST_NAME		SALARY
1	200	Whalen	...	4400.00
2	202	Fay		6000.00
3	104	Ernst		6000.00
4	107	Lorentz		4200.00
5	124	Mourgos		5800.00

图 3-6　例 3-7 的结果

3.3.3　LIKE 运算符的使用

LIKE 运算符主要是完成模糊查找的功能。在开发中，经常只知道要查找资料的部分信息，这种情况下可以通过 LIKE 实现查找。

LIKE 运算符需要与通配符一起来使用，通过通配符来代替未知的信息。常用的通配符有"％"和"_"。

① "％"可以代替任意长度字符（包括长度为 0）。

② "_"可以代替一个字符。

比如想要查找一名雇员的信息，可是只知道他的 last_name 开头字母是 S。这样的问题通常是由 LIKE 运算符来解决，例 3-8 是解决方法。

例 3-8　查询 last_name 首字母是 S 的雇员信息。

```
SELECT employee_id, last_name, salary
FROM employees
WHERE last_name LIKE 'S%';
```

例 3-8 的结果如图 3-7 所示。

	EMPLOYEE_ID	LAST_NAME		SALARY
1	111	Sciarra	...	7700.00

图 3-7　例 3-8 的结果

如果想要查找第二个字母是 b 的雇员信息，"_"通配符就派上用场了。

例 3-9　查询 last_name 第二个字母是 b 的雇员信息。
```
SELECT employee_id, last_name, salary
FROM employees
WHERE last_name LIKE '_b%';
```
例 3-9 的结果如图 3-8 所示。

	EMPLOYEE_ID	LAST_NAME		SALARY
1	174	Abel	⋯	11000.00

图 3-8　例 3-9 的结果

LIKE 运算符还可以应用在更复杂的一些工作中。如果想要查找 1998 年入职的员工信息，也可以通过 LIKE 运算符实现。

例 3-10　查询 1998 年入职的员工信息。
```
SELECT employee_id, last_name, hire_date, salary
FROM employees
WHERE hire_date LIKE '%98';
```
例 3-10 的结果如图 3-9 所示。

	EMPLOYEE_ID	LAST_NAME		HIRE_DATE		SALARY
1	112	Urman	⋯	07-三月-98	▼	7800.00
2	143	Matos	⋯	15-三月-98	▼	2600.00
3	144	Vargas	⋯	09-七月-98	▼	2500.00
4	176	Taylor	⋯	24-三月-98	▼	8600.00

图 3-9　例 3-10 的结果

在 LIKE 运算符使用的过程中，通配符 "_" 和 "%" 都可能在查询中产生歧义。例如，在我们的 employees 表中，有 job_id 列表示职位信息。每个职位都有 "_"，如 IT_PROG、FI_ACCOUNT 等。如果我们想要通过 LIKE 语句查找所有的以 "FI_" 开头的职位，这里的 "_" 就会产生歧义，被认为是通配符，即变成查找所有以 IT 开头，至少 3 位长的字符。

在这种情况下，Oracle 提供了 ESCAPE 转义符完成这样的功能。首先我们需要通过 ESCAPE 定义转义字符，即转义字符后的一个字符就不是通配符，而回归它本身的字符。转义字符我们通常定义为 "\"。刚才查找所有以 "FI_" 开头的职位，可以用例 3-11 的方法实现。

例 3-11　查询 JOB_ID 以 "FI_" 开头的雇员信息。
```
SELECT employee_id, last_name, job_id, salary
FROM employees
WHERE job_id LIKE 'FI\_%' ESCAPE '\';
```
例 3-11 的结果如图 3-10 所示。

代码解释：这里的 "_" 就是它的本来含义，而 "%" 不受到转义符 "\" 的影响，因为 "\" 只会影响到其后的一个字符。

	EMPLOYEE_ID	LAST_NAME		JOB_ID	SALARY
1	109	Faviet	⋯	FI_ACCOUNT	9000.00
2	110	Chen	⋯	FI_ACCOUNT	8200.00
3	111	Sciarra	⋯	FI_ACCOUNT	7700.00
4	112	Urman	⋯	FI_ACCOUNT	7800.00
5	113	Popp	⋯	FI_ACCOUNT	6900.00
6	108	Greenberg	⋯	FI_MGR	12000.00

图 3-10　例 3-11 的结果

3.3.4　IS NULL 运算符的使用

对空值（NULL）的判断一直是在数据库使用过程中很重要的组成部分。空值对数学运算的影响在上一章已经进行了介绍，本节主要讨论空值筛选的问题。

在虚拟公司里，每年都会有新员工加入，这些员工在刚进入公司的时候需要进行培训，然后再分配到相应的部门。在这个阶段，员工是没有分配确切部门的。如果我们需要找到这样的员工，就需要通过 IS NULL 运算符来实现。例 3-12 是实现功能的代码。

例 3-12　未分配部门的雇员信息。

```
SELECT employee_id, last_name, salary, department_id
FROM employees
WHERE department_id IS NULL;
```

例 3-12 的结果如图 3-11 所示。

EMPLOYEE_ID	LAST_NAME	SALARY	DEPARTMENT_ID
1	178	Grant	7000.00	

图 3-11　例 3-12 的结果

代码解释：注意空值的筛选需要用 IS NULL 运算符来实现，而不是用 "= NULL"。

3.4　逻辑运算符的使用

在 Oracle 中主要提供了三个逻辑运算符，即：AND（逻辑与），OR（逻辑或），NOT（逻辑非）。逻辑运算符主要功能是把条件集合在一起进行运算，并返回结果。

AND 或者 OR 通常格式为：

条件 1 逻辑表达式 条件 2

NOT 通常格式为：

NOT 条件

逻辑表达式的返回值有三种：真（TRUE）、假（FALSE）、空（NULL）。逻辑运算符操作表如表 3-1～表 3-3 所示。

表 3-1　AND 运算符操作表

AND	TRUE	FALSE	NULL
TRUE	TRUE	FALSE	NULL
FALSE	FALSE	FALSE	FALSE
NULL	NULL	FALSE	NULL

表 3-2　OR 运算符操作表

OR	TRUE	FALSE	NULL
TRUE	TRUE	TRUE	TRUE
FALSE	TRUE	FALSE	NULL
NULL	TRUE	NULL	NULL

表 3-3   NOT 运算符操作表

NOT	
TURE	FALSE
FALSE	TURE
NULL	NULL

3.4.1   AND 逻辑运算符的使用

逻辑运算符在使用中，要求条件的表达式完整。如例 3-6，判断工资在 4 200～6 000 元之间的员工，也可以表示成例 3-13 的方式，结果与例 3-6 相同。

例 3-13   查询月薪在 4 200～6 000 元公司的雇员。

```
SELECT employee_id, last_name, salary
FROM employees
WHERE salary>=4200
AND salary<=6000;
```

例 3-13 的结果如图 3-12 所示。

	EMPLOYEE_ID	LAST_NAME		SALARY
1	200	Whalen	···	4400.00
2	202	Fay	···	6000.00
3	104	Ernst	···	6000.00
4	107	Lorentz	···	4200.00
5	124	Mourgos	···	5800.00

图 3-12   例 3-13 的结果

除了上面这种替换 BETWEEN…AND…的用法外，逻辑运算符更多是用在多条件逻辑判断上。例如，当需要查找月薪大于 10 000 元，并且在 60 和 90 号部门工作的员工，就需要通过 AND（逻辑与）来实现。

例 3-14   查询月薪大于 10 000 元，并且在 60 和 90 号部门工作的员工。

```
SELECT last_name, salary, department_id
FROM employees
WHERE salary>10000
AND department_id in (60,90);
```

例 3-14 的结果如图 3-13 所示。

	LAST_NAME		SALARY	DEPARTMENT_ID
1	King	···	24000.00	90
2	Kochhar	···	17000.00	90
3	De Haan	···	17000.00	90

图 3-13   例 3-14 的结果

代码解释：这里返回的是月薪大于 10 000 元，同时在 60 和 90 号部门工作的员工，salary>10000 和 department_id in (60,90) 表达式必须同时成立。

3.4.2   OR 逻辑运算符的使用

如果想要查找月薪大于 10 000 元，或者在 60 和 90 号部门工作的员工，则可以通过逻辑或来实现。

例 3-15　查询月薪大于 10 000 元，或者在 60 和 90 号部门工作的员工。

```
SELECT last_name, salary, department_id
FROM employees
WHERE salary>10000
OR department_id in (60,90);
```

例 3-15 的结果如图 3-14 所示。

	LAST_NAME		SALARY	DEPARTMENT_ID
1	Hartstein	...	13000.00	20
2	Higgins	...	12000.00	110
3	King	...	24000.00	90
4	Kochhar	...	17000.00	90
5	De Haan	...	17000.00	90
6	Hunold	...	9000.00	60
7	Ernst	...	6000.00	60
8	Lorentz	...	4200.00	60
9	Greenberg	...	12000.00	100
10	Zlotkey	...	10500.00	80
11	Abel	...	11000.00	80

图 3-14　例 3-15 的结果

代码解释：这里实际上返回的是两类员工：

① 月薪大于 10 000 元的员工。

② 在 60 或 90 号部门工作的员工。

当然这里也涵盖了月薪大于 10 000 元，同时在 60 或 90 号部门工作的员工。

3.4.3　NOT 逻辑运算符的使用

NOT 逻辑运算符主要是完成取反操作，即返回原表达式值相反的结果。

公司经理想要查找职位不是 IT_PROG，ST_CLERK，FI_ACCOUNT 的员工信息，可以通过例 3-16 来实现。

例 3-16　查找职位不是 IT_PROG、ST_CLERK、FI_ACCOUNT 的员工信息。

```
SELECT last_name, job_id, salary
FROM employees
WHERE job_id  NOT IN ('IT_PROG', 'ST_CLERK', 'FI_ACCOUNT');
```

例 3-15 的结果如图 3-15 所示。

	LAST_NAME	JOB_ID	SALARY
1	Whalen	AD_ASST	4400.00
2	Hartstein	MK_MAN	13000.00
3	Fay	MK_REP	6000.00
4	Higgins	AC_MGR	12000.00
5	Gietz	AC_ACCOUNT	8300.00
6	King	AD_PRES	24000.00
7	Kochhar	AD_VP	17000.00
8	De Haan	AD_VP	17000.00
9	Greenberg	FI_MGR	12000.00
10	Mourgos	ST_MAN	5800.00
11	Zlotkey	SA_MAN	10500.00
12	Abel	SA_REP	11000.00
13	Taylor	SA_REP	8600.00
14	Grant	SA_REP	7000.00

图 3-15　例 3-16 的结果

NOT 运算符还可以和 BETWEEN…AND、LIKE、IS NULL 一起使用。

例如：

```
... WHERE department_id NOT IN (60, 90);
... WHERE salary NOT BETWEEN 10000 AND 25000;
... WHERE last_name NOT LIKE 'D%';
... WHERE manager_id IS NOT NULL;
```

3.4.4 运算符的优先级

通过上面的章节我们已经了解到很多种运算符，这里就需要考虑一下，在多种运算符一起使用时，哪种运算符优先的问题。表 3-4 显示出这些运算符的具体优先级。

表 3-4 运算符的优先级

优先级	运 算 符 分 类	运 算 符 举 例
1	数学运算符	*, \, +, -
2	连接运算符	‖
3	通用比较运算符	=, <>, <, >, <=, >=
4	其他比较运算符	IS [NOT] NULL，LIKE，[NOT] BETWEEN，[NOT] IN
5	逻辑非	NOT
6	逻辑与	AND
7	逻辑或	OR

提示：括号优先于其他操作符，而且通过括号可以增强语句的可读性。

下面通过几个例子来介绍一下优先级对数据库开发的影响。

例 3-17 查找职位是 FI_ACCOUNT 或工资超过 16 000，且职位是 AD_VP 的员工。

```
SELECT last_name, job_id, salary, department_id
FROM employees
WHERE job_id = 'FI_ACCOUNT'
OR job_id = 'AD_VP'
AND salary > 16000;
```

例 3-17 的结果如图 3-16 所示。

	LAST_NAME	JOB_ID	SALARY	DEPARTMENT_ID
1	Kochhar	… AD_VP	17000.00	90
2	De Haan	… AD_VP	17000.00	90
3	Faviet	… FI_ACCOUNT	9000.00	100
4	Chen	… FI_ACCOUNT	8200.00	100
5	Sciarra	… FI_ACCOUNT	7700.00	100
6	Urman	… FI_ACCOUNT	7800.00	100
7	Popp	… FI_ACCOUNT	6900.00	100

图 3-16 例 3-17 的结果

代码解释：这个例子中，虽然 OR 在前，AND 在后，但是因为 AND 逻辑运算符优先于 OR 运算符，所以真正执行的顺序是先执行 job_id = 'AD_VP' AND salary > 16000，然后才是和 job_id = 'FI_ACCOUNT'进行 OR 操作。

如果想要使 OR 优先于 AND 运算，需要用括号来完成。

例 3-18　查找工资超过 16 000 并且职位是 FI_ACCOUNT 或是 AD_VP 的员工。

```
SELECT last_name, job_id, salary, department_id
FROM employees
WHERE (job_id = 'FI_ACCOUNT'
OR job_id = 'AD_VP')
AND salary > 16000;
```

例 3-18 的结果如图 3-17 所示。

	LAST_NAME	JOB_ID	SALARY	DEPARTMENT_ID
1	Kochhar　…	AD_VP	17000.00	90
2	De Haan　…	AD_VP	17000.00	90

图 3-17　例 3-18 的结果

代码解释：这里加括号后，语句的执行顺序改变了，先执行括号中的 OR，再执行 AND。这样代码的可读性也大大增强了。建议在复杂的查询语句中，尽量使用括号来增强代码可读性。

3.5　ORDER BY 的使用

3.5.1　ORDER BY 的基本使用

从前面的例子中可以看到，在关系数据库中，表的记录本身是没有顺序的。而在实际应用中，经常会需要进行一些顺序的排列。比如说按员工的工资降序排列，获得员工工资由大到小的列表；又如按照员工部门编号升序排列，可以清楚地看到每个部门员工的信息。

如果想要进行顺序排列，就需要使用 ORDER BY 子句来实现。ORDER BY 子句的主要功能是使结果集按照升序或降序排列。

ORDER BY 语句是在 SQL 语句中的最后一条子句。ORDER BY 子句后面可以写表达式、别名或者列名作为排序条件。

增加 ORDER BY 子句后的语法结构如下：

```
SELECT *|{[DISTINCT] 列名|表达式 [别名][,...]}
FROM 表名
[WHERE 条件]
[ORDER BY {列名|表达式|别名} [ASC|DESC],…];
```

语法解释：这里 ORDER BY 语句后可写列名，表达式或者别名；ASC 关键字代表升序排列（默认），DESC 关键字代表降序排列。多列排序可以用逗号隔开。

下面我们看一下使用 ORDER BY 语句的例子。

例 3-19　查看公司员工信息，按照员工部门降序排列。

```
SELECT last_name, job_id, salary, department_id
FROM employees
ORDER BY department_id DESC;
```

例 3-19 的结果如图 3-18 所示。

	LAST_NAME	JOB_ID	SALARY	DEPARTMENT_ID
1	Grant	... SA_REP	7000.00	
2	Gietz	... AC_ACCOUNT	8300.00	110
3	Higgins	... AC_MGR	12000.00	110
4	Popp	... FI_ACCOUNT	6900.00	100
5	Sciarra	... FI_ACCOUNT	7700.00	100
	...			
23	Matos	... ST_CLERK	2600.00	50
24	Hartstein	... MK_MAN	13000.00	20
25	Fay	... MK_REP	6000.00	20
26	Whalen	... AD_ASST	4400.00	10

图 3-18　例 3-19 的结果

代码解释：这里是按照员工的部门编号的降序排列，记录按照部门编号由大到小的顺序排列。

现在总结一下不同数据类型排序的规则（以升序为例）。

① 数字升序排列，小值在前，大值在后。即按照数字大小顺序由小到大排列。

② 日期升序排列，相对较早的日期在前，较晚的日期在后。例如：01-SEP-06 在 01-SEP-07 前。

③ 字符升序排列，按照字母由小到大的顺序排列，即由 A~Z 的顺序排列；中文升序排列，即按照字典顺序排列。

④ 空值在升序排列中排在最后，在降序排列中排在最开始。

在本节开头中提到，ORDER BY 语句可以使用列别名。下面通过例子来检验一下。

例 3-20　查看员工信息，结果按照年薪升序排列。

```
SELECT last_name, job_id, salary*12 annual, department_id
FROM employees
ORDER BY annual;
```

例 3-20 的结果如图 3-19 所示。

	LAST_NAME	JOB_ID	ANNUAL	DEPARTMENT_ID
1	Vargas	... ST_CLERK	30000	50
2	Matos	... ST_CLERK	31200	50
3	Davies	... ST_CLERK	37200	50
4	Rajs	... ST_CLERK	42000	50
	...			
23	Hartstein	... MK_MAN	156000	20
24	De Haan	... AD_VP	204000	90
25	Kochhar	... AD_VP	204000	90
26	King	... AD_PRES	288000	90

图 3-19　例 3-20 的结果

代码解释：这里是按照年薪升序排列，使用了别名。ORDER BY 语句中使用别名是可以的。在这个例子中，ORDER BY 进行排序的列名没有写排序的规则，这样采用的就是默认升序（ASC）。

在排序的时候，还经常会遇到多列排序的情况，比如查看员工信息，按照 job_id 升序、月薪降序排列，这可以用例 3-21 实现。

例 3-21　查看员工信息，按照 job_id 升序、月薪降序排列。

```
SELECT last_name, job_id, salary, department_id
FROM employees
ORDER BY job_id, salary desc;
```

例 3-21 的结果如图 3-20 所示。

	LAST_NAME		JOB_ID	SALARY	DEPARTMENT_ID
1	Gietz	⋯	AC_ACCOUNT	8300.00	110
2	Higgins	⋯	AC_MGR	12000.00	110
3	Whalen	⋯	AD_ASST	4400.00	10
4	King	⋯	AD_PRES	24000.00	90
⋯					
21	Grant	⋯	SA_REP	7000.00	
22	Rajs	⋯	ST_CLERK	3500.00	50
23	Davies	⋯	ST_CLERK	3100.00	50
24	Matos	⋯	ST_CLERK	2600.00	50
25	Vargas	⋯	ST_CLERK	2500.00	50
26	Mourgos	⋯	ST_MAN	5800.00	50

图 3-20　例 3-21 的结果

代码解释：在这个例子中，是按照 job_id 升序、月薪降序排列，即首先按照 job_id 升序排列，当 job_id 相同时，再按照 salary 降序排列。

3.5.2　ORDER BY 的特殊使用

关于 ORDER BY 子句，还有两个特殊的用法需要注意：

① ORDER BY 子句后的列，可以在 SELECT 子句中没有出现过。

② ORDER BY 子句后的列名，在一些情况下可以用数字来代替，这个数字是 SELECT 语句后列的顺序号。

这两个用法通过下面的例子来解释。

公司经理想要查看一下公司员工信息，按照工资由高到低排列，而具体的工资数涉及个人隐私，不能显示出来，这样的需求可以通过例 3-22 来实现。

例 3-22　查看公司员工信息，按照月薪由高到低排列，而具体的工资数不显示。

```
SELECT last_name, job_id, hire_date
FROM employees
ORDER BY salary;
```

例 3-22 的结果如图 3-21 所示。

	LAST_NAME		JOB_ID	HIRE_DATE	
1	Vargas	⋯	ST_CLERK	09-七月-98	▼
2	Matos	⋯	ST_CLERK	15-三月-98	▼
3	Davies	⋯	ST_CLERK	29-一月-97	▼
4	Rajs	⋯	ST_CLERK	17-十月-95	▼
5	Lorentz	⋯	IT_PROG	07-二月-99	▼
⋯					
23	Hartstein	⋯	MK_MAN	17-二月-96	▼
24	De Haan	⋯	AD_VP	13-一月-93	▼
25	Kochhar	⋯	AD_VP	21-九月-89	▼
26	King	⋯	AD_PRES	17-六月-87	▼

图 3-21　例 3-22 的结果

代码解释：在例 3-22 中，按照月薪由高到低的顺序排列，而 salary 列并不显示。这样可以在一些特殊需求时实现相应的功能。

ORDER BY 后的列也可以用数字表示。数字是 SELECT 语句后面列的顺序号。这里把例 3-21 修改一下，如例 3-23 所示。

例 3-23 查看员工信息，结果按照按照 job_id 升序、月薪降序排列。

```
SELECT last_name, job_id, salary, department_id
FROM employees
ORDER BY 2, 3 desc;
```

例 3-23 的结果如图 3-22 所示。

	LAST_NAME		JOB_ID	SALARY	DEPARTMENT_ID
1	Gietz	...	AC_ACCOUNT	8300.00	110
2	Higgins	...	AC_MGR	12000.00	110
3	Whalen	...	AD_ASST	4400.00	10
4	King	...	AD_PRES	24000.00	90
5	De Haan	...	AD_VP	17000.00	90
...					
23	Davies	...	ST_CLERK	3100.00	50
24	Matos	...	ST_CLERK	2600.00	50
25	Vargas	...	ST_CLERK	2500.00	50
26	Mourgos	...	ST_MAN	5800.00	50

图 3-22 例 3-23 的结果

代码解释：例 3-23 结果与例 3-21 相同。这里的 2 和 3 分别代表 SELECT 语句后第二列 job_id 和第三列 salary。

注意：这种方法因为代码可读性较差，不推荐使用。

小　结

本章主要介绍 WHERE 语句的使用方法，具体介绍了如何进行选择表中的部分行操作。接着介绍比较运算符、特殊比较运算符和逻辑运算符的使用，最后介绍了使用 ORDER BY 进行排序的方法。

习　题

1. 查询 last_name 是 Chen 的员工的信息。
2. 查询参加工作时间在 1997-7-9 之后，并且不从事 IT_PROG 工作的员工的信息。
3. 查询员工 last_name 的第三个字母是 a 的员工的信息。
4. 查询除了 10、20、110 号部门以外的员工的信息。
5. 查询部门号为 50 号员工的信息，先按工资降序排序，再按姓升序排序。
6. 查询没有上级管理的员工（经理号为空）的信息。
7. 查询员工表中工资大于等于 4 500 并且部门为 50 或者 60 的员工的姓（last_name），工资，部门号。

第4章 单行函数

函数是数据库中一个重要的元素。通过函数可以实现一些较复杂的功能。在 Oracle 数据库中同样有很多函数来帮助我们完成重要的工作。

Oracle 函数可以有一个或多个输入，而返回值只能有一个。根据输入记录行的不同，Oracle 函数可分为单行函数和多行函数两类。本章就单行函数进行介绍。

4.1 单行函数介绍

单行函数的特点是要对表中每一行记录进行操作，而且每行记录只返回一个结果。单行函数的语法结构如下：

函数名 [(参数1，参数2,…)]

其中的参数可以是以下之一：用户定义的变量、变量、列名、表达式。

单行函数还有以下的一些特征：

① 单行函数对单行操作。

② 每行返回一个结果。

③ 有可能返回值与原参数数据类型不一致（转换函数）。

④ 单行函数可以写在 SELECT、WHERE、ORDER BY 子句中。

⑤ 有些函数没有参数，有些函数包括一个或多个参数。

⑥ 函数可以嵌套。

单行函数可以分为字符函数、数字函数、日期函数、转换函数、其他函数，下面依次进行说明。

4.2 字 符 函 数

字符函数，主要指参数类型是字符型，不同的函数其返回值可能是字符型，也可能是数字类型。字符函数要对字符进行相应操作，比如转换大小写、连接、截断等功能。本节主要介绍以下常用函数：LOWER、UPPER、INITCAP、CANCAT、SUBSTR、LENGTH、INSTR、TRIM、REPLACE。

下面分别以实例来介绍每个函数的功能。

4.2.1 字符大小写操作函数

LOWER、UPPER、INITCAP 三个函数是字符大小写操作函数，对表达式或列操作，分别返回小写、大写或每个单词首字母大写其他字母小写的值。语法格式如下：

```
LOWER(列名|表达式)
UPPER(列名|表达式)
INITCAP(列名|表达式)
```

1. LOWER 函数

首先举例说明 LOWER 字符函数功能。现准备把字符串 I love SQL 全部转换成小写，可以通过例 4-1 实现。

例 4-1　把字符串 I love SQL 全部转换成小写。

```
SELECT LOWER('I love SQL')
FROM DUAL;
```

例 4-1 的结果如图 4-1 所示。

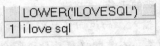

图 4-1　例 4-1 的结果

代码解释：LOWER 函数将 I love SQL 字符串转换为全小写。

需要注意的是，这个例子中使用的 DUAL 表是以前没有见到的。这个表是在创建数据库时 Oracle 自动建立的，该表的所有者是 SYS，DUAL 表可以被所有的用户访问。这个表只有一列，即 DUMMY，记录只有一行，即 X。因为 SQL 查询语句至少要包括 SELECT 和 FROM 两个子句，所以 DUAL 表通常用在单行函数等环境中，作为语法的补充。

2. UPPER 和 INITCAP 函数

例 4-1 介绍了 LOWER 函数的功能，下面通过类似的例子来介绍 UPPER 函数和 INITCAP 函数。

例 4-2　把字符串 I love SQL 全部转换成大写。

```
SELECT UPPER('I love SQL')
FROM DUAL;
```

例 4-2 的结果如图 4-2 所示。

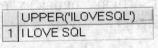

图 4-2　例 4-2 的结果

例 4-3　把字符串 I love SQL 转换成每个单词第一个字母大写，其他字母小写。

```
SELECT INITCAP('I love SQL')
FROM DUAL;
```

例 4-3 的结果如图 4-3 所示。

图 4-3　例 4-3 的结果

通过语法格式可以看到，单行函数除了对表达式操作外，还可以对列操作。

例如，经理想要查看一下公司 90 号部门中所有员工的信息，要求职位按照小写方式显示。这样的需求就可以通过单行函数来实现。具体例子参见例 4-4。

例 4-4　查询 90 号部门中所有员工的信息，要求职位按照小写方式显示。

```
SELECT last_name, LOWER(job_id) job, salary
FROM employees
WHERE department_id = 90;
```

例 4-4 的结果如图 4-4 所示。

	LAST_NAME	JOB	SALARY
1	King ⋯	ad_pres	24000.00
2	Kochhar ⋯	ad_vp	17000.00
3	De Haan ⋯	ad_vp	17000.00

图 4-4 例 4-4 的结果

代码解释：需要返回的函数值写在 SELECT 子句中。

通过上面的例子了解到字符大小写操作函数的基本用法。字符大小写操作函数在实际中更多是用在条件筛选及值的判断中。

在上一章中曾经介绍过，在 Oracle 数据库中，字符类型是大小写敏感的。现在再回顾一下例 3-2：查询员工的 last_name 是 King 的信息。

```
SELECT employee_id, last_name, salary
FROM employees
WHERE last_name = 'king';
```

例 3-2 运行的结果是没有查到任何记录。从而，在准备查找的字符值大小写未知的情况下，很有可能出现上面的问题。通过字符大小写操作函数完全可以避免这种情况的出现，如例 4-5 所示。

例 4-5 查询员工的 last_name 是 King 的信息（使用字符操作函数）。

```
SELECT employee_id, last_name, salary
FROM employees
WHERE UPPER(last_name) = 'KING';
```

例 4-5 的结果如图 4-5 所示。

	EMPLOYEE_ID	LAST_NAME	SALARY
1	100	King ⋯	24000.00

图 4-5 例 4-5 的结果

代码解释：在 WHERE 子句中，这里通过 UPPER 函数，把 last_name 列都变成大写，再和大写的 KING 比较，这样不管原 last_name 列是大写、小写或大小写混写，都可以找到需要的信息，大大降低了语句出错的几率。

4.2.2 其他字符函数

除了上一节提到的三个字符大小写操作函数外，还有很多其他字符函数。这里挑选较重要的几个函数进行介绍。

CONCAT(*列1|表达式1,列2|表达式2*)
SUBSTR(*列名|表达式,m[,n]*)
LENGTH(*列名|表达式*)
INSTR(*列名|表达式,'string', [,m], [n]*)
LPAD(*列名|表达式,n,'string'*)

```
RPAD(列名|表达式, n,'string')
TRIM([leading|trailing|both, ]trim_character FROM trim_source)
REPLACE(文本, 查找字符串, 替换字符串)
```

下面依次介绍这些函数。

1. CONCAT 函数

CONCAT 是字符连接函数。CONCAT 函数包括两个参数，参数可以是列或表达式，主要功能是把两个字符串联成一个字符串并输出。下面通过例 4-6 演示 CONCAT 函数的功能。

例 4-6 CONCAT 函数演示。

```
SELECT CONCAT('I love ','SQL')
FROM DUAL;
```

例 4-6 的结果如图 4-6 所示。

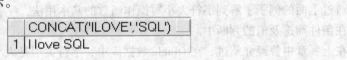

图 4-6 例 4-6 的结果

代码解释：CONCAT 功能有点类似于"‖"的功能，但是有以下几点不同：

① CONCAT 函数参数只能是字符类型，而"‖"可以连接多种类型。

② CONCAT 函数参数格式只能有两个，而"‖"可以有多个。

2. SUBSTR 函数

SUBSTR 是字符截取函数。SUBSTR 函数包括三个参数。第一个参数是准备截取的列或表达式，第二个参数是截取起始位，第三个参数是截取字符的长度。正数代表从左到右的位数，负数代表从右到左的位数。而如果第三个参数不写，则代表截取到末尾。下面通过例 4-7 演示 SUBSTR 函数的功能。

例 4-7 SUBSTR 函数演示。

```
SELECT SUBSTR('I love SQL',3,4)
FROM DUAL;
```

例 4-7 的结果如图 4-7 所示。

图 4-7 例 4-7 的结果

代码解释：这里把字符串 I love SQL 从第 3 位开始，截取 4 位长，结果就是 love。

3. LENGTH 函数

LENGTH 函数是求字符长度函数，带有一个参数，可以是字符或表达式，返回值是字符串的长度、数字类型。下面通过例 4-8 介绍 LENGTH 函数功能。

例 4-8 LENGTH 函数演示。

```
SELECT LENGTH('I love SQL')
FROM DUAL;
```

例 4-8 的结果如图 4-8 所示。

图 4-8 例 4-8 的结果

代码解释：这里获得字符串 I love SQL 的长度是 10。

4. INSTR 函数

INSTR 函数是在字符串中搜索字母的函数。包括两个参数，第一个参数是操作的列或表达式，第二个参数是准备查找的字符串，函数返回的是该字符串第一次在第一个参数中第几个位找到，返回值是数字类型。下面通过例 4-9 介绍 INSTR 函数功能。

例 4-9 INSTR 函数演示。

```
SELECT INSTR('I love SQL','l')
FROM DUAL;
```

例 4-9 的结果如图 4-9 所示。

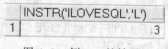

图 4-9 例 4-9 的结果

代码解释：这里获得字符串 l 在 I love SQL 中第一次找到是在第三位。这里要注意，因为字符类型大小写敏感，所以这里判断的时候也要注意大小写问题。

5. LPAD 函数

LPAD 函数是字符补齐函数，包括三个参数。第一个参数是操作的列或表达式，第二个参数是补足到的位数，第三个参数是用什么字符来补齐。RPAD 和 LPAD 函数功能类似，都是字符补齐函数，但是操作方向相反：LPAD 是在左端补齐，RPAD 是在右端补齐。下面通过例 4-10 介绍 LPAD 函数的功能。

例 4-10 LPAD 函数演示。

```
SELECT LPAD('I love SQL',15,'*')
FROM DUAL;
```

例 4-10 的结果如图 4-10 所示。

图 4-10 例 4-10 的结果

代码解释：这里是对字符串 I love SQL 左端以"*"补齐，补齐到 15 位。

6. RPAD 函数

下面通过例 4-11 介绍 RPAD 函数的功能。

例 4-11 RPAD 函数演示。

```
SELECT RPAD('I love SQL',15,'*')
FROM DUAL;
```

例 4-11 的结果如图 4-11 所示。

	RPAD('ILOVESQL',15,'*')
1	I love SQL*****

图 4-11　例 4-11 的结果

代码解释：这里是对字符串 I love SQL 右端以“*”补齐，补齐到 15 位。

提高：如果这里把第二个参数 15 写成 5，会有什么结果？

7. TRIM 函数

TRIM 函数的功能是进行字符左右两端的截断，截去两端指定的字母，个数不限。可以通过 leading 或 trailing 或 both 关键字指定截去哪一端的函数，both 是默认值，即两端截取。通过下面的例 4-12 来介绍 TRIM 函数的功能。

例 4-12　TRIM 函数演示。

```
SELECT TRIM('I' FROM 'I love SQL')
FROM DUAL;
```

例 4-12 的结果如图 4-12 所示。

	TRIM('I'FROM'ILOVESQL')
1	love SQL

图 4-12　例 4-12 的结果

代码解释：这个例子从字符串 I love SQL 截去 I，因为只在左端出现，所以左端的 I 被截去。如果 I 出现在最右端，也会被一起截去。

TRIM 函数更多的使用在截去空格的处理上。下面通过例 4-13 介绍这个函数功能。

例 4-13　TRIM 函数去除空格演示。

```
CREATE TABLE trim_example
(id NUMBER(5),
 name CHAR(10));

INSERT INTO trim_example
VALUES(4587,'   mike  ');

SELECT *
FROM trim_example
WHERE TRIM(name)='mike';
```

例 4-13 的结果如图 4-13 所示。

	ID	NAME
1	4587	mike

图 4-13　例 4-13 的结果

代码解释：为了完成本实例演示，我们创建一个练习表 trim_example。trim_example 包含两列，分别是 id 和 name。向表中插入一条记录，name 列插入 mike（即 mike 左右两端各有为数不等的空格）。在查询的时候，要去除两端空格，才可以找到记录。

注意：本例中的 CREATE TABLE 及 INSERT 语句，都会在以后的章节中进行介绍。

8. REPLACE 函数

REPLACE 函数的功能是替换对应的字符串。REPLACE 函数有三个参数，第一个参数是准备操作的列名或表达式，第二个参数是准备替换的字符串，第三个参数是替换为的那个字符串。下面通过例 4-14 介绍 REPLACE 函数的功能。

例 4-14 REPLACE 函数演示。

```
SELECT REPLACE('I love SQL','SQL','Oracle')
FROM DUAL;
```

例 4-14 的结果如图 4-14 所示。

REPLACE('ILOVESQL','SQL','ORAC
1	I love Oracle

图 4-14 例 4-14 的结果

代码解释：这个例子中把字符串 I love SQL 中的 SQL 替换为 Oracle。

上面介绍了很多字符函数，为了更好地理解相应函数的功能，通过例 4-15 集中展示字符函数的功能。

例 4-15 查找公司员工编号、用户名（first_name 与 last_name 连接成一个字符串）、职位编号及 last_name 的长度，要求职位从第四位起匹配 ACCOUNT，同时 last_name 中至少包含一个 e 字母。

```
SELECT employee_id, CONCAT(first_name, last_name) NAME,
job_id, LENGTH (last_name) length
FROM employees
WHERE SUBSTR(job_id, 4) = 'ACCOUNT'
AND INSTR(last_name, 'e')>0;
```

例 4-15 的结果如图 4-15 所示。

	EMPLOYEE_ID	NAME	JOB_ID	LENGTH
1	206	WilliamGietz	AC_ACCOUNT	5
2	109	DanielFaviet	FI_ACCOUNT	6
3	110	JohnChen	FI_ACCOUNT	4

图 4-15 例 4-15 的结果

代码解释：这个例子综合性较强，可以体会到字符函数常用的功能。

4.3 数 字 函 数

数字函数，输入的类型是数字，返回值也是数字类型。常用的数字函数有以下三个：

```
ROUND(列名|表达式, n)
TRUNC(列名|表达式,n)
MOD(m,n)
```

下面分别介绍一下这些函数。

1. ROUND 函数

ROUND 函数实现的是四舍五入的功能。包括两个参数：第一个参数可以是列名或表达式；

第二个参数是整数。第二个参数可能是以下情况：

① 正数代表四舍五入保留小数的位数，如：ROUND(65.654,2)，结果是 65.65。

② 0 代表保留到个位，如：ROUND(65.654,0)，结果是 66。

③ 负数代表保留位数向左移动，如：ROUND(65.654,-1)，结果是 70。

下面通过例 4-16 显示上面实例的演示结果。

例 4-16 ROUND 函数演示。

```
SELECT ROUND(65.654,2),ROUND(65.654,0),ROUND(65.654,-1)
FROM DUAL;
```

例 4-16 的结果如图 4-16 所示。

	ROUND(65.654,2)	ROUND(65.654,0)	ROUND(65.654,-1)
1	65.65	66	70

图 4-16 例 4-16 的结果

2. TRUNC 函数

TRUNC 函数实现的是截断功能，即不管小于四或大于五，都会截断。包括两个参数：第一个参数可以是列名和表达式；第二个参数是整数。第二个参数可能是以下情况：

① 正数代表截断后小数的位数，如：TRUNC（65.654,2），结果是 65.65。

② 0 代表截断到个位，如：TRUNC（65.654,0），结果是 65。

③ 负数代表截断位数向左移动，如：TRUNC（65.654,-1），结果是 60。

下面通过例 4-17 显示上面实例的演示结果。

例 4-17 TRUNC 函数演示。

```
SELECT TRUNC(65.654,2),TRUNC(65.654,0),TRUNC(65.654,-1)
FROM DUAL;
```

例 4-17 的结果如图 4-17 所示。

	TRUNC(65.654,2)	TRUNC(65.654,0)	TRUNC(65.654,-1)
1	65.65	65	60

图 4-17 例 4-17 的结果

3. MOD 函数

MOD 函数的功能是实现取模，即取余数功能。第一个参数可以是列名和表达式，第二个参数是数字类型。

下面通过例 4-18 显示 MOD 函数的功能。

例 4-18 MOD 函数演示。

```
SELECT employee_id, last_name, salary, MOD(salary,900)
FROM employees
WHERE department_id=90;
```

例 4-18 的结果如图 4-18 所示。

	EMPLOYEE_ID	LAST_NAME		SALARY	MOD(SALARY,900)
1	100	King	…	24000.00	600
2	101	Kochhar	…	17000.00	800
3	102	De Haan	…	17000.00	800

图 4-18 例 4-18 的结果

4.4 日 期 函 数

在 3.2.2 小节已介绍，在 Oracle 中，日期类型是格式敏感的，默认的日期格式是 DD-MON-RR。DD 代表的是本月中的第几天，MON 是月份英文的前三位，RR 是两位的年份。在 Oracle 9i 以及以上版本中，RR 格式年份支持并推荐写四位年份。

日期在中文环境和英文环境中还有不同。中文环境中，月份需要写成中文格式。

这里首先要认识到一点，在 Oracle 日期类型（DATE）的列中，保存的日期信息包括世纪、年、月、日、小时、分钟、秒。除了默认的年、月、日的显示格式外，如果想要显示成其他格式的日期，可以通过相应函数或修改系统参数来实现。具体函数会在以后的章节中进行介绍。

在介绍日期函数之前，首先介绍一下日期类型的数学运算。

4.4.1 日期类型数学运算

日期类型列或表达式可以进行数学运算，但是运算是有限制的。常用的日期运算如下：

① 日期类型列或表达式可以加减数字，功能是在该日期上加减对应的天数。如：'10-MON-06'+15 结果是'25-MON-06'。

② 日期类型列或表达式之间可以进行减操作，功能是计算两个日期之间间隔了多少天。如：'10-MON-06'-'4-MON-06'结果四舍五入后是 6 天。

③ 如果需要加减相应小时或分钟，可以使用 n/24 来实现。

注意： 确切日期如 10-MON-06 会被 Oracle 认为是字符串，需要进行类型转换后才可以执行，具体类型转换函数在本章稍后介绍。

利用日期函数可对日期类型变量或表达式进行操作，完成各种日期运算工作。常用的日期函数有以下几种：SYSDATE、MONTHS_BETWEEN、ADD_MONTHS、NEXT_DAY、LAST_DAY、ROUND、TRUNC。

下面分别介绍一下以上函数的基本功能。

4.4.2 日期时间函数的使用

1. SYSDATE 函数

SYSDATE 函数能够获得当前数据库服务器的时间，返回日期类型值。通过例 4-19 可以看到 SYSDATE 函数的功能。

例 4-19 SYSDATE 函数演示。

```
SELECT SYSDATE
FROM DUAL;
```

例 4-19 的结果如图 4-19 所示。

图 4-19 例 4-19 的结果

2. MONTHS_BETWEEN 函数

MONTHS_BETWEEN(date1, date2)函数的主要功能是计算两个日期之间的间隔月数，包括两个参数，都是日期类型格式，返回值是 NUMBER 类型。

例如，经理想要查看一下公司每个雇员已经为公司服务了多少个月。这个需求可以用例 4-20 来实现。

例 4-20　MONTHS_BETWEEN 函数演示——查询公司员工服务的月数。

```
SELECT last_name, salary, MONTHS_BETWEEN(SYSDATE,hire_date) months
FROM employees
ORDER BY months;
```

例 4-20 的结果如图 4-20 所示。

代码解释：这个例子是获得公司每个雇员已经为公司服务的月数。返回值是数字类型。

提高：如果想要将间隔月份四舍五入保留到整数，需要如何实现？

	LAST_NAME	SALARY	MONTHS
1	Zlotkey	…	10500.00	139.8948136947 43
2	Popp	…	6900.00	141.604491114098
3	Mourgos	…	5800.00	142.314168533453
4	Grant	…	7000.00	148.056104017324
…			
23	Hunold	…	9000.00	260.733523372162
24	Kochhar	…	17000.00	264.152878210872
25	Whalen	…	4400.00	288.281910468937
26	King	…	24000.00	291.281910468937

图 4-20　例 4-20 的结果

3. ADD_MONTHS 函数

ADD_MONTHS(date，n)函数的主要功能是在指定日期基础上加上相应的月份，返回值是日期类型。包括两个参数，第一个参数是日期类型列或表达式，第二个参数是数字类型整数，代表在指定日期上加上相应的月份。

例如，经理想要获得每个员工工作 3 个月后的日期及基本信息，以获得员工转正日期，可以用例 4-21 来实现。

例 4-21　ADD_MONTHS 函数演示——获取 1999 年 1 月 1 日以后入职的员工的转正日期。

```
SELECT last_name, salary, hire_date, ADD_MONTHS(hire_date,3) new_date
FROM employees
WHERE hire_date>'01-1月-1999';
```

例 4-21 的结果如图 4-21 所示。

	LAST_NAME	SALARY	HIRE_DATE	NEW_DATE
1	Lorentz	…	4200.00	07-二月-99	07-五月-99
2	Popp	…	6900.00	07-十二月-99	07-三月-00
3	Mourgos	…	5800.00	16-十一月-99	16-二月-00
4	Zlotkey	…	10500.00	29-一月-00	29-四月-00
5	Grant	…	7000.00	24-五月-99	24-八月-99

图 4-21　例 4-21 的结果

代码解释：这个例子是获得公司 1999 年 1 月 1 日以后入职的员工的转正日期。

4. NEXT_DAY 函数

NEXT_DAY(date, 'char')返回某一日期的下一个指定日期，第一个参数是指定日期或列名，第二个参数是字符型的数字或星期几。

例如，经理准备在下周一有重要的工作，需要获得那一天的日期。本例可以通过 4-22 来实现。

例 4-22 NEXT_DAY 函数演示——显示下周一的日期。

```
SELECT NEXT_DAY('02-2月-06','星期一') NEXT_DAY
FROM DUAL;
```

例 4-22 的结果如图 4-22 所示。

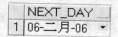

图 4-22　例 4-22 的结果

代码解释：这个例子是获得与所指定日期相邻的下一个"星期一"是具体日期。

提高：如果环境设置为英文环境，本例将如何实现。

5. LAST_DAY 函数

LAST_DAY(date)返回指定日期当月最后一天的日期。

例如，2006 年 2 月最后一天的日期可以通过例 4-23 实现。

例 4-23 LAST_DAY 函数演示——查询 2006 年 2 月 2 日所在月份最后一天的日期。

```
SELECT LAST_DAY('02-2月-2006') "LAST DAY"
FROM DUAL;
```

例 4-23 的结果如图 4-23 所示。

LAST DAY
1	28-二月-06 ▾

图 4-23　例 4-23 的结果

代码解释：这个例子是获得 2006 年 2 月 2 日所在月份最后一天的日期。

6. ROUND 函数

ROUND(date[,'fmt'])对日期进行指定格式的四舍五入操作。具体可以按照 YEAR、MONTH、DAY 等进行四舍五入。

例如，想对 1998 年入职员工入职日期按月四舍五入取整，可以通过例 4-24 来实现。

例 4-24 ROUND 函数演示——1998 年入职员工入职日期按月四舍五入取整。

```
SELECT employee_id, hire_date, ROUND(hire_date, 'MONTH')
FROM employees
WHERE SUBSTR(hire_date,-2,2)='98';
```

例 4-24 的结果如图 4-24 所示。

	EMPLOYEE_ID	HIRE_DATE	ROUND(HIRE_DATE,'MONTH')
1	112	07-三月-98 ▾	01-三月-98
2	143	15-三月-98 ▾	01-三月-98
3	144	09-七月-98 ▾	01-七月-98
4	176	24-三月-98 ▾	01-四月-98

图 4-24　例 4-24 的结果

代码解释：在按月四舍五入时，1~15 的日期会返回当前月份第一天，而 16~31 的日期会返回下个月份第一天。如按年四舍五入时，1~6 月会返回当年的第一天，7~12 月会返回下一年的第一天。

7. TRUNC 函数

TRUNC(date[,'fmt'])对日期进行指定格式的截断操作。具体可以按照 YEAR、MONTH、DAY 等进行截断。

例如，想对 1998 年入职员工入职日期按月截断，可以通过例 4-25 来实现。

例 4-25 TRUNC 函数演示——对 1998 年入职员工入职日期按月截断。

```sql
SELECT employee_id, hire_date, TRUNC(hire_date, 'MONTH')
FROM employees
WHERE SUBSTR(hire_date,-2,2)='98';
```

例 4-25 的结果如图 4-25 所示。

	EMPLOYEE_ID	HIRE_DATE	TRUNC(HIRE_DATE,'MONTH')
1	112	07-三月-98	01-三月-98
2	143	15-三月-98	01-三月-98
3	144	09-七月-98	01-七月-98
4	176	24-三月-98	01-三月-98

图 4-25　例 4-25 的结果

代码解释：在按月截断时，返回当前月份第一天。如按年截断时，会返回当年的第一天。

8. 特殊日期时间函数

Oracle 11g 中，还有几个特殊的日期时间函数，这里简单列出部分函数。

① CURRENT_DATE：返回当前会话所在时区的当前时间。

② CURRENT_TIMESTAMP：返回当前会话所在时区的时间戳类型。

③ DBTIMEZONE：返回数据库所在时区。

④ SESSIONTIMEZONE：返回当前会话所在时区。

⑤ EXTRACT：返回从日期类型中取出指定的年、月、日等。

这些函数除 EXTRACT 外，可以在跨时区环境中实现不同的功能，主要是用在与时区或 Oracle 11g 中新增 TIMESTAMP 数据类型相关函数。下面重点对 EXTRACT 函数进行介绍，其他函数可以查阅 Oracle 在线帮助文档。

EXTRACT 函数可以从日期类型列或表达式中取出年、月、日等，返回值是数字类型。格式如下：

EXTRACT ([YEAR] [MONTH][DAY] FROM [日期类型表达式])

例如，想要获得部门编号是 90 的部门中所有员工入职月份，可以通过例 4-26 来实现。

例 4-26 EXTRACT 函数演示——获取部门编号是 90 的部门中所有员工入职月份。

```sql
SELECT last_name, hire_date, EXTRACT (MONTH FROM HIRE_DATE) MONTH
FROM employees
WHERE department_id=90;
```

例 4-26 的结果如图 4-26 所示。

	LAST_NAME	HIRE_DATE	MONTH
1	King	17-六月-87	6
2	Kochhar	21-九月-89	9
3	De Haan	13-一月-93	1

图 4-26　例 4-26 的结果

代码解释：这里返回值是部门编号为 90 的部门中所有员工入职月份、数字类型，与中英文环境无关。

4.5 转 换 函 数

在 Oracle 数据库中，很多情况下需要进行不同数据类型之间的转换。比如，数据库中的日期格式默认为 DD-MON-RR，但是在实际工作中，需要的日期格式是多种多样的，而默认格式只有一种，这就需要通过数据类型转换来实现这些功能。

函数类型转换在 Oracle 数据库中有隐性转换和显性转换两种方式，下面来分别进行介绍。

4.5.1 数据类型隐性转换

在数据库操作过程中，很多时候数据类型转换是在不知情的情况下由 Oracle 数据库自己完成的，这样的转换被称为隐性转换。

隐性转换不需要用户做任何操作，可以由 Oracle 自动完成。一般在赋值语句和表达式中使用。

赋值语句中可以实现隐性转换的数据类型及方向如下：

① 变长字符类型（VARCHAR2）/定长字符类型（CHAR）转换为数字类型（NUMBER）。
② 变长字符类型（VARCHAR2）/定长字符类型（CHAR）转换为日期类型（DATE）。
③ 数字类型（NUMBER）转换为变长字符类型（VARCHAR2）。
④ 日期类型（DATE）转换为变长字符类型（VARCHAR2）。

表达式中可以实现隐性转换的数据类型及方向如下：

① 变长字符类型（VARCHAR2）/定长字符类型（CHAR）转换为数字类型（NUMBER）。
② 变长字符类型（VARCHAR2）/定长字符类型（CHAR）转换为日期类型（DATE）。

下面的例子可以显示隐性转换的作用。

例 4-27 数据类型隐性转换演示。

```
SELECT employee_id,last_name,department_id
FROM employees
WHERE department_id='90';
```

例 4-27 的结果如图 4-27 所示。

	EMPLOYEE_ID	LAST_NAME	DEPARTMENT_ID
1	100	King ...	90
2	101	Kochhar ...	90
3	102	De Haan ...	90

图 4-27 例 4-27 的结果

代码解释：这里返回值是部门编号为 90 的部门中所有员工的基本信息。90 在单引号中是字符串，而 department_id 是数字类型。Oracle 会将字符类型隐性转换为数字类型然后，再进行判断。

注意：如果采用隐性转换，格式要求非常严格，否则隐性转换会失败。

但是在实际应用中，建议不使用隐性转换来完成相应的工作。主要是因为隐性转换语句的可读性较差，而且 Oracle 不保证在以后的版本中隐性转换规则不会改变，所有代码可能会受到更多因素的影响。从语句效率上考虑，隐性转换语句的效率不高。

显性转换的工作完全可以由显性转换函数来实现，下面就来介绍常用的显性转换函数。

4.5.2 数据类型显性转换

在 Oracle 中，通常是在字符类型、日期类型、数字类型之间进行显性转换。主要有三个显性函数来完成相应功能，具体如下：TO_CHAR、TO_NUMBER、TO_DATE。

下面分别介绍各显性转换函数的功能。

1．TO_CHAR 函数

TO_CHAR(number|date[,'fmt'])函数主要完成把日期类型/数字类型的表达式或列转换为变长类型字符类型。fmt 指的是需要显示的格式，需要写在单引号中。

首先来看一下 TO_CHAR 函数如何把日期类型转换为字符型。

在 Oracle 数据库中的日期格式默认为 DD-MON-RR，如果想要显示其他日期格式，如 2006/9/26，需要用 TO_CHAR 函数来实现，实现的方法见例 4-28。

例 4-28 TO_CHAR 函数进行日期到字符型转换演示。

```
SELECT employee_id, last_name, hire_date,
TO_CHAR(hire_date,'fmYYYY/MM/DD')
FROM employees
WHERE department_id='90';
```

例 4-28 的结果如图 4-28 所示。

	EMPLOYEE_ID	LAST_NAME	HIRE_DATE	TO_CHAR(HIRE_DATE,'FMYYYY/MM/D
1	100	King	···17-六月-87	▼ 1987/6/17
2	101	Kochhar	···21-九月-89	▼ 1989/9/21
3	102	De Haan	···13-一月-93	▼ 1993/1/13

图 4-28　例 4-28 的结果

代码解释：这里返回值是部门编号为 90 的部门中所有员工的基本信息，日期格式转换成 YYYY/MM/DD 格式。这里的 fm 的功能是去除生成结果的前导零或空格。

日期格式有很多，这里列出常用的日期格式：

① YYYY：四位数字表示年份。
② YY：两位数字表示年份，但是无世纪转换（与 RR 区别在后面章节介绍）。
③ RR：两位数字表示年份，有世纪转换（与 YY 区别在后面章节介绍）。
④ YEAR：年份的英文拼写。
⑤ MM：两位数字表示月份。
⑥ MONTH：月份英文拼写。
⑦ DY：星期的英文前三位字母。
⑧ DAY：星期的英文拼写。
⑨ D：数字表示一星期的第几天，星期天是一周的第一天。
⑩ DD：数字表示一个月中的第几天。
⑪ DDD：数字表示一年中的第几天。

时间的格式也有很多，这里列出常用的时间格式：

① AM 或 PM：上下午表示。
② HH、HH12 或 HH24：数字表示小时。HH12 代表 12 小时计时，HH24 代表 24 小时计时。

③ MI：数字表示分钟。

④ SS：数字表示秒。

还有一些特殊格式需要注意：

① TH：显示数字表示的英文序数词，如 DDTH 显示天数的序数词。

② SP：显示数字表示的拼写。

③ SPTH：显示数字表示的序数词的拼写。

④ 字符串：如在格式中显示字符串，需要两端加双引号。

通过例 4-29 利用 TO_CHAR 函数进行日期格式到较复杂字符型格式的转换。

例 4-29　利用 TO_CHAR 函数进行日期格式到复杂字符型格式的转换。

```
ALTER SESSION SET NLS_LANGUAGE = AMERICAN;
SELECT employee_id, last_name,
TO_CHAR(hire_date,'Day ",the" Ddspth "of" YYYY HH24:MI:SS') hire_date
FROM employees
WHERE department_id=90;
```

例 4-29 的结果如图 4-29 所示。

```
EMPLOYEE_ID LAST_NAME                   HIRE_DATE
----------- ------------------------    -------------------------------------------
        100 King                        Wednesday ,the Seventeenth of 1987 00:00:00
        101 Kochhar                     Thursday  ,the Twenty-First of 1989 00:00:00
        102 De Haan                     Wednesday ,the Thirteenth of 1993 00:00:00
```

图 4-29　例 4-29 的结果

代码解释：在这个例子中，用到很多日期格式，请注意查看具体的使用方法。

注意：通过上面的实例会发现，很多格式都是在英文环境下才会起作用的，所以请在使用 TO_CHAR 函数前，把当前会话环境改为英文环境。

TO_CHAR 函数实现数字类型至字符型转换，相对日期类型要简单很多。具体格式如下：

① 9：一位数字。

② 0：一位数字或前导零。

③ $：显示为美元符号。

④ L：显示按照区域设置的本地货币符号。

⑤ .：小数点。

⑥ ,：千位分割符。

例 4-30　利用 TO_CHAR 函数进行数字格式到字符型格式的转换。

```
SELECT last_name, TO_CHAR(salary, '$99,999.00') salary
FROM employees
WHERE last_name = 'King';
```

例 4-30 的结果如图 4-30 所示。

	LAST_NAME		SALARY
1	King	…	$24,000.00

图 4-30　例 4-30 的结果

代码解释：在这个例子中，数字转换成字符类型，增加了美元货币符号、千位分割符、小数点，并且在无小数时用 0 占位。

提高：如果想要按照本地的货币符号显示，本例应该如何修改？

注意：使用 TO_CHAR 函数进行数字类型到字符型转换，注意格式中的宽度一定要超过实际列宽度，否则会显示为###，如例 4-31 所示。

例 4-31 利用 TO_CHAR 函数进行数字格式到字符型格式的转换——超出宽度设置。

```
SELECT last_name, TO_CHAR(salary, '$9,999.00') salary
FROM employees
WHERE last_name = 'King';
```

例 4-31 的结果如图 4-31 所示。

	LAST_NAME	SALARY
1	King	⋯ #########

图 4-31 例 4-31 的结果

2. TO_NUMBER 和 TO_DATE 函数

TO_NUMBER(char[,'fmt'])函数的主要功能是把字符类型列或表达式转换为数字类型。这里的格式和 TO_CHAR 中转换成字符类型中的格式相同。不过这里的格式是在转换时让 Oracle 知道字符串中每部分的功能。

TO_DATE(char[,'fmt']) 函数主要功能是把字符类型列或表达式转换为日期类型。这里的格式和 TO_CHAR 中转换成字符类型中的格式相同。

这两个函数相当于 TO_CHAR 函数的逆操作，这里就不做更多的介绍。这里重点介绍 TO_DATE 函数中 RR 与 YY 格式的区别。

RR 格式的出现主要是解决千年问题。由于计算机在刚刚设计时，因为硬件成本非常高，所以在程序设计时，把年份都写成两位，这样可以节省一半的资源存储其他的信息。例如：1997 年用 97 来表示。可是在 20 世纪末的时候这种设计的弊病就已经显现出来，因为只用两位年份表示，会在跨世纪的时候造成一些逻辑混乱。如一个 2000 年 1 月 1 日的儿童出生，可能会被系统认为是 1900 年 1 月 1 日的生日，已经 100 岁了。

Oracle 在 Oracle 9i 数据库中采用 RR 格式两位数字日期来解决这个问题，而以前的默认日期格式是 DD-MON-YY。RR 格式会根据年份不同来自动进行世纪转换。而 YY 格式返回的都是当前世纪。

例如，假设今年是 1997 年，对"12-2 月-96"日期转换结果如例 4-32 所示。

例 4-32 利用 TO_DATE 函数进行字符型格式到日期型格式的转换——当前日期是 1997 年。

```
SELECT TO_CHAR(SYSDATE,'DD-MON-YYYY') TODAY
FROM DUAL;

SELECT
TO_CHAR(TO_DATE('12-2月-96','DD-MON-YY'),'DD-MON-YYYY') YY96,
TO_CHAR(TO_DATE('12-2月-96','DD-MON-RR'),'DD-MON-YYYY') RR96,
TO_CHAR(TO_DATE('12-2月-08','DD-MON-YY'),'DD-MON-YYYY') YY08,
TO_CHAR(TO_DATE('12-2月-08','DD-MON-RR'),'DD-MON-YYYY') RR08
FROM  DUAL;
```

运行代码当天的日期：

	TODAY
1	25-9月-2011

程序运行后结果如图 4-32 所示。

	YY96	RR96	YY08	RR08
1	12-2月-2096	12-2月-1996	12-2月-2008	12-2月-2008

图 4-32 例 4-32 的结果

代码解释：在这个例子中，显示了 YY 与 RR 格式的不同。YY 格式不管是任何年份，都返回当前世纪，而 RR 格式会根据不同世纪返回值不同。如本例中，当前日期是 1997 年，输入 96 时，RR 和 YY 格式都会返回 1996 年；而当输入 08 年时，YY 仍然返回当前世纪的 1908 年，而 RR 会返回下一个世纪，即 2008 年。RR 更符合世纪之交时人们的习惯。

注意：在这个例子中使用到了函数的嵌套。在 Oracle 中单行函数是可以进行嵌套的，嵌套的级数是无限级。嵌套函数执行的顺序是由内到外，即先执行最内部函数，再依次执行其外部的函数。在本例中，先通过 TO_DATE 函数完成字符类型到日期型的转换，然后再通过 TO_CHAR 函数完成两位年份到四位年份的字符转换。

如果当前日期是 2006 年，那么上面的实例可以通过例 4-33 来演示。

例 4-33 利用 TO_DATE 函数进行字符型格式到日期型格式的转换——当前日期是 2006 年。

```
SELECT TO_CHAR(SYSDATE,'DD-MON-YYYY') TODAY
FROM DUAL;

SELECT
    TO_CHAR(TO_DATE('12-2月-96','DD-MON-YY'),'DD-MON-YYYY') YY96,
    TO_CHAR(TO_DATE('12-2月-96','DD-MON-RR'),'DD-MON-YYYY') RR96,
    TO_CHAR(TO_DATE('12-2月-08','DD-MON-YY'),'DD-MON-YYYY') YY08,
    TO_CHAR(TO_DATE('12-2月-08','DD-MON-RR'),'DD-MON-YYYY') RR08
FROM    DUAL;
```

运行代码当天的日期：

	TODAY
1	25-9月-2011

程序运行后结果如图 4-33 所示。

	YY96	RR96	YY08	RR08
1	12-2月-2096	12-2月-1996	12-2月-2008	12-2月-2008

图 4-33 例 4-33 的结果

代码解释：如本例中，当前日期是 2006 年，输入 08 时，RR 和 YY 格式都会返回 2008 年；而当输入 96 年时，YY 仍然返回当前世纪的 2096 年，而 RR 会返回上一个世纪，即 1996 年。RR 更符合世纪之交时人们的习惯。

RR 的具体操作如表 4-1 所示。

表 4-1 RR 格式的功能

当前年份范围 ＼ 指定的日期年份范围	0～49	50～99
0～49	返回值是当前世纪	返回值是上个世纪
50～99	返回值是下个世纪	返回值是当前世纪

表 4-1 中 RR 的功能：

① 当前年份是 0～49，指定日期同样是 0～49 时，返回当前世纪。

② 当前年份是 0～49，指定日期是 50～99 时，返回上个世纪。

③ 当前年份是 50～99，指定日期同样是 0～49 时，返回下个世纪。

④ 当前年份是 50～99，指定日期同样是 50～99 时，返回当前世纪。

可以对照例 4-32 和例 4-33 来体会相应的功能。

4.6 其 他 函 数

其他函数主要包括与空值（NULL）相关的一些函数以及条件处理函数。与空值（NULL）相关的函数主要有：NVL、NVL2、NULLIF、COALESCE。

与条件处理相关的函数及表达式主要有：CASE 表达式、DECODE。

下面分别介绍这些函数的功能。

1．NVL 函数

NVL (表达式 1，表达式 2)函数主要完成的功能是空值转换，把空值转换为其他值，解决空值问题。第一个参数是需要转换的列或表达式，第二个参数是如果第一个参数为空时，需要转换的值。

注意：NVL 函数参数可以是字符类型、数字类型或日期类型，但是要求两个参数的数据类型必须一致。

通过 NVL 函数就可以解决在前面章节中遇到的那个提升工资后，每个员工每年的总收入的问题，见例 2-10。

```
SELECT last_name, salary, (400+salary)*12+(400+salary) *12*commission_pct
FROM employees;
```

例 2-10 运行后使得 commission_pct 列值为空的员工计算年总收入时返回了空值，这种结果显然存在问题，通过 NVL 函数可以解决这个问题。

例 4-34 用 NVL 函数进行空值转换演示。

```
SELECT last_name, salary,
        (400+salary)*12+(400+salary) *12*NVL(commission_pct,0) ann_sal
FROM employees;
```

例 4-34 的结果如图 4-34 所示。

代码解释：这里先将 commission_pct 列的空值转换为 0，再进行运算，结果就不会出现错误的情况。

	LAST_NAME		SALARY	ANN_SAL
1	Whalen	...	4400.00	57600
2	Hartstein	...	13000.00	160800
3	Fay	...	6000.00	76800
4	Higgins	...	12000.00	148800
...				
22	Vargas	...	2500.00	34800
23	Zlotkey	...	10500.00	156960
24	Abel	...	11000.00	177840
25	Taylor	...	8600.00	129600
26	Grant	...	7000.00	102120

图 4-34　例 4-34 的结果

2. NVL2 函数

NVL2(表达式 1，表达式 2，表达式 3)函数是对第一个参数进行检查。如果第一个参数不为空，则输出第二个参数；如果第一个参数为空，则输出第三个参数。

例 4-35　用 NVL2 函数进行空值转换演示。

```
SELECT last_name, salary, NVL2(commission_pct,'sal+comm','sal') income
FROM employees
WHERE last_name LIKE '_a%';
```

例 4-35 的结果如图 4-35 所示。

代码解释：这里将先查看员工收入的构成，如果 commition_pct 列不为空，说明收入是由"工资+提成"构成；否则，只包括工资的一部分。

	LAST_NAME		SALARY	INCOME
1	Hartstein	...	13000.00	sal
2	Fay	...	6000.00	sal
3	Faviet	...	9000.00	sal
4	Rajs	...	3500.00	sal
5	Davies	...	3100.00	sal
6	Matos	...	2600.00	sal
7	Vargas	...	2500.00	sal
8	Taylor	...	8600.00	sal+comm

图 4-35　例 4-35 的结果

3. NULLIF 函数

NULLIF (表达式 1，表达式 2)函数主要是完成两个参数的比较。当两个参数不相等时，返回值是第一个参数值；当两个参数相等时，返回值是空值。

例 4-36　NULLIF 函数演示。

```
SELECT   last_name, LENGTH(last_name) LEN_last_NAME,
         email, LENGTH(email)  LEN_EMAIL,
         NULLIF(LENGTH(last_name), LENGTH(email)) result
FROM employees
WHERE last_name LIKE 'D%';
```

例 4-36 的结果如图 4-36 所示。

	LAST_NAME	LEN_LAST_NAME	EMAIL	LEN_EMAIL	RESULT
1	Davies ···	6	CDAVIES ···	7	6
2	De Haan ···	7	LDEHAAN ···	7	

图 4-36 例 4-36 的结果

代码解释：这里查看员工姓与 email 名长度的比较，如果长度不相同，则显示 last_name 的长度；如果长度相同，则返回空值。

4．COALESCE 函数

COALESCE (表达式 1，表达式 2，…，表达式 n)函数是对 NVL 函数的扩展。COALESCE 函数的功能是返回第一个不为空的参数，参数个数不受限制。

例 4-37 COALESCE 函数功能演示。

```
SELECT last_name,
        COALESCE(commission_pct, salary*1.1, 100) comm,department_id
FROM employees
WHERE department_id in (50,80)
ORDER BY COMM;
```

例 4-37 的结果如图 4-37 所示。

	LAST_NAME	COMM	DEPARTMENT_ID
1	Zlotkey ···	0.2	80
2	Taylor ···	0.2	80
3	Abel ···	0.3	80
4	Vargas ···	2750	50
5	Matos ···	2860	50
6	Davies ···	3410	50
7	Rajs ···	3850	50
8	Mourgos ···	6380	50

图 4-37 例 4-37 的结果

代码解释：这里查看部门编号是 50 或 80 的员工的信息。当 commission_pct 不为空时，返回 commission_pct 的值；如果 commission_pct 为空，则判断 salary 的值；salary 不为空输出 salary*1.1 的值，salary 如果为空，则输出第三个参数，即 100。

5．CASE 表达式

在 SQL 语句中有两种方式能够实现条件处理（IF…TEHN…ELSE 逻辑），一种方式是 CASE 表达式，另外一种是后面讲述的 DECODE 函数，DECODE 是 Oracle 的函数。CASE 表达式是 ANSI 标准中的用法，在其他数据库如 SQL Server、Sybase 中也可以使用，对 CASE 表达式的支持是 Oracle 9i 的新增功能。

CASE 表达式的语法格式如下：

```
CASE expr WHEN comparison_expr1 THEN return_expr1
        [WHEN comparison_expr2 THEN return_expr2
        WHEN comparison_exprn THEN return_exprn
        ELSE else_expr]
END
```

CASE 表达式可以实现 SQL 语句中的 IF…TEHN…ELSE 逻辑。Oracle 查询符合 WHEN THEN 条件的 comparison_expr，并返回对应的 return_expr，如果查找不到匹配 WHEN THEN 的条件，有

ELSE 语句存在，返回 else_expr，否则返回 NULL。

CASE 语法中所有的表达式（expr, comparison_expr,, return_expr）必须返回相同的数据类型。这些数据类型可以是 CHAR、VARCHAR2、NCHAR，或者是 NVARCHAR2 类型。

例 4-38 CASE 表达式功能演示。

```
SELECT last_name, commission_pct,
  (CASE commission_pct
    WHEN 0.1  THEN '低'
    WHEN 0.2  THEN '中'
    WHEN 0.3  THEN '高'
    ELSE '无'
  END) Commission
FROM employees
WHERE commission_pct IS NOT NULL
ORDER BY last_name;
```

例 4-38 CASE 表达式结果如图 4-38 所示。

	LAST_NAME		COMMISSION_PCT	COMMISSION
1	Abel	...	0.30	高
2	Grant	...	0.15	无
3	Taylor	...	0.20	中
4	Zlotkey	...	0.20	中

图 4-38　例 4-38 的结果

代码解释：这里查看员工的信息。根据 commission_pct 的值显示不同的结果，当 commission_pct 为 0.1 时，返回"低"；当 commission_pct 为 0.2 时，返回"中"；当 commission_pct 为 0.3 时，返回"高"，否则返回"无"。

6. DECODE 函数

DECODE 函数完成和 CASE 表达式类似的功能，例 4-39 把例 4-38 用 DECODE 函数来实现。

例 4-39 DECODE 函数。

```
SELECT last_name, commission_pct,
  DECODE( commission_pct,
    0.1,'低',
    0.2,'中',
    0.3, '高',
    '无') Commission
FROM employees
WHERE commission_pct IS NOT NULL
ORDER BY last_name;
```

例 4-39 DECODE 函数结果如图 4-39 所示。

	LAST_NAME		COMMISSION_PCT	COMMISSION
1	Abel	...	0.30	高
2	Grant	...	0.15	无
3	Taylor	...	0.20	中
4	Zlotkey	...	0.20	中

图 4-39　例 4-39 的结果

小　结

本章主要介绍了单行函数的使用方法，重点对字符函数、数字函数和日期函数的使用进行了介绍。最后对转换函数和通用函数的使用方法进行了说明。单行函数在查询语句编写中很重要，需要大家对常见函数熟练掌握。另一方面，单行函数数量众多，由于篇幅所限，本章仅介绍了最常用到的函数，更多的函数需要大家查找 Oracle 官方资料获得。

习　题

1. 计算 2000 年 1 月 1 日到现在有多少月，多少周（四舍五入取整）。

2. 查询员工 last_name 的第三个字母是 a 的员工的信息（使用两个函数）。

3. 使用 trim 函数将字符串 hello、Hello、bllb、hello 分别处理得到下列字符串 ello、Hello、ll、hello。

4. 将员工工资按如下格式显示：123,234.00 RMB。

5. 查询员工的 last_name 及其经理（manager_id），要求对于没有经理的显示 No Manager 字符串。

6. 将员工的参加工作日期按如下格式显示：月份/年份。

7. 在 employees 表中查询出员工的工资，并计算应交税款：如果工资小于 3 000，税率为 0；如果工资大于等于 3 000 并小于 5 000，税率为 10%；如果工资大于等于 5 000 并小于 10 000，税率为 15%；如果工资大于等于 10 000，税率为 20%。

第5章 │ 多表查询

在前几章中学习过了对表的基本查询操作、限制、排序以及单行函数，但是这些语句都是针对一张表来进行的操作。而在关系数据库中，为了降低数据冗余和实现数据完整性，数据要分离存储，通常在一个数据库中要包括很多表。因此很多情况下一张表是不能够提供全部所需数据的。这就需要通过多表查询来实现这样的需求。

例如，在示例数据库中，如果想要获得员工的姓（last_name）、月薪（salary）、部门编号（department_id）、部门名（department_name）四列，就发现无法在一张表中获得全部的信息：姓（last_name），月薪（salary），部门编号（department_id）三列在 employees 表中；部门编号（department_id）、部门名（department_name）在 departments 表中。

如果需要获得的数据在多张不同的表中，就需要通过连接条件把多个有关系的表连接（JOIN）在一起。连接条件通常是判断两个表的公共字段是否符合规定的条件，来把两个表中对应的行连接在一起。在通常情况下（并非全部）公共字段是一个表中的主键和另一张表的外键。公共字段的列名不一定相同，但两个列的数据类型必须相同，连接条件需要符合逻辑关系。

Oracle 主要提供了等价连接，不等价连接，外连接，自连接等几种连接方式，在特殊情况下还会出现笛卡儿积的情况出现。下面就分别介绍这几种连接方式的功能及方法。

5.1 笛卡儿积

在没有学习过表连接语句的时候，经常犯的一个错误就是忽略了连接条件，或连接条件有问题，这样会返回意想不到的结果，有时就会使结果出现笛卡儿积的现象。

笛卡儿积会把表中所有的记录做乘积操作，生成大量的结果，而通常结果中可用的值有限。笛卡儿积出现的原因多种多样，通常是由于连接条件缺失造成的。

例如，经理想要获得公司所有员工的姓（last_name）、月薪（salary）、部门名（department_name）三列的信息，其中姓（last_name）、月薪（salary）在 employees 表中，部门名（department_name）在 departments 表中，所以需要进行多表查询，代码如例 5-1 所示。

例 5-1 笛卡儿积的示例。

```
SELECT last_name, job_id, department_name
FROM employees, departments;
```

例 5-1 的结果如图 5-1 所示。

代码解释：在这个例子中查找两个表中的三列信息，但是缺少了连接的条件，生成的结果是第一个表中所有记录与第二个表所有记录的乘积。employees 表有 26 条记录，departments 表有 9

条记录，返回的是 26×9=234 条记录。这个结果通常是没有任何用处的。

	LAST_NAME	JOB_ID	DEPARTMENT_NAME	
1	Whalen	⋯ AD_ASST	Administration	⋯
2	Hartstein	⋯ MK_MAN	Administration	⋯
3	Fay	⋯ MK_REP	Administration	⋯
4	Higgins	⋯ AC_MGR	Administration	⋯
⋯				
231	Zlotkey	⋯ SA_MAN	Operations	
232	Abel	⋯ SA_REP	Operations	
233	Taylor	⋯ SA_REP	Operations	
234	Grant	⋯ SA_REP	Operations	

图 5-1   例 5-1 的结果

出现笛卡儿积主要有原因有以下几种：

① 多表查询语句中没有连接条件。

② 连接条件错误。

③ 第一个表所有记录与第二个表所有记录进行了连接，也就是说两个表中所有的列都符合连接条件。

在工作中应尽量避免笛卡儿积的出现，这样的语句会给系统造成很大的负担，而生成的结果通常是无用的。而避免笛卡儿积出现的方法，就是在表连接时书写正确的连接条件，这样才可以返回符合条件的结果。

在 Oracle 数据库中，多表连接主要分为以下几种：等价连接、不等价连接、外连接、自连接。下面章节依次介绍 Oracle 数据库中各种多表连接语句。

Oracle 数据库中，除了支持 Oracle 自己的多表连接语句外，还支持了 ANSI SQL：1999 标准的通用 SQL 表连接语句。这些语句也会在本章中进行介绍。

5.2   等 价 连 接

等价连接是数据库查询中非常重要的一种查询方式，也被称为简单连接或内连接。等价连接就是当两个表的公共字段相等的时候把两个表连接在一起。公共字段是两个表中有相同含义的列。通常这种公共字段是在主外键相关的列上。

5.2.1   等价连接基本语句

等价连接的语法结构如下：

```
SELECT table1.column, table2.column
FROM table1, table2
WHERE table1.column1 = table2.column2;
```

代码解释：在进行多表查询时，表名写在 FROM 语句中，用逗号隔开；表的连接条件写在 WHERE 语句中；多个表中包括同名列时，需要在列名前面加表名前缀。

注意：建议在所有列前面都加表名前缀，这样会提高语句的执行效率。因为如果不加表名前缀，Oracle 系统还需要找到该列在哪个表出现，无形中增加了系统负担。

当经理想要获得公司所有员工的姓（last_name）、月薪（salary）、部门编号（department_id）、部门名（department_name）四列的信息时，查询语句可以通过例 5-2 来实现。

例 5-2 等价连接的示例。

```
SELECT employees.last_name, employees.job_id,
       employees.department_id, departments.department_name
FROM employees, departments
WHERE employees.department_id = departments.department_id;
```

例 5-2 的结果如图 5-2 所示。

	LAST_NAME	JOB_ID	DEPARTMENT_ID	DEPARTMENT_NAME
1	Whalen	⋯ AD_ASST	10	Administration ⋯
2	Hartstein	⋯ MK_MAN	20	Marketing
3	Fay	⋯ MK_REP	20	Marketing
4	Higgins	⋯ AC_MGR	110	Accounting
5	Gietz	⋯ AC_ACCOUNT	110	Accounting
⋯				
22	Vargas	⋯ ST_CLERK	50	Shipping
23	Zlotkey	⋯ SA_MAN	80	Sales
24	Abel	⋯ SA_REP	80	Sales
25	Taylor	⋯ SA_REP	80	Sales

图 5-2 例 5-2 的结果

代码解释：在示例数据库中，employees 和 departments 两表中都存在 department_id 列，这对 department_id 列就是两表的公共字段。其中 departments 表的 department_id 列是主键，而 employees 表中的 department_id 列是外键，引用 departments 表的 department_id 列。等价连接就是在 employees 表的 department_id 和 departments 表的 department_id 相等时连接在一起，得到每个员工的信息。连接条件写在 WHERE 语句中。

注意：主外键及公共字段是在设计数据库的阶段就已经考虑好，并在表创建的时候实现。关于主外键更详细的功能及创建方法会在随后的章节中进行介绍。

5.2.2 等价连接中的记录筛选

当返回表连接的结果后，经理比较满意，同时提出新的要求：要求细化，获得公司中所有职位包括 MAN 字符串的经理员工信息，字段同例 5-2 相同。

这个需求实际上是在多表连接基础上进行记录的筛选，按照以前的语法结构，这种功能需要在 WHERE 语句中实现。在多表连接中，记录筛选语句同样可以写在 WHERE 语句中，用逻辑 AND 和连接判断语句写在一起就可以了。具体示例可见例 5-3。

例 5-3 等价连接筛选示例。

```
SELECT employees.last_name, employees.job_id,
       employees.department_id, departments.department_name
FROM employees, departments
WHERE employees.department_id = departments.department_id
AND job_id LIKE '%MAN%';
```

例 5-3 的结果如图 5-3 所示。

	LAST_NAME	JOB_ID	DEPARTMENT_ID	DEPARTMENT_NAME	
1	Hartstein	⋯ MK_MAN	20	Marketing	⋯
2	Mourgos	⋯ ST_MAN	50	Shipping	⋯
3	Zlotkey	⋯ SA_MAN	80	Sales	⋯

图 5-3　例 5-3 的结果

5.2.3　表别名的书写

通过上面的例 5-2、例 5-3 看到了等价连接的方法，这些代码是按照 Oracle 的建议书写的，每个列都有表名前缀。这样书写的语句效率提高了，但是代码量增加了很多。这样的问题可以通过表别名的方式来解决。

表别名就是给表取个较短的别名，方便录入，并且兼顾语句效率，一举两得。表别名的示例可以见例 5-4。这个例子把例 5-3 进行了优化。

例 5-4　等价连接表别名示例。

```
SELECT e.last_name, e.job_id, e.department_id, d.department_name
FROM employees e, departments d
WHERE e.department_id = d.department_id
AND job_id LIKE '%MAN%';
```

例 5-4 的结果如图 5-4 所示。

	LAST_NAME	JOB_ID	DEPARTMENT_ID	DEPARTMENT_NAME	
1	Hartstein	⋯ MK_MAN	20	Marketing	⋯
2	Mourgos	⋯ ST_MAN	50	Shipping	⋯
3	Zlotkey	⋯ SA_MAN	80	Sales	⋯

图 5-4　例 5-4 的结果

代码解释：这里是把 employees 表定义别名为 e，departments 表定义别名为 d。

关于表别名需要注意以下几点：

① 表别名长度不超过 30 个字符，但是通常要尽量短并表明实际含义。

② 表别名定义在 FROM 子句中，别名与表名中间用空格隔开。

③ 如果已经定义了表别名，那么在整个语句中就只能够使用表别名而不能使用原表名。

④ 表别名的有效范围只是当前语句。

提高：别名定义在 FROM 语句中，却可以在 SELECT 语句中使用的原因是 Oracle SQL 语句的执行顺序所决定的。虽然 SQL 语句的书写顺序是：

```
SELECT   FROM   WHERE   ORDER BY
```

而实际的执行顺序是：

```
FROM   WHERE   SELECT   ORDER BY
```

即首先找到需要查询的表；然后筛选记录行；接着进行列映射；最后进行排序。所有在 FROM 语句中定义的别名可以在其他的语句中进行引用，包括 SELECT 语句。

认识 SQL 查询语句的执行顺序对理解 SQL 语句的语法有很大的帮助。随着语句复杂程度的加深，这个执行顺序还会进行扩充。

5.2.4　两表以上的连接

上面的例子完成了对两个表的连接。在实际工作中很有可能涉及三个或三个以上表的连接。

本节主要介绍两表以上连接的书写方法。

公司经理想要找到 Southlake 和 Oxford 两个城市中所有员工信息，包括姓（last_name）、月薪（salary）、部门编号（department_id）、部门名（department_name）及所在城市（city）。除了已经熟知的几列外，这里的所在城市（city）列在 locations 表中，涉及了 employees、departments、locations 三个表的连接。具体示例可以通过例 5-5 实现。

例 5-5 多表连接示例——查找特定城市员工信息。

```
SELECT e.last_name, e.job_id, e.department_id, d.department_name,l.city
FROM employees e, departments d, locations l
WHERE e.department_id = d.department_id
AND d.location_id = l.location_id
AND l.city IN ('Southlake','Oxford');
```

例 5-5 的结果如图 5-5 所示。

	LAST_NAME	JOB_ID	DEPARTMENT_ID	DEPARTMENT_NAME	CITY
1	Hunold	IT_PROG	60	IT	Southlake
2	Ernst	IT_PROG	60	IT	Southlake
3	Lorentz	IT_PROG	60	IT	Southlake
4	Zlotkey	SA_MAN	80	Sales	Oxford
5	Abel	SA_REP	80	Sales	Oxford
6	Taylor	SA_REP	80	Sales	Oxford

图 5-5 例 5-5 的结果

代码解释：在 Oracle 中，N 个表要有 $N-1$ 个连接条件，才可以把这些表连接在一起。查找连接条件实际上就是找到两个表之间的公共字段。employees 表和 departments 表的公共字段列名相同，都是 department_id；departments 表和 locations 表之间的公共字段列名相同，都是 location_id，并且也是主外键关系。其中 locations 表中的 location_id 是主键，departments 表中的 location_id 是 locations 表中的 location_id 的外键。

把查找的表依次写在 FROM 语句中，然后把连接条件及其他条件写在 WHERE 语句中，中间用逻辑运算符 AND 连接。

5.3 不等价连接

上面介绍的等价连接，是在公共字段相等的时候来进行连接，使用的都是等号（=）。除了等号之外，在表连接语句中还可以使用其他的运算符。这种使用除等号之外运算符的连接语句被称为不等价连接。

不等价连接在区间判断时是很常用的。为了演示不等价连接，这里还需要用到一个表，即 salgrades 表。这个表结构及表中的记录如例 5-6 所示。

例 5-6 salgrades 表结构及表中记录。

```
DESC salgrades;
SELECT *
FROM salgrades;
```

例 5-6 的结果如图 5-6 所示。

代码解释：DESC salgrades; 语句可在 PL/SQL Developer 环境中的命令窗口（Command Window）

中运行。salgrades 表包括三列：grade_level 列代表工资级别；lowest_salary 代表每个级别的最低工资；highest_salary 代表每个级别的最高工资。

```
Name              Type          Nullable Default Comments
----------------- ------------- -------- ------- --------
GRADE_LEVEL       VARCHAR2(4)   Y
LOWEST_SALARY     NUMBER        Y
HIGHEST_SALARY    NUMBER        Y
```

	GRADE_LEVEL	LOWEST_SALARY	HIGHEST_SALARY
1	L1	1000	2999
2	L2	3000	5999
3	L3	6000	8999
4	L4	9000	14999
5	L5	15000	22999
6	L6	23000	30000

图 5-6　例 5-6 的结果

salgrades 表是在公司招聘或人员晋升时的参考标准。比如某个职位在刚入职时是 L1 级工资，并可在该级别工资内浮动；如职位提升后，工资级别也会提升。这样就为激励员工工作提供了条件。

如果经理需要查询所有职位是 IT_PROG 或 SA_REP 的员工信息及工资级别，并按照工资级别排序，就可以通过不等价连接实现。示例代码可见例 5-7。

例 5-7　不等价连接示例。

```sql
SELECT e.last_name, e.job_id, e.salary, s.grade_level
FROM employees e, salgrades s
WHERE e.salary BETWEEN s.lowest_salary AND s.highest_salary
AND e.job_id in('IT_PROG','SA_REP')
ORDER BY s.grade_level;
```

例 5-7 的结果如图 5-7 所示。

	LAST_NAME	JOB_ID	SALARY	GRADE_LEVEL
1	Lorentz	… IT_PROG	4200.00	L2
2	Taylor	… SA_REP	8600.00	L3
3	Ernst	… IT_PROG	6000.00	L3
4	Grant	… SA_REP	7000.00	L3
5	Abel	… SA_REP	11000.00	L4
6	Hunold	… IT_PROG	9000.00	L4

图 5-7　例 5-7 的结果

代码解释：这里实际上是判断员工工资在哪一个级别区间内，返回对应区间的 grade_level 就是该员工的工资级别。

5.4　外　连　接

在前面讲到的等价连接中曾经提到，等价连接只有在两表公共字段中的值相同时，才能够连接成功，把记录返回。如果其中一张表的某一行在另一张表中没有匹配的值，连接就会失败，该行就不会返回。为了查找到所有记录，包括没有匹配的记录，需要用外连接语句来实现。

在示例数据库中，employees 表和 departments 表的等价连接返回的结果，就丢弃了这样没有匹配的记录行。如 departments 表中有 9 个部门，而在例 5-2 中只返回了其中 8 个部门的员工记录，这是因为 department_id 为 200、department_name 为 Operations 的部门刚刚成立，没有任何员工，当然在 employees 表中就没有和 department_id 为 200 的匹配值。

在 Oracle 数据库中，不包含匹配值的表称之为缺乏表（Deficient Table）。在上面的需求中，employees 表就是缺乏表，因为它不包含所有的部门信息。如果希望获得所有员工的部门信息，就需要在外连接时，在缺乏表的连接条件端加上 "(+)" 运算符。

下面是外连接的语法：

```
SELECT table1.column, table2.column
FROM table1, table2
WHERE table1.column(+) = table2.column;
```

如果右边的列所在表是缺乏表，则语法可以写成：

```
SELECT table1.column, table2.column
FROM table1, table2
WHERE table1.column = table2.column(+);
```

那么，如果想要获得所有部门的信息，不管该部门是否有员工，就可以通过例 5-8 来实现。

例 5-8　外连接示例——显示所有部门信息，不管部门是否有员工。

```
SELECT e.last_name, e.job_id, e.department_id, d.department_name
FROM employees e, departments d
WHERE e.department_id(+) = d.department_id;
```

例 5-8 的结果如图 5-8 所示。

	LAST_NAME	JOB_ID	DEPARTMENT_ID	DEPARTMENT_NAME	
1	Whalen	⋯ AD_ASST	10	Administration	⋯
2	Hartstein	⋯ MK_MAN	20	Marketing	⋯
3	Fay	⋯ MK_REP	20	Marketing	⋯
4	Higgins	⋯ AC_MGR	110	Accounting	⋯
5	Gietz	⋯ AC_ACCOUNT	110	Accounting	⋯
⋯					
23	Zlotkey	⋯ SA_MAN	80	Sales	⋯
24	Abel	⋯ SA_REP	80	Sales	⋯
25	Taylor	⋯ SA_REP	80	Sales	⋯
26		⋯		Operations	⋯

图 5-8　例 5-8 的结果

代码解释：如果要返回 departments 表中的所有记录，只需要在对应的缺乏表 employees 表的连接条件端写上 "(+)" 运算符即可。这里返回的记录是 26 条，与等价连接结果的 25 条记录相比较，多了 Operations 部门的一条记录。

如果觉得缺乏表的概念较难理解，可以从另外一个角度考虑：A 表和 B 表进行连接，如果想要获得 A 表中的全部记录，那么 B 表就是缺乏表，就可以把 "(+)" 运算符加在 B 表的条件端；反过来，如果想要获得 B 表中全部信息，就可以把 "(+)" 运算符加在 A 表的条件端。

例如，在示例数据库中，在进行 employees 表和 departments 表连接时，如果想要获得 employees 表中全部记录，就可以认为 departments 表为缺乏表，把 "(+)" 运算符放在 departments 表端。具体代码如例 5-9 所示。

例 5-9　外连接示例——显示所有员工信息，不管员工是否有部门。

```
SELECT e.last_name, e.job_id, e.department_id, d.department_name
```

```
FROM employees e, departments d
WHERE e.department_id= d.department_id(+);
```

例 5-9 的结果如图 5-9 所示。

	LAST_NAME	JOB_ID	DEPARTMENT_ID	DEPARTMENT_NAME	
1	Whalen	AD_ASST	10	Administration	...
2	Fay	MK_REP	20	Marketing	...
3	Hartstein	MK_MAN	20	Marketing	...
4	Vargas	ST_CLERK	50	Shipping	...
5	Matos	ST_CLERK	50	Shipping	...
	...				
23	Greenberg	FI_MGR	100	Finance	...
24	Gietz	AC_ACCOUNT	110	Accounting	...
25	Higgins	AC_MGR	110	Accounting	...
26	Grant	SA_REP			

图 5-9　例 5-9 的结果

代码解释：这里返回的记录是 26 条，与等价连接结果的 25 条记录相比较，多了 last_name 是 Grant 的员工。因为该员工刚来到公司，还没有部门，所以 department_id 列为 NULL。而 departments 表中没有相关记录，即为缺乏表。如果需要查找 employees 表中的全部记录，就需要在缺乏表 departments 表端加上 "(+)" 运算符。

5.5　ANSI SQL 标准的连接语法

Oracle 数据库中，除了上面介绍的 Oracle 自己的连接语法外，同时支持美国国家标准学会（ANSI）的 SQL 标准的连接语法。ANSI SQL 的连接语法与 Oracle 自己的语句实现功能基本相同，只不过是语法结构略有不同，相对来讲更接近于英语。同时 ANSI SQL 标准的连接语法，除了部分较新子句（NATURAL JOIN、USING）外，都可以在其他关系数据库平台上使用。如微软的 SQL Server 2000、IBM 的 DB2 等，语句兼容性有了提高。在 Oracle 数据库中可以选择其中任意一种方法来书写连接语句。

ANSI SQL 的连接语法如下：

```
SELECT    table1.column, table2.column
FROM table1
[CROSS JOIN table2] |
[NATURAL JOIN table2] |
[JOIN table2 USING (column_name)] |
[JOIN table2
  ON(table1.column_name = table2.column_name)] |
[LEFT|RIGHT|FULL OUTER JOIN table2
  ON (table1.column_name = table2.column_name)];
```

其中：

① CROSS JOIN：交叉连接，生成笛卡儿积。

② NATURAL JOIN：自然连接。

③ USING (column_name)：USING 子句。

④ JOIN *table2*

ON

(*table1.column_name = table2.column_name*)：等价连接语句。

⑤ [LEFT|RIGHT|FULL OUTER JOIN：左外连接|右外连接|全外连接。

语法结构看起来较复杂，实际上通过下面的各章节介绍，就能够较清楚地了解整个语法的书写规则。

5.5.1　交叉连接

交叉连接子句（CROSS JOIN）是在 ANSI SQL 标准中，为了生成笛卡儿积而设计的。两个表 CROSS JOIN 之后，生成的结果即是笛卡儿积，示例如例 5-10 所示。

例 5-10　交叉连接的示例。

```
SELECT last_name, job_id, department_name
FROM employees
CROSS JOIN departments;
```

例 5-10 的结果如图 5-10 所示。

	LAST_NAME		JOB_ID	DEPARTMENT_NAME	
1	Whalen	...	AD_ASST	Administration	...
2	Hartstein	...	MK_MAN	Administration	
3	Fay	...	MK_REP	Administration	
4	Higgins	...	AC_MGR	Administration	
...					
231	Zlotkey	...	SA_MAN	Operations	
232	Abel	...	SA_REP	Operations	
233	Taylor	...	SA_REP	Operations	
234	Grant	...	SA_REP	Operations	

图 5-10　例 5-10 的结果

代码解释：在 ANSI SQL 标准语句中，多表连接方法是在 FROM 语句中表示。这里 CROSS JOIN 即代表交叉连接。

5.5.2　自然连接

自然连接子句（NATURAL JOIN）是 ANSI SQL 中较特殊的语句，主要功能是不需要明确指明连接条件，就可以把两个表连接在一起，而系统采用的连接条件是两个表中所有的同名列的值和数据类型都相同。如果仅是列名相同而数据类型不同，则会报错。

如 departments 表和 locations 表中存在同名列 location_id，并且数据类型相同。这两个表就可以使用自然连接来完成，如例 5-11 所示。

例 5-11　自然连接的示例。

```
SELECT department_id, department_name, city
FROM departments
NATURAL JOIN locations;
```

例 5-11 的结果如图 5-11 所示。

自然连接实际上相当于多表之间所有同名列都相同的等价连接。在多表间使用自然连接时，可以减少代码量。但是如果两个表中同名列不止一列时，使用自然连接会在多列都相同时才会返回结果，而不能指定其中的某一列。如果需要指定其中的某一列，就需要通过 USING 子句来实现。

	DEPARTMENT_ID	DEPARTMENT_NAME		CITY	
1	60	IT	...	Southlake	...
2	50	Shipping	...	South San Francisco	...
3	10	Administration	...	Seattle	...
4	90	Executive	...	Seattle	...
5	100	Finance	...	Seattle	...
6	110	Accounting	...	Seattle	...
7	200	Operations	...	Seattle	...
8	20	Marketing	...	Toronto	...
9	80	Sales	...	Oxford	...

图 5-11　例 5-11 的结果

5.5.3　USING 子句

USING (column_name)子句同样也是 ANSI SQL：1999 以后新增子句，主要是完成在多表连接中多列列名相同时，选择用其中的一列同名列连接，而不需要写连接条件的功能。这样就可以实现较灵活的书写方式。

在示例数据库中，employees 表和 departments 表有两个同名列，一个是部门编号（department_id），另一个是经理编号（manager_id）。如果采用自然连接，需要当部门编号相同且经理编号相同时才会进行连接。如果仅想查找部门编号相同时的连接，就需要使用 USING 子句。具体代码如例 5-12 所示。

例 5-12　USING 子句示例。

```
SELECT last_name, job_id, department_name
FROM employees
JOIN departments
USING(department_id);
```

例 5-12 的结果如图 5-12 所示。

	LAST_NAME		JOB_ID		DEPARTMENT_NAME	
1	Whalen	...	AD_ASST		Administration	...
2	Hartstein	...	MK_MAN		Marketing	
3	Fay		MK_REP		Marketing	
4	Higgins		AC_MGR		Accounting	
5	Gietz	...	AC_ACCOUNT		Accounting	
	...					
22	Vargas	...	ST_CLERK		Shipping	...
23	Zlotkey		SA_MAN		Sales	
24	Abel	...	SA_REP		Sales	
25	Taylor	...	SA_REP		Sales	

图 5-12　例 5-12 的结果

代码解释：USING 子句需要把准备进行连接的列写在 USING 的括号内，实现对同名列的表连接功能。

注意：USING 子句和 NATURAL JOIN 不能在一条语句中同时书写。

5.5.4　在 ON 子句中写连接条件

上面介绍了两种 ANSI SQL：1999 新增的子句，而通常情况下在标准 SQL 语句中连接条件是写在 ON 子句中的。这样就可以与其他的写在 WHERE 中的筛选条件区分开。

下面把例 5-2 等价连接示例用 ANSI SQL：1999 标准语句来实现，如例 5-13 所示。

例 5-13　ON 子句书写等价连接的示例。

```
SELECT e.last_name, e.job_id, e.department_id, d.department_name
FROM employees e
JOIN departments d
ON (e.department_id = d.department_id);
```

例 5-13 的结果如图 5-13 所示。

	LAST_NAME	JOB_ID	DEPARTMENT_ID	DEPARTMENT_NAME
1	Whalen ...	AD_ASST	10	Administration ...
2	Hartstein ...	MK_MAN	20	Marketing
3	Fay ...	MK_REP	20	Marketing
4	Higgins ...	AC_MGR	110	Accounting
5	Gietz ...	AC_ACCOUNT	110	Accounting
...				
21	Matos ...	ST_CLERK	50	Shipping
22	Vargas ...	ST_CLERK	50	Shipping
23	Zlotkey ...	SA_MAN	80	Sales
24	Abel ...	SA_REP	80	Sales
25	Taylor ...	SA_REP	80	Sales

图 5-13　例 5-13 的结果

代码解释：ANSI SQL：1999 中，多表之间的逗号换成 JOIN 关键字；连接条件写在 ON 中。

5.5.5　ANSI SQL 中实现两表以上连接

在 ANSI SQL 中实现两表以上连接的语法结构稍显复杂，不过连接语句更规范，更符合英语习惯。例 5-5 用 ANSI SQL 实现的例子可见例 5-14。

例 5-14　ANSI SQL 多表连接示例——查找特定城市员工信息。

```
SELECT e.last_name, e.job_id, e.department_id, d.department_name,l.city
FROM employees e
JOIN departments d
ON e.department_id = d.department_id
JOIN locations l
ON d.location_id = l.location_id
WHERE l.city IN ('Southlake','Oxford');
```

例 5-14 的结果如图 5-14 所示。

	LAST_NAME	JOB_ID	DEPARTMENT_ID	DEPARTMENT_NAME	CITY
1	Zlotkey ...	SA_MAN	80	Sales ...	Oxford ...
2	Abel ...	SA_REP	80	Sales ...	Oxford ...
3	Taylor ...	SA_REP	80	Sales ...	Oxford ...
4	Hunold ...	IT_PROG	60	IT ...	Southlake ...
5	Ernst ...	IT_PROG	60	IT ...	Southlake ...
6	Lorentz ...	IT_PROG	60	IT ...	Southlake ...

图 5-14　例 5-14 的结果

代码解释：在 ANSI SQL 多表连接中，连接每两个表的连接条件是分别书写的。这样可以很清楚地看到哪个条件是哪两个表的。执行的顺序是先进行两表连接，然后将连接的结果再与第三个表连接，以此类推。

在 ANSI SQL 多表连接时还需要注意，除连接条件外，其他筛选条件写在 WHERE 语句中。

5.5.6 左外连接

在 ANSI SQL 标准中，外连接语句也更加规范，易于理解。首先来看一下左外连接示例。

例 5-15 左外连接示例——查询所有员工信息，不管员工是否有部门。

```
SELECT e.last_name, e.job_id, e.department_id, d.department_name
FROM employees e
LEFT OUTER JOIN  departments d
ON e.department_id= d.department_id;
```

例 5-15 的结果如图 5-15 所示。

	LAST_NAME	JOB_ID	DEPARTMENT_ID	DEPARTMENT_NAME	
1	Whalen	··· AD_ASST	10	Administration	···
2	Fay	··· MK_REP	20	Marketing	···
3	Hartstein	··· MK_MAN	20	Marketing	···
4	Vargas	··· ST_CLERK	50	Shipping	···
5	Matos	··· ST_CLERK	50	Shipping	···
···					
23	Greenberg	··· FI_MGR	100	Finance	
24	Gietz	··· AC_ACCOUNT	110	Accounting	···
25	Higgins	··· AC_MGR	110	Accounting	···
26	Grant	··· SA_REP			

图 5-15 例 5-15 的结果

代码解释：左外连接实际上返回 LEFT OUTER JOIN 关键字左端表中所有信息。虽然返回结果的顺序不同，但是例 5-15 与例 5-9 内容完全相同。

5.5.7 右外连接

下面来看一下右外连接示例。

例 5-16 右外连接示例——查询所有部门信息，不管部门是否有员工。

```
SELECT e.last_name, e.job_id, e.department_id, d.department_name
FROM employees e
RIGHT OUTER JOIN departments d
ON e.department_id= d.department_id;
```

例 5-16 的结果如图 5-16 所示。

	LAST_NAME	JOB_ID	DEPARTMENT_ID	DEPARTMENT_NAME	
1	Whalen	··· AD_ASST	10	Administration	···
2	Hartstein	··· MK_MAN	20	Marketing	···
3	Fay	··· MK_REP	20	Marketing	···
4	Higgins	··· AC_MGR	110	Accounting	···
5	Gietz	── AC_ACCOUNT	110	Accounting	···
···					
23	Zlotkey	··· SA_MAN	80	Sales	
24	Abel	··· SA_REP	80	Sales	
25	Taylor	··· SA_REP	80	Sales	
26		···		Operations	

图 5-16 例 5-16 的结果

代码解释：右外连接实际上返回 RIGHT OUTER JOIN 关键字右端表中所有信息。虽然返回结果的顺序不同，但是例 5-15 与例 5-8 内容完全相同。

5.5.8　全外连接

在 ANSI SQL 标准中，增加了全外连接（FULL OUTER JOIN）子句。全外连接的主要功能是返回两表连接中等价连接结果，以及两个表中所有等价连接失败的记录。即相当于消除重复记录的左外连接和右外连接的并集。下面来看一下全外连接示例。

例 5-17　全外连接示例——查询所有信息，不管部门是否有员工，也不管员工是否有部门。

```
SELECT e.last_name, e.job_id, e.department_id, d.department_name
FROM employees e
FULL OUTER JOIN departments d
ON e.department_id= d.department_id;
```

例 5-17 的结果如图 5-17 所示。

	LAST_NAME		JOB_ID		DEPARTMENT_ID	DEPARTMENT_NAME	
1	Whalen	…	AD_ASST		10	Administration	…
2	Hartstein	…	MK_MAN		20	Marketing	
3	Fay	…	MK_REP		20	Marketing	
4	Higgins	…	AC_MGR		110	Accounting	
5	Gietz	…	AC_ACCOUNT		110	Accounting	
…							
24	Abel	…	SA_REP		80	Sales	
25	Taylor	…	SA_REP		80	Sales	
26	Grant	…	SA_REP				
27		…				Operations	

图 5-17　例 5-17 的结果

这里介绍了 ANSI SQL 标准的表连接语句。实际上这些语句的功能基本都可以通过 Oracle 的 SQL 语句来实现。在实际工作中可以选择其中任意一种方法来实现表连接的功能。但是要注意区分两种语法的区别，不要混淆。

小　结

本章中主要介绍 Oracle 独有及 ANSI SQL 通用语句对表连接的不同操做方法，具体包括笛卡儿积、等价连接、不等价连接和外连接的实现。表连接语句是 SQL 语言中比较有特点的语句，在查询语句中会广泛使用。对表连接语句的理解会有助于大家对以后章节中表结构设计、表约束（主键、外键）等内容的理解。

习　题

1. 查询员工的编号、姓、以及部门名称（分别使用 Oracle 语法，USING 子句，ON 子句）。
2. 查询部门名称为 Shipping 的员工的编号、姓及所从事的工作。
3. 查询员工的编号、姓、部门名称，包括没有员工的部门。
4. 查询员工的编号、姓、部门名称，包括不属于任何部门的员工。

第6章 | 分组函数

分组函数是对表中一组记录进行操作,每组只返回一个结果。即首先要对表记录进行分组,然后再进行操作汇总,每组返回一个结果。分组时可能是整个表分为一组,也可能根据条件分成多组。在实际工作中,公司领导者或客户更关心分组汇总后的记录,而不是具体的每一条记录。例如:

- 公司里谁的月薪最高?
- 公司每月工资发放总额是多少?
- 公司每月平均工资是多少?
- 公司每个部门的平均工资是多少?
- 公司中计算机工程师一共有多少人?

这些问题的答案通过浏览或人工统计是很难的,尤其在百万条的海量数据面前,如果没有分组函数,这些工作都会是不可完成的任务。

6.1 分组函数的基本使用

6.1.1 MIN 函数和 MAX 函数

首先看一下 MIN 函数和 MAX 函数。MIN 和 MAX 函数主要是返回每组的最小值和最大值。

MIN 函数返回每组值的最小值,格式如下:

MIN([DISTINCT|ALL]表达式)

MAX 函数返回每组值最大值,格式如下:

MAX([DISTINCT|ALL]表达式)

MIN 和 MAX 函数中表达式或列值的数据类型可以是数字类型、字符类型或日期时间类型。在表达式前可以加 ALL 或 DISTINCT,ALL 是默认值,是求所有值操作,DISTINCT 代表消除重复记录后取值。

例如,公司经理希望查看一下公司所有员工的最低工资和最高工资,可以通过例6-1来实现。

例 6-1 员工最低工资及最高工资的示例。

```
SELECT MIN(salary), MAX(salary)
FROM employees;
```

例 6-1 的结果如图 6-1 所示。

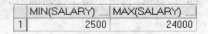

	MIN(SALARY)	MAX(SALARY)
1	2500	24000

图 6-1 例 6-1 的结果

代码解释：在未经说明情况下，这里是把整个表分为一组，然后返回一条结果，即整个公司的最低工资和最高工资。

MIN 函数和 MAX 函数对字符操作实际上就是判断该列字符串按照字典顺序排列，最开始和最末的记录。

例如，公司经理需要查找员工姓最开始和最后的记录。示例可见例 6-2。

例 6-2　员工姓最开始及最后的示例。

```
SELECT MIN(last_name), MAX(last_name)
FROM employees;
```

例 6-2 的结果如图 6-2 所示。

	MIN(LAST_NAME)	MAX(LAST_NAME)
1	Abel ⋯	Zlotkey ⋯

图 6-2　例 6-2 的结果

MIN 函数和 MAX 函数对日期类型操作实际上就是判断该列日期最早和最晚的记录。

例如，公司经理需要查找公司最早入职和最晚入职的员工，示例见例 6-3。

例 6-3　员工最低工资及最高工资的示例。

```
SELECT MIN(hire_date), MAX(hire_date)
FROM employees;
```

例 6-3 的结果如图 6-3 所示。

	MIN(HIRE_DATE)	MAX(HIRE_DATE)
1	17-六月-87　▼	29-一月-00　▼

图 6-3　例 6-3 的结果

6.1.2　SUM 函数和 AVG 函数

下面介绍一下 SUM 函数和 AVG 函数的使用。SUM 和 AVG 函数分别返回总和及平均值。

SUM 函数的功能是返回每组值的和。语法如下：

```
SUM([DISTINCT|ALL]n)
```

AVG 函数的功能是返回每组值得平均值，语法如下：

```
AVG([DISTINCT|ALL]n)
```

SUM 和 AVG 函数都是只能够对数字类型的列或表达式操作。

例如，公司经理需要获得公司员工的总工资和平均工资。示例可见例 6-4。

例 6-4　公司员工总工资及平均工资的示例。

```
SELECT SUM(salary), AVG(salary)
FROM employees;
```

例 6-4 的结果如图 6-4 所示。

SUM(SALARY)	AVG(SALARY)
227100	8734.61538461538

图 6-4　例 6-4 的结果

提高：如果平均工资需要保留两位小数，并增加货币符号、千位分割符，应该如何实现？

6.1.3 COUNT 函数

最后来了解一下 COUNT 函数的功能。COUNT 函数的主要功能是返回每组记录的条数。

COUNT 函数语法结构如下：

```
COUNT({*|[DISTINCT|ALL]表达式})
```

COUNT 函数可以对数字、日期、字符类型列或表达式进行操作。

例如，公司经理希望知晓公司内职位是 IT_PROG 的员工一共有多少人，具体示例可以通过例 6-5 实现。

例 6-5 公司 IT_PROG 职位的员工人数的示例。

```
SELECT COUNT(*)
FROM employees
WHERE job_id='IT_PROG';
```

例 6-5 的结果如图 6-5 所示。

COUNT(*)
3

图 6-5 例 6-5 的结果

代码解释：COUNT(*)返回每组中所有符合条件记录的条数。

如果想要获得每组指定列的记录条数，可以通过 COUNT(表达式)方式实现。关于组函数与空值问题会在随后章节进行介绍。

如想要获得公司中，部门非空的部门数，可以通过例 6-6 来实现。

例 6-6 统计所有公司中所有部门非空的部门数。

```
SELECT COUNT(department_id)
FROM employees;
```

例 6-6 的结果如图 6-6 所示。

COUNT(DEPARTMENT_ID)
25

图 6-6 例 6-6 的结果

代码解释：COUNT(department_id)返回 department_id 不为空的汇总值。

6.1.4 组函数中 DISTINCT 消除重复行

在语法中注意到，括号内表达式前包括 DISTINCT 和 ALL，ALL 是默认值，在没有指定的时候对所有记录操作；而 DISTINCT 会消除重复记录后再使用组函数。

如例 6-6 中，返回的是 employees 表中部门非空的记录有多少条。但是里面实际上有很多重复值。如果希望求出不重复的部门数，就需要使用 DISTINCT 关键字。具体示例如例 6-7 所示。

例 6-7 统计公司中所有部门非空的部门数（消除重复行）。

```
SELECT COUNT(DISTINCT department_id)
FROM employees;
```

例 6-7 的结果如图 6-7 所示。

COUNT(DISTINCTDEPARTMENT_ID)
8

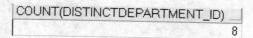

图 6-7　例 6-7 的结果

代码解释：COUNT(DISTINCT department_id)返回 department_id 不为空且不重复的汇总信息。

6.1.5　组函数中空值的处理

如例 6-6 所示，组函数在处理的时候是去除空值后再进行运算。实际上所有组函数对空值都是忽略的。这就需要根据情况对空值可能对汇总返回的结果有一个清醒的认识。

比如，在示例数据库中，公司经理需要查看一下所有员工奖金的平均值。这里首先写出了一条代码，如例 6-8 所示。

例 6-8　员工平均奖金的示例——忽略空值。

```
SELECT AVG(commission_pct)
FROM employees;
```

例 6-8 的结果如图 6-8 所示。

AVG(COMMISSION_PCT)
0.2125

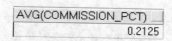

图 6-8　例 6-8 的结果

这里返回平均奖金百分比是 21.25%。看起来非常高，但是有些不合常理。因为公司除了少数销售人员外，其他员工是没有奖金的。

实际上出现这种情况的原因是，组函数进行汇总操作时，是忽略空值进行计算，所以这个结果是少数几个销售人员的平均奖金，而不是所有员工的。

如果想要获得所有员工的平均奖金，就需要用 NVL 函数进行空值转换，然后再求平均值。如例 6-9 所示。

例 6-9　员工平均奖金的示例——空值转化。

```
SELECT AVG(NVL(commission_pct,0))
FROM employees;
```

例 6-9 的结果如图 6-9 所示。

AVG(NVL(COMMISSION_PCT,0))
0.0326923076923077

图 6-9　例 6-9 的结果

因为组函数忽略空值，所以会对结果产生很大影响。所以在实际工作中需要重视这种影响。

6.2　通过 GROUP BY 子句进行分组汇总

6.2.1　GROUP BY 子句的基本使用

前面介绍了常用组函数的功能及注意的问题。但是都是针对整张表或符合条件记录，只分成了一组。在实际工作中，很多情况下是针对表中一列或几列，分成多组并汇总。语法如下：

```
SELECT 列名, 组函数(列名)
```

```
FROM 表名
[WHERE 条件]
[GROUP BY 分组列]
[ORDER BY 列名];
```

准备针对哪一列或几列分组，就可以将这些列写在 GROUP BY 子句后；想要使用哪种组函数汇总，就把这个组函数写在 SELECT 语句中。

例如，在获得公司总工资的基础上，公司经理希望获得公司每个部门的总工资。这里具体分析一下通常计算每个部门总工资的方法：

① 首先需要把员工按照部门分类。

② 再分别计算每个部门的工资之和。

具体示例可以见例 6-10。

例 6-10 每个部门的总工资。

```
SELECT department_id, SUM(salary)
FROM employees
GROUP BY department_id ;
```

例 6-10 的结果如图 6-10 所示。

DEPARTMENT_ID	SUM(SALARY)
100	51600
	7000
20	19000
90	58000
110	20300
50	17500
80	30100
10	4400
60	19200

图 6-10 例 6-10 的结果

代码解释：针对部门编号分组，分组列——部门编号写在 GROUP BY 的后面，对工资（salary）的求和组函数写在 SELECT 语句中。

注意：通过 GROUP BY 进行一列分组操作时，结果会自动按照这列进行升序排列。也可以通过 ORDER BY 语句改变排序。

同时，SQL 语句支持对表中多列进行分组，只需要将想要进行分组的列写在 GROUP BY 后面即可。

例如，公司经理需要获得公司相同职位，且在相同经理管理下的员工平均工资，可以通过例 6-11 来实现。

例 6-11 相同职位且经理相同的员工的平均工资。

```
SELECT job_id,manager_id, AVG(salary)
FROM employees
GROUP BY job_id,manager_id
ORDER BY job_id;
```

例 6-11 的结果如图 6-11 所示。

代码解释：这里在职位编号和经理编号同时相同时分组，然后每组返回一个结果。结果按照 job_id 升序排列。

注意：多列分组时不会自动排序。

	JOB_ID	MANAGER_ID	AVG(SALARY)
1	AC_ACCOUNT	205	8300
2	AC_MGR	101	12000
3	AD_ASST	101	4400
4	AD_PRES		24000
5	AD_VP	100	17000
6	FI_ACCOUNT	108	7920
7	FI_MGR	101	12000
8	IT_PROG	102	9000
9	IT_PROG	103	5100
10	MK_MAN	100	13000
11	MK_REP	201	6000
12	SA_MAN	100	10500
13	SA_REP	149	8866.66666666667
14	ST_CLERK	124	2925
15	ST_MAN	100	5800

图 6-11 例 6-11 的结果

6.2.2 使用 GROUP BY 子句需要注意的问题

在 GROUP BY 子句使用中，有两点需要注意：

① GROUP BY 子句后的列可以不在 SELECT 语句中出现。

② SELECT 子句中出现的非分组函数列必须在 GROUP BY 子句中出现。

在组函数操作中，有些情况下要对分组列进行隐藏。例如，公司经理希望打印出公司所有职位的平均工资，在财务报表中显示。而从隐私角度考虑，具体职位并不显示。这样的需求可以通过例 6-12 来实现。

例 6-12 统计公司每个职位的平价工资，职位列不显示，同时结果按照平均工资排序。

```
SELECT AVG(salary)
FROM employees
GROUP BY job_id
ORDER BY AVG(salary);
```

例 6-12 的结果如图 6-12 所示。

SELECT 语句中包括的非分组函数列，必须在 GROUP BY 语句中出现，否则 Oracle 就会有错误信息返回。具体如例 6-13 所示。

例 6-13 分组汇总错误示例。

```
SELECT department_id, job_id, AVG(salary)
FROM employees
GROUP BY department_id;
```

例 6-13 的结果如图 6-13 所示。

	AVG(SALARY)
1	2925
2	4400
3	5800
4	6000
5	6400
6	7920
7	8300
8	8866.66666666667
9	10500
10	12000
11	12000
12	13000
13	17000
14	24000

图 6-12 例 6-12 的结果

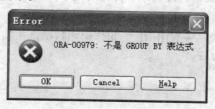

图 6-13 例 6-13 的结果

出现这样的错误是由 Oracle 组函数工作原理所决定的。在本章开始的定义中就曾经提到，组函数首先进行分组，每组返回一个结果。而在例 6-13 中，SELECT 语句中，除分组函数外有两列，而在 GROUP BY 只针对一个列分组，返回组函数 AVG(salary)的值，每组只返回一个结果。而未分组的列 job_id 却要返回原始的数据，即 26 行记录。这样就产生了一个矛盾的情况，违背了组函数操作"分组，每组返回一个结果"的定义。所以 Oracle 要求 SELECT 子句中出现的非分组函数列必须在 GROUP BY 子句中出现。

这个错误解决的方法就是需要针对所有的非分组函数列分组，具体代码如例 6-14 所示。

例 6-14　分组汇总正确示例。

```
SELECT department_id, job_id, AVG(salary)
FROM employees
GROUP BY department_id,job_id;
```

例 6-14 的结果如图 6-14 所示。

	DEPARTMENT_ID	JOB_ID	AVG(SALARY)
1	110	AC_ACCOUNT	8300
2	90	AD_VP	17000
3	50	ST_CLERK	2925
4	80	SA_REP	9800
5	110	AC_MGR	12000
6	50	ST_MAN	5800
7	80	SA_MAN	10500
8	20	MK_MAN	13000
9	90	AD_PRES	24000
10	60	IT_PROG	6400
11	100	FI_MGR	12000
12	100	FI_ACCOUNT	7920
13		SA_REP	7000
14	10	AD_ASST	4400
15	20	MK_REP	6000

图 6-14　例 6-14 的结果

代码解释：这里返回的就是正确的结果，即部门相同且相同职位员工的平均工资。

6.3　HAVING 子句的使用

前面的章节介绍了组函数的基本使用。在实际应用中，组函数的筛选也是需要完成的一项工作。本节主要介绍组函数的筛选及查询语句执行顺序的问题。

在我们的虚拟公司中，公司经理又提出了新的需求：获得每个职位的最高工资，并且只要最高工资大于等于 9 000 职位。根据经理需求，首先写出了一条语句，结果运行后报错。如例 6-15 所示。

例 6-15　组函数筛选示例——WHERE 语句作组函数筛选报错。

```
SELECT job_id, MAX(salary)
FROM employees
WHERE MAX(salary)>=9000
GROUP BY job_id;
```

例 6-15 的结果如图 6-15 所示。

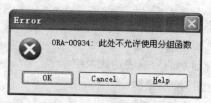

图 6-15 例 6-15 的结果

把组函数 MAX(salary)>=9000 写在 WHERE 语句中居然报错！到底这是什么原因呢？

这里再来看一下 Oracle 查询语句的书写顺序：

SELECT   FROM   WHERE   GROUP BY   ORDER BY

而 Oracle 查询语句的执行顺序是：

FROM   WHERE   GROUP   BY SELECT   ORDER BY

Oracle 在执行 GROUP BY 语句的时候才会针对对应的列进行分组，然后才能进行组函数汇总操作。而 WHERE 语句在 GROUP BY 语句之前执行，分组都没有进行，不可能进行组函数判断。所以会报错。

为了解决组函数筛选的问题，Oracle 增加了 HAVING 子句，专门完成组函数筛选判断的功能。具体语法结构如下：

SELECT *列名，组函数*
FROM *表名*
[WHERE *条件*]
[GROUP BY *分组列*]
[HAVING *组函数表达式*]
[ORDER BY *列名*];

把例 6-15 进行修改，用 HAVING 语句实现组函数筛选，如例 6-17 所示。

例 6-16 组函数筛选示例——HAVING 语句作组函数筛选。

SELECT job_id, MAX(salary)
FROM employees
GROUP BY job_id
HAVING MAX(salary)>=9000;

例 6-16 的结果如图 6-16 所示。

	JOB_ID	MAX(SALARY)
1	AC_MGR	12000
2	IT_PROG	9000
3	AD_VP	17000
4	FI_ACCOUNT	9000
5	MK_MAN	13000
6	FI_MGR	12000
7	SA_MAN	10500
8	AD_PRES	24000
9	SA_REP	11000

图 6-16 例 6-16 的结果

下面总结一下 SELECT 语句执行过程：

① 通过 FROM 子句找到需要查询的表。

② 通过 WHERE 子句进行非分组函数筛选判断。

③ 通过 GROUP BY 子句完成分组操作。

④ 通过 HAVING 子句完成组函数筛选判断。

⑤ 通过 SELECT 子句选择显示的列或表达式及组函数。

⑥ 通过 ORDER BY 子句进行排序操作。

实际上很多较难理解的 SQL 语句问题,都可以通过 Oracle 语句执行过程来理解,请慢慢体会。这里再用一个示例来使用到全部查询子句,展示一下 SQL 查询语句的功能。

例 6-17 组函数演示。

```
SELECT department_id, MAX(salary)
FROM employees
WHERE department_id BETWEEN 30 AND 90
GROUP BY department_id
HAVING MAX(salary)>=9000
ORDER BY MAX(salary);
```

例 6-17 的结果如图 6-17 所示。

	DEPARTMENT_ID	MAX(SALARY)
1	60	9000
2	80	11000
3	90	24000

图 6-17 例 6-17 的结果

代码解释: 这个示例是查找每个部门的最高工资,要求部门编号在 30 至 60 之间,最高工资大于等于 9000,结果按照最高工资的升序排列。

6.4 组函数的嵌套

组函数可以实现嵌套操作,嵌套级数是两级。具体示例如例 6-18 所示。

例 6-18 组函数嵌套演示。

```
SELECT MAX(COUNT(employee_id))
FROM employees
GROUP BY department_id;
```

例 6-18 的结果如图 6-18 所示。

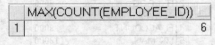

	MAX(COUNT(EMPLOYEE_ID))
1	6

图 6-18 例 6-18 的结果

代码解释: 这个示例是统计公司中员工最多的部门有多少名员工。

小 结

本章中主要介绍分组函数使用的场景及语句写法,对 MIN 函数、MAX 函数、SUM 函数、AVG 函数和 COUNT 函数的基本用法进行了介绍,同时对分组函数中 DISTINCT 消除重复行及空值处理进行说明。当分组项超过一列时，需要通过 GROUP BY 子句进行分组汇总。同时对特殊的 GROUP BY 子句使用的两个问题及 HAVING 子句的使用进行介绍。最后介绍了组函数嵌套使用方法。

习　　题

1. 查询各部门平均工资在 8 000 元以上的部门名称及平均工资。

2. 查询工作编号中不含有"SA_"字符串及平均工资在 8 000 元以上的工作编号及平均工资，并按平均工资降序排序。

3. 查询部门人数在四人以上的部门的部门名称及最低工资和最高工资。

4. 查询工作不为 AD_PRES、工资的和大于等于 25 000 元的工作编号和每种工作工资的和。

5. 显示经理号码，以及这个经理所管理员工的最低工资，不包括经理号为空的，不包括最低工资小于 3 000 元的，按最低工资由高到低排序。

第 7 章 | 子 查 询

在前面的章节中，我们学习到了如何书写基本查询语句、表的限制及排序、单行函数及组函数、多表查询等功能，基本可以完成日常的查询工作。但是有些需求，还需要通过一些较复杂的语句来实现。

例如，员工 Chen 需要进行工作晋升，公司人事经理需要通知 Chen 的所有同事，这就需要获得和员工 Chen 在相同部门的员工信息。这个需求需要分两步来完成：

① 需要获得 Chen 的部门编号。

② 再查找部门编号和该编号相等的员工信息。

这样的操作需要通过查询的嵌套，即子查询方式来实现。本章主要介绍子查询的分类及功能。

7.1 子查询的基本介绍

子查询的语法结构如下：

```
SELECT 查询列
FROM 表名
WHERE 列名 操作符
     (SELECT 查询列
      FROM 表名);
```

括号内的查询叫做子查询（Subquery）或者内部查询（Inner Query），外面的查询叫做主查询（Main query）或者外部查询（Outer query）。执行的顺序是先执行子查询，然后再执行主查询，子查询返回的结果会作为外部查询的条件。

引言中经理提出的需求，就可以通过子查询来实现，具体示例可见例 7-1。

例 7-1 查询和 Chen 员工在相同部门的员工信息。

```
SELECT last_name, job_id, salary, department_id
FROM employees
WHERE department_id = (SELECT department_id
FROM employees
WHERE last_name = 'Chen');
```

例 7-1 的结果如图 7-1 所示。

代码解释：首先执行子查询，查询员工 "Chen" 的部门编号，然后执行外部查询，判断谁的部门编号和返回的部门编号相同，并返回结果。

	LAST_NAME	JOB_ID	SALARY	DEPARTMENT_ID
1	Greenberg	⋯ FI_MGR	12000.00	100
2	Faviet	⋯ FI_ACCOUNT	9000.00	100
3	Chen	⋯ FI_ACCOUNT	8200.00	100
4	Sciarra	⋯ FI_ACCOUNT	7700.00	100
5	Urman	⋯ FI_ACCOUNT	7800.00	100
6	Popp	⋯ FI_ACCOUNT	6900.00	100

图 7-1 例 7-1 的结果

关于子查询的书写，还需要注意以下几点：

① 子查询需要写在括号中。

② 子查询需要写在运算符的右端。

③ 子查询可以写在 WHERE、HAVING、FROM 子句中。

④ 子查询中通常不写在 ORDER BY 子句（Top-N 操作例外，会在本章随后进行介绍）。

根据返回的记录行数分类，子查询可以分为单行子查询和多行子查询两类。下面分别介绍。

7.2 单行子查询

单行子查询，顾名思义，子查询返回的记录有且只有一条。单行子查询要求使用单行操作符，即：

- >：大于。
- >=：大于等于。
- <：小于。
- <=：小于等于。
- =：等于。
- <>：不等于。

7.2.1 WHERE 子句中单行子查询语句

根据需要，可以在一条查询语句同时写多个子查询语句，如例 7-2 所示。

例 7-2 WHERE 子句中使用单行子查询示例。

```
SELECT last_name, job_id, salary, department_id
FROM employees
WHERE department_id =
                    (SELECT department_id
                    FROM   employees
                    WHERE  last_name = 'Chen')
AND salary >
          (SELECT salary
          FROM employees
          WHERE last_name = 'Chen');
```

例 7-2 的结果如图 7-2 所示。

	LAST_NAME	JOB_ID	SALARY	DEPARTMENT_ID
1	Greenberg	⋯ FI_MGR	12000.00	100
2	Faviet	⋯ FI_ACCOUNT	9000.00	100

图 7-2 例 7-2 的结果

代码解释：例 7-2 查找和 Chen 员工相同部门且比 Chen 员工工资高的员工信息。这个语句虽然较复杂，但是仍然是单行子查询。因为子查询返回记录的条数都是一条。

单行子查询中也可以使用组函数，这样可以实现一些以前无法完成的工作。例如，公司经理感到最近的员工人力成本过高，希望找到薪资过高的员工，进行限薪工作。首先进行限制的是平均工资比公司平均工资高的员工。在没有使用子查询操作时，只能够查询到公司的平均工资是多少，然后再进行比较。现在可以通过一条语句来实现。具体代码如例 7-3 所示。

例 7-3　WHERE 子句中使用单行子查询示例（应用组函数）。

```
SELECT last_name, job_id, salary, department_id
FROM employees
WHERE salary >
        (SELECT AVG(salary)
        FROM  employees)
ORDER BY salary;
```

例 7-3 的结果如图 7-3 所示。

	LAST_NAME	JOB_ID	SALARY	DEPARTMENT_ID
1	Faviet ···	FI_ACCOUNT	9000.00	100
2	Hunold ···	IT_PROG	9000.00	60
3	Zlotkey	SA_MAN	10500.00	80
4	Abel	SA_REP	11000.00	80
5	Higgins	AC_MGR	12000.00	110
6	Greenberg	FI_MGR	12000.00	100
7	Hartstein	MK_MAN	13000.00	20
8	Kochhar	AD_VP	17000.00	90
9	De Haan	AD_VP	17000.00	90
10	King	AD_PRES	24000.00	90

图 7-3　例 7-3 的结果

代码解释：子查询中获得公司平均工资，返回给主查询。主查询进行判断，并返回结果。

7.2.2　HAVING 子句中单行子查询语句

除了在 WHERE 子句中外，也可以在 HAVING 子句中书写子查询。在组函数中曾经介绍，HAVING 子句主要是完成组函数的筛选判断。如果需要进行复杂的组函数筛选，就需要通过子查询来实现。

例如，公司经理需要对公司各部门的人数进行统计，需要找到员工人数高于公司各部门平均人数的部门信息，具体操作如例 7-4 所示。

例 7-4　HAVING 子句中单行子查询示例——查询员工人数高于各部门平均人数的部门信息。

```
SELECT department_id, COUNT(employee_id)
FROM employees
GROUP BY department_id
HAVING COUNT(employee_id) >
                (SELECT AVG(COUNT(employee_id))
                FROM  employees
                GROUP BY department_id);
```

例 7-4 的结果如图 7-4 所示。

	DEPARTMENT_ID	COUNT(EMPLOYEE_ID)
1	100	6
2	90	3
3	50	5
4	80	3
5	60	3

图 7-4　例 7-4 的结果

代码解释：子查询中获得公司各部门平均人数，返回给主查询再把每部门人数进行比较，返回需要的结果。

上面介绍了在 WHERE 和 HAVING 子句中书写子查询。子查询还可以书写在 FROM 语句中。关于在 FROM 语句书写了例子会在以后章节中进行介绍。

7.3　多行子查询

单行子查询使用单行操作符，而且返回的记录是一条。如果使用单行操作符，而子查询返回记录的条数是多条，语句就会报错。

多行子查询中，子查询返回记录的条数可以是一条或多条。多行子查询需要使用多行操作符。常用的多行操作符包括：IN、ANY、ALL。

1．IN 操作符

IN 操作符和以前介绍的功能一致，判断是否与子查询的任意一个返回值相同。返回的结果可以是一条或多条。

例如，公司经理希望获得公司中所有经理的姓和工资的信息。

如果要获得公司所有经理的信息，首先要知道哪些员工是经理。在我们的示例数据库中，manager_id 代表经理的编号，同时 manager_id 来源于 employee_id。查找哪些员工是经理，实际上就是查找哪些员工的 employee_id 在 manager_id 上出现过。

按照前面讲到的知识，很可能会写如例 7-5 所示的语句。

例 7-5　单行子查询局限示例。

```
SELECT last_name,salary
FROM employees
WHERE employee_id=
            (SELECT manager_id
             FROM employees);
```

例 7-5 的结果如图 7-5 所示。

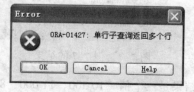

图 7-5　例 7-5 的结果

代码解释：子查询获得 employees 表中所有的经理编号，employees 表中有 20 条记录，返回结果也是 20 条。而单行操作符"="要求返回一条结果，所以会报 ORA-01427 错误：单行子查询返回多于一行。

这样的需求需要通过多行子查询来实现，使用 IN 操作符。具体示例如例 7-6 所示。

例 7-6 多行子查询示例——IN 操作符。

```
SELECT a.last_name, a.salary
FROM employees a
WHERE a.employee_id IN
                (SELECT b.manager_id
                 FROM  employees b);
```

例 7-6 的结果如图 7-6 所示。

这里看到公司有九位经理。

2. ANY 操作符

ANY 和 ALL 操作符通常与关系运算符一起使用，实现对子查询返回值的判断工作。

	LAST_NAME		SALARY
1	Hartstein	…	13000.00
2	Higgins	…	12000.00
3	King	…	24000.00
4	Kochhar	…	17000.00
5	De Haan	…	17000.00
6	Hunold	…	9000.00
7	Greenberg	…	12000.00
8	Mourgos	…	5800.00
9	Zlotkey	…	10500.00

图 7-6　例 7-6 的结果

ANY 操作符通常与关系运算符一起使用，它的功能是：任意的。所以在与运算符一起使用时有以下含义：

① < ANY 比子查询返回的任意一个结果小即可，即小于返回结果的最大值。

② = ANY 和子查询中任意一个结果相等即可，相当于 IN。

③ > ANY 比子查询返回的任意一个结果大即可，即大于返回结果的最小值。

例如，公司经理希望找到比任意一个部门编号是 80 的员工工资高的员工信息。具体代码可见例 7-7。

例 7-7　多行子查询示例——ANY 操作符。

```
SELECT employee_id, last_name, job_id, salary
FROM employees
WHERE salary > ANY
                (SELECT salary
                 FROM employees
                 WHERE department_id = 80)
AND department_id <> 80;
```

例 7-7 的结果如图 7-7 所示。

	EMPLOYEE_ID	LAST_NAME		JOB_ID	SALARY
1	100	King	…	AD_PRES	24000.00
2	102	De Haan	…	AD_VP	17000.00
3	101	Kochhar	…	AD_VP	17000.00
4	201	Hartstein	…	MK_MAN	13000.00
5	108	Greenberg	…	FI_MGR	12000.00
6	205	Higgins	…	AC_MGR	12000.00
7	103	Hunold	…	IT_PROG	9000.00
8	109	Faviet	…	FI_ACCOUNT	9000.00

图 7-7　例 7-7 的结果

代码解释：子查询返回的结果是三个值（10 500、11 000、8 600）。>ANY 运算符是检查大于清单中的最小值 8 600。外部查询将部门编号是 80 的部门排除。结果有八个员工被找到。

3. ALL 操作符

ALL 操作符也是通常与关系运算符一起使用，它的功能和其英文含义相同：所有的。所以在与运算符一起使用时有以下含义：

① < ALL 比子查询返回的所有的结果都小，即小于返回结果的最小值。

② > ALL 比子查询返回的所有的结果都大，即大于返回结果的最大值。

③ = ALL 无意义，逻辑上也不成立。

例如，公司经理希望找到所有比部门编号是 80 的员工工资高的员工信息。具体代码可见例 7-8 示例。

例 7-8 多行子查询示例——ALL 操作符。

```
SELECT employee_id, last_name, job_id, salary
FROM employees
WHERE salary > ALL
                (SELECT salary
                 FROM employees
                 WHERE  department_id = 80)
AND       department_id <> 80;
```

例 7-8 的结果如图 7-8 所示。

	EMPLOYEE_ID	LAST_NAME		JOB_ID	SALARY
1	108	Greenberg	...	FI_MGR	12000.00
2	205	Higgins	...	AC_MGR	12000.00
3	201	Hartstein	...	MK_MAN	13000.00
4	101	Kochhar	...	AD_VP	17000.00
5	102	De Haan	...	AD_VP	17000.00
6	100	King	...	AD_PRES	24000.00

图 7-8 例 7-8 的结果

代码解释：子查询返回的结果是三个值（10 500、11 000、8 600）。>ALL 运算符是检查大于清单中的最大值 10 500。外部查询将部门编号是 80 的部门排除。与>ANY 相比较，少了 2 名员工，结果有六个员工被找到。

其他的关于<ANY、<ALL、=ANY 的功能，可以自己做一些练习，体会一下操作的特点。

7.4　FROM 语句中子查询

前面的章节介绍了在 WHERE 和 HAVING 子句中书写子查询语句，实际上子查询也可以在 FROM 语句中书写。在 FROM 语句中书写子查询，实际上是限制了主查询语句必须是从子查询的结果集中进行选择。

FROM 语句中书写子查询通常是解决一些特殊的需求，下面分别介绍一下这些语句。

在前面的例 7-3 中，我们曾经举例说明，如何查找比公司平均工资高的员工信息。现在，公司经理提出更高要求：要求找出比员工本职位（job_id）平均工资高的员工信息。

这样的需求有多种实现方法，其中语句效率较高的方法就是通过 FROM 子句中的子查询来实现。具体代码如例 7-9 所示。

例 7-9 FROM 子句查询示例——分组判断。

```
SELECT e.last_name, e.salary, e.job_id, j.avgsal
```

```
FROM employees e, (SELECT  job_id,
                          AVG(salary) avgsal
                          FROM employees
                          GROUP BY job_id) j
WHERE e.job_id = j.job_id
AND e.salary > j.avgsal;
```

例 7-9 的结果如图 7-9 所示。

LAST_NAME		SALARY	JOB_ID	AVGSAL
Hunold	...	9000.00	IT_PROG	6400
Chen	...	8200.00	FI_ACCOUNT	7920
Faviet	...	9000.00	FI_ACCOUNT	7920
Abel	...	11000.00	SA_REP	8866.66666666667
Davies	...	3100.00	ST_CLERK	2925
Rajs	...	3500.00	ST_CLERK	2925

图 7-9　例 7-9 的结果

代码解释：需要获得比本职位平均工资高的员工信息，需要先知道本职位的平均工资是多少，然后再进行比较。这里就通过子查询获得自己职位的平均工资，然后再用 employees 表和子查询的结果在职位相同时进行连接，并比较员工工资和本职位平均工资。找到符合条件的记录并返回。

这种查找与分成多组的组函数相比，是效率较高的语句。一次性获得所有的分组结果，再进行组内信息比较，可以快速找到需要的结果。这样的算法可以满足更多的需求：如针对部门分组，找到比本部门最低工资高的员工信息；在其他表中进行分组信息查看等。

提高：在 WHERE 语句中书写的子查询是否可以实现这种需求？

7.5　子查询中空值问题

子查询如果有空值返回，在某些运算符下会影响到整个运算的结果。

例如，通过前面的例 7-6，可以查找到公司中所有是经理的员工信息。如果需要找到所有不是经理的员工，代码将如何书写呢？

可能会写出下面例 7-14 的代码。

例 7-10　子查询空值示例。

```
SELECT a.last_name, a.salary
FROM employees a
WHERE a.employee_id NOT IN
                  (SELECT b.manager_id
                   FROM  employees b);
```

例 7-10 的结果如图 7-10 所示。

LAST_NAME	SALARY

图 7-10　例 7-10 的结果

代码解释：这里居然没有符合条件的记录！公司共有 26 名员工，实际查询可知 26 名员工中有 9 名是经理，应该有 26-9 = 17 名员工不是经理，即返回 17 条记录。

出现这种情况的原因有两个：

① 子查询返回值中包含有空值。

② NOT IN 操作符对空值不忽略。

NOT IN 操作符相当于 <> ALL，即除了列表值的所有值，但包括了空值 NULL，结果即为空。解决的方法就是在子查询中去除空值，如例 7-11 所示。

例 7-11 子查询空值示例——去除空值。

```
SELECT a.last_name, a.salary
FROM employees a
WHERE a.employee_id NOT IN
                    (SELECT b.manager_id
                     FROM employees b
                     WHERE b.manager_id IS NOT NULL);
```

例 7-11 的结果如图 7-11 所示。

	LAST_NAME		SALARY
1	Whalen	...	4400.00
2	Fay	...	6000.00
3	Gietz	...	8300.00
4	Ernst	...	6000.00
5	Lorentz	...	4200.00
6	Faviet	...	9000.00
7	Chen	...	8200.00
8	Sciarra	...	7700.00
9	Urman	...	7800.00
10	Popp	...	6900.00
11	Rajs	...	3500.00
12	Davies	...	3100.00
13	Matos	...	2600.00
14	Vargas	...	2500.00
15	Abel	...	11000.00
16	Taylor	...	8600.00
17	Grant	...	7000.00

图 7-11 例 7-11 的结果

注意：在书写子查询语句中最好先运行一下子查询的代码，测试是否有记录返回，如果使用 NOT IN 操作符还需要注意是否包含空值。

7.6 相关子查询

相关子查询与本章前面介绍的子查询不同。在相关子查询中，内部查询（子查询）要引用外部查询的列，进行交互判断。相关子查询的执行方式是一行行操作（ROW-BY-ROW）。外部查询每执行一行操作，内部查询都要执行一次。这样语句执行的顺序也会改变，先执行外部查询，找到第一行记录，然后把对应列值交给内部查询运算，内部查询结果再返回。其他行操作以此类推。

相关子查询可以完成较复杂的查询操作。例如，公司经理希望找到比本职位平均工资高的员工的信息，可以通过相关子查询实现。

例 7-12 相关子查询示例——分组判断。

```
SELECT last_name, salary, job_id
FROM employees e
WHERE salary >(SELECT  AVG(salary)
               FROM employees
               WHERE job_id = e.job_id);
```

例 7-12 的结果如图 7-12 所示。

	LAST_NAME		SALARY	JOB_ID
1	Hunold	···	9000.00	IT_PROG
2	Faviet	···	9000.00	FI_ACCOUNT
3	Chen	···	8200.00	FI_ACCOUNT
4	Rajs	···	3500.00	ST_CLERK
5	Davies	···	3100.00	ST_CLERK
6	Abel	···	11000.00	SA_REP

图 7-12　例 7-12 的结果

代码解释：这里每次首先从外部查询中找到一行，并找到内部查询中相关的列，然后交给内部查询进行判断，接着内部查询返回结果给外部，外部查询执行。如果符合条件，则输出外部查询的行。以此类推，依次完成所有记录的判断。

本例中先找到第一个员工中的职位，交给子查询求出该职位的平均工资，再返回给主查询判断，如果员工工资高于本职位平均工资就输出该员工信息。

提高：例 7-12 与例 7-9 中子查询功能类似，哪个语句效率略高些？

7.7　EXISTS 和 NOT EXISTS 操作符

相关子查询还可以使用 EXISTS 和 NOT EXISTS 操作符。EXISTS 操作符主要判断其后的子查询中是否至少有一条记录返回，即判断存在与否。具体操作如下：

① 子查询中如果有记录找到，子查询语句不会继续执行，返回值为真（TRUE）。

② 子查询中如果到表的末尾也没有记录找到，返回值为假（FALSE）。

从上面的描述中可以看出，EXISTS 操作符子查询中并没有确切记录返回，只是在判断是否有记录。而且只要找到相关记录，子查询就不需要再执行，然后再进行下面的操作。这样就会大大提高了语句的执行效率。

例如，经理需要找到公司中所有经理的信息，用 EXISTS 操作符，可以通过例 7-13 来实现。

例 7-13　EXISTS 操作符示例——查找公司中的经理。

```
SELECT last_name, job_id, salary, department_id
FROM employees e
WHERE EXISTS (SELECT '1'
            FROM employees
            WHERE manager_id = e.employee_id);
```

例 7-13 的结果如图 7-13 所示。

	LAST_NAME		JOB_ID	SALARY	DEPARTMENT_ID
1	Hartstein	···	MK_MAN	13000.00	20
2	Higgins	···	AC_MGR	12000.00	110
3	King	···	AD_PRES	24000.00	90
4	Kochhar	···	AD_VP	17000.00	90
5	De Haan	···	AD_VP	17000.00	90
6	Hunold	···	IT_PROG	9000.00	60
7	Greenberg	···	FI_MGR	12000.00	100
8	Mourgos	···	ST_MAN	5800.00	50
9	Zlotkey	···	SA_MAN	10500.00	80

图 7-13　例 7-13 的结果

代码解释：这里每次首先从外部查询中找到一个员工编号，然后交给子查询进行判断，只要在经理编号上出现过一次，就返回为真（TRUE），然后该员工信息输出，他（她）就是经理。如果整个表中都没有找到匹配记录，则返回为假（FALSE），直接判断下一条记录。

可能已经注意到，在子查询的 SELECT 子句中，写着 1。这是因为在 EXISTS 操作符所带的子句中，并没有确切记录返回，只返回真或假。所有这里写的 1 实际上只是占位用，并无实际意义。

上面介绍 EXISTS 操作符主要是判断子查询是否至少有一条返回值。而 NOT EXISTS 操作符正好相反，主要是判断子查询是否没有返回值。如果没有返回值，则表达式为真，如果找到一条返回值，则为假。

例如，公司经理需要查找哪些员工不是经理，可以通过 NOT EXISTS 操作符实现。

例 7-14 NOT EXISTS 操作符示例——查找公司中不是经理的员工。

```
SELECT last_name, job_id, salary, department_id
FROM employees e
WHERE NOT EXISTS  (SELECT '1'
                   FROM employees
                   WHERE manager_id = e.employee_id);
```

例 7-14 的结果如图 7-14 所示。

	LAST_NAME	JOB_ID	SALARY	DEPARTMENT_ID
1	Whalen	AD_ASST	4400.00	10
2	Fay	MK_REP	6000.00	20
3	Gietz	AC_ACCOUNT	8300.00	110
4	Ernst	IT_PROG	6000.00	60
5	Lorentz	IT_PROG	4200.00	60
6	Faviet	FI_ACCOUNT	9000.00	100
7	Chen	FI_ACCOUNT	8200.00	100
8	Sciarra	FI_ACCOUNT	7700.00	100
9	Urman	FI_ACCOUNT	7800.00	100
10	Popp	FI_ACCOUNT	6900.00	100
11	Rajs	ST_CLERK	3500.00	50
12	Davies	ST_CLERK	3100.00	50
13	Matos	ST_CLERK	2600.00	50
14	Vargas	ST_CLERK	2500.00	50
15	Abel	SA_REP	11000.00	80
16	Taylor	SA_REP	8600.00	80
17	Grant	SA_REP	7000.00	

图 7-14 例 7-14 的结果

代码解释：这里使用 NOT EXISTS 操作符，因为运算方法与 NOT IN 不同，而且只会返回真（TRUE）或假（FALSE），不会返回空值，所以不需要考虑子查询去除空值的问题。

小　结

本章首先介绍子查询的基本使用，介绍了单行子查询、多行子查询两类子查询的使用方法。同时提出 FROM 语句中子查询使用场景及基本语法。接着强调子查询中空值问题对结果的影响。相关子查询是较特殊的子查询使用方式，本章也进行了说明。EXISTS 和 NOT EXISTS 操作符会使子查询提高效率，推荐大家在以后的工作学习中进行使用。

习　　题

1. 查询工资高于编号为 113 的员工工资，并且和 102 号员工从事相同工作的员工的编号、姓名及工资。

2. 查询工资最高的员工姓名和工资。

3. 查询部门最低工资高于 100 号部门最低工资的部门的编号、名称及该部门最低工资。

4. 查询员工工资为其部门最低工资的员工的编号和姓名及工资。

5. 查询经理是 KING 的员工姓名、工资。

6. 显示比员工 Abel 参加工作时间晚的员工姓名、工资、参加工作时间。

第8章 | 数据操作及事务控制

前面章节中介绍了如何使用 SELECT 语句针对数据库表中已有数据进行查询操作，那么这些已有数据是如何写入到数据库表中，又该如何对这些已有的数据进行修改或删除等操作呢？这就需要使用数据操作语言（Data Manipulation Language，DML）来实现。本章针对 SQL 中的数据操作语言及事务控制语言进行介绍。

数据库中数据在被操作的过程中是以事务的方式被管理的，事务用于确保数据的一致性，是由一组相关 DML 语句组成，本章后边将具体介绍事务及锁的内容。

8.1 插 入 数 据

在对数据库的应用过程中，数据库初始创建的时候，表中是没有数据的，在应用中所看到的数据均是由用户写入的。那么，如何向数据库的表中写入数据呢？这就需要使用 SQL 语句中的 INSERT 命令。

8.1.1 INSERT 语法结构

通常 INSERT 语句在执行插入时会向数据库中插入一条记录，可通过如下语法实现：

```
INSERT INTO 表名[(列名1[,列名2，…，列名n])]
VALUES (值1[,值2，…，值n]);
```

语法说明：

① 方括号中内容为可省略项。

② INSERT INTO 后表名表示需插入数据的表的名称，列名表示需插入值的列的列名，表名后圆括号及圆括号中列名可省略，当省略时默认为向表中所有列插入值。

③ VALUES 子句中圆括号中的值表示需插入表中各列的具体值，当表名后的列名列表省略时，VALUES 子句中圆括号中值的个数及顺序必须与表中列的个数和顺序保持一致，并用逗号隔开。

④ 当表名后的列名列表没有省略，而是具体指定时，则 VALUES 子句中的值的个数及顺序就必须与具体指定的列的个数和顺序保持一致，并且列名与列名之间、值与值之间均用逗号隔开。

⑤ VALUES 子句中，需插入的具体值如果为字符型或日期型值时，必须要加单引号。

⑥ 对表中定义了约束的某些列，插入值时必须注意，关于约束的内容在后面的章节会介绍。

注意： 可以在 SQL*Plus 或 PL/SQL Developer 工具中的命令窗口（Command Window）中使用"DESC 表名"命令来查看表中列的顺序，其中 DESC 是 DESCRIBE 的缩写。

8.1.2 使用 INSERT 语句插入单行数据

例 8-1 需将一个公司新成立部门的信息写入 departments（部门信息表）中，已知该部门信息如下：

部门编号 （department_id）	部门名称 （department_name）	管理者编号 （manager_id）	位置编号 （location_id）
300	Operations	110	1 500

```
INSERT INTO departments
VALUES  (300,'Operations',110,1500);
```

语句执行后，将返回消息 1 row inserted，指出已将数据插入 departments 表中。可使用 SELECT 语句来查看表的内容，确认是否已经插入新记录。

```
SELECT * FROM departments;
```

结果如图 8-1 所示。

	DEPARTMENT_ID	DEPARTMENT_NAME		MANAGER_ID	LOCATION_ID
1	10	Administration	...	200	1700
2	20	Marketing	...	201	1800
3	300	Operations	...	110	1500
4	50	Shipping	...	124	1500
5	60	IT	...	103	1400
6	80	Sales	...	149	2500
7	90	Executive	...	100	1700
8	100	Finance	...	108	1700
9	110	Accounting	...	205	1700
10	210	IT Support			1700

图 8-1　300 号部门已插入 departments 表中

代码解释：例 8-1 中表名后省略了列名列表，则表示向 departments 表中的所有列插入值，departments 表包含四列，因此 VALUES 子句中必须指定四个插入值，并且其顺序必须与表中列的顺序一一对应。插入值中 Operations 值为部门名称，字符型，因此需加单引号，并且区分大小写。如果忘记对字符型及日期型数据使用单引号，即执行如下语句：

```
INSERT INTO departments
VALUES(310,Operations,110,1500);
```

执行结果将如图 8-2 所示。

图 8-2　列插入异常提示

8.1.3 使用 INSERT 语句插入空值（NULL）

在插入新记录时，如果有些列暂时不能确定具体值，则可使用空值（NULL）表示。具体有两种解决办法：一是对于不能确定具体值的列，使用空值（NULL）或连续的单引号（''）代替；二是指定拥有具体插入值的列来构成 INSERT 语句中表名后的列名列表，不能确定具体值的列则被自动赋予空值。

例 8-2　需将一个公司新成立部门的信息写入 departments（部门信息表）中，已知该部门信息如下：

部门编号 （department_id）	部门名称 （department_name）	管理者编号 （manager_id）	位置编号 （location_id）
310	Operations	暂不确定	1500

直接插入空值：

```
INSERT INTO departments
VALUES(310,'Operations', NULL,1500);
```

或

```
INSERT INTO departments
VALUES(310,'Operations', '',1500);
```

也可在列名列表中省略不能确定具体值的列：

```
INSERT INTO departments (department_id,department_name,location_id)
VALUES(310,'Operations',1500);
```

代码解释：上述三条语句执行后均返回消息 1 row inserted.，使用 SELECT 语句对插入记录进行确认：

```
SELECT * FROM departments;
```

结果如图 8-3 所示。

	DEPARTMENT_ID	DEPARTMENT_NAME		MANAGER_ID	LOCATION_ID
1	10	Administration	...	200	1700
2	20	Marketing	...	201	1800
3	300	Operations	...	110	1500
4	310	Operations	...		1500
5	50	Shipping	...	124	1500
6	60	IT	...	103	1400
7	80	Sales	...	149	2500
8	90	Executive	...	100	1700
9	100	Finance	...	108	1700
10	110	Accounting	...	205	1700
11	210	IT Support	...		1700

图 8-3　310 号部门已插入 departments 表中

在使用 INSERT 语句时，有的情况虽然语法正确，但是执行时并不一定能够插入成功，而是受到需插入值列的数据类型或所具有的约束的限制，如 NOT NULL、Primary Key、Foreign Key 等。

例 8-3　向 departments 表中插入一条暂时没有确定部门名称的部门信息。

```
INSERT INTO departments
VALUES(320,NULL, NULL,1500);
```

执行结果如图 8-4 所示。

图 8-4　插入时违反约束条件提示

该执行结果指出不能将 NULL 值插入到 departments 表中的 department_name 列，原因在于违反了 department_name 的 NOT NULL 约束。可通过查看 departments 表结构来了解表中各列是否允许空值。

例 8-4　查看表结构，右击表 departments，在弹出的快捷菜单中选择"查看"命令，在弹出窗口中单击"列"标签，如图 8-5 所示，可知 department 表中的 department-name 列要求为非空。

Name	Type	Nullable	Default	Storage
▸ DEPARTMENT_ID	NUMBER(4)	☐		
DEPARTMENT_NAME	VARCHAR2(30)	☐		
MANAGER_ID	NUMBER(6)	☑		
LOCATION_ID	NUMBER(4)	☑		

图 8-5　departments 表中 department_name 列要求为非空

要解决类似问题可有两种方式。第一种方式是修改 department_name 列的非空约束；第二种是确定部门名称后再向 departments 表中插入相应信息。

8.1.4　使用 INSERT 语句插入日期型数据

INSERT 语句中在对日期型数据执行插入时，默认使用 Oracle 所特定的日期格式，即"DD-MON-RR"格式（如"10-9 月-06"），如果使用其他日期格式，则需使用日期转换函数 TO_DATE 进行转换。

例 8-5　需将一新入职员工信息写入 employees（员工信息表）中，已知该员工信息如下：

员工编号 （employee_id）	姓名 （last_name）	邮箱 （email）	受雇日期 （hire_date）	工作编号 （job_id）
210	Wang	SWANG	2006-9-10	IT_PROG

```
INSERT INTO employees(employee_id,last_name,email,hire_date,job_id)
VALUES (210,'Wang','SWANG','2006-9-10','IT_PROG');
```
该语句虽语法上正确，但执行时将提示错误，如图 8-6 所示。

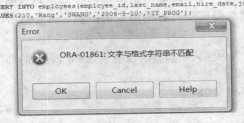

图 8-6　日期型数据插入异常提示

产生错误的原因在于 hire_date 列的对应值"2006-9-10"的日期格式不能识别，解决该问题有两种办法。第一种是将插入的日期值的格式改成 Oracle 可以识别的格式，即"10-9 月-06"；第二种是使用 TO_DATE 函数进行类型转换。语句如下：

```
INSERT INTO employees(employee_id,last_name,email,hire_date,job_id)
VALUES  (210,'Wang','SWANG','10-9月-06','IT_PROG');
```

或

```
INSERT INTO employees(employee_id,last_name,email,hire_date,job_id)
VALUES  (210, 'Wang','SWANG',TO_DATE('2006-9-10','YYYY-MM-DD'),'IT_PROG');
```

注意：建议使用 TO_DATE 函数进行类型转换。

8.1.5　使用 INSERT 语句插入特殊字符

向数据库表中插入数据时，有时将涉及特殊字符的插入，如下列 INSERT 语句：

```
INSERT INTO  test
VALUES ('&TEST&');
```

代码解释：test 表中包括一列，向该列中插入字符串&TEST&，字符串中包含了替换变量&，所以执行该语句时 Oracle 会认为使用了替换变量，要求传入变量值，而不会将字符串&TEST&作为普通字符串插入表中，如图 8-7 所示。在对话框中填写要传入的值"替换变量值"，单击 OK 按钮，字符串"替换变量值&"将被写入到 test 表中，而不是&TEST&字符串，如图 8-8 所示。

图 8-7　替换变量（TEST）值传入对话框

图 8-8　数据插入效果

如果希望将基于 SQL*Plus 环境或 PL/SQL Developer 的命令窗口中的一些类似于&的特殊符号作为普通字符串插入到表中，可使用默认转义符"\"对这些特殊符号进行转义处理。这里以在 PL/SQL Developer 的命令窗口中进行特殊符号的转义操作为例进行介绍。

例 8-6　INSERT 语句中使用"\"符对特殊符号转义。

```
INSERT INTO test
VALUES ('\&TEST\&');
```

在 PL/SQL Developer 的命令窗口执行 INSERT 语句后，字符串&TEST&被插入到表中，如图 8-9 所示。

图 8-9　向表中插入特殊字符串

8.1.6　使用 INSERT 语句复制数据

前面章节介绍的是 INSERT 语句一次只能向表中插入一条记录，但如果希望向一个表中一次插入多条记录，即通常用于从一个已有表中向另一个已有表中复制数据，对此使用 INSERT 语句又该如何实现呢？具体语法结构如下：

INSERT INTO *表名[(列名1[,列名2，…，列名n])] 子查询*；

语法说明：

① INSERT INTO 子句与子查询一起使用时，不包括 VALUES 子句。原需 VALUES 子句中提供的插入值将从子查询的结果中获得。

② INSERT INTO 子句中表名后的列名列表可以省略，省略时默认向表中所有的列插入值，即子查询的查询列表中的列值必须与需插入值的表中的列或者表名后指定的列名一一对应。

例 8-7　设定如下场景，数据库中有新建表 hemployees（历史员工信息表 ）及 employees（员工信息表）中，人事管理人员需定期将受雇日期在某一特定日期之前的员工的信息复制到历史员工信息表中，这就需要向历史员工信息表中执行数据批量插入的操作。

创建空的 hemployees 表：

```
CREATE TABLE hemployees
AS SELECT * FROM employees WHERE employee_id IS NULL;
```

将受雇日期在 1995-1-1 之前的员工信息复制到 hemployees 表中：

```
INSERT INTO hemployees
SELECT * FROM employees
WHERE hire_date<TO_DATE('1995-1-1','YYYY-MM-DD');
```

查询 hemployees 表得到所有员工的受雇日期均在 1995-1-1 之前。结果如图 8-10 所示。

	EM	FIRST_N/	LAST_N/	EMAIL	PHONE_NI	HIRE_D.	JOB_ID	SALARY	CO	MAI	DE
1	100	Steven	King	SKING	515.123.456	1987/6/1	AD_PRES	24000.00			90
2	101	Neena	Kochhar	NKOCHHAR	515.123.456	1989/9/2	AD_VP	17000.00		100	90
3	102	Lex	De Haan	LDEHAAN	515.123.456	1993/1/1	AD_VP	17000.00		100	90
4	103	Alexander	Hunold	AHUNOLD	590.423.456	1990/1/3	IT_PROG	9000.00		102	60
5	104	Bruce	Ernst	BERNST	590.423.456	1991/5/2	IT_PROG	6000.00		103	60
6	108	Nancy	Greenber	NGREENBE	515.124.456	1994/8/1	FI_MGR	12000.00		101	100
7	109	Daniel	Faviet	DFAVIET	515.124.41€	1994/8/1	FI_ACCOUNT	9000.00		108	100
8	200	Jennifer	Whalen	JWHALEN	515.123.444	1987/9/1	AD_ASST	4400.00		101	10
9	205	Shelley	Higgins	SHIGGINS	515.123.808	1994/6/7	AC_MGR	12000.00		101	110
10	206	William	Gietz	WGIETZ	515.123.81€	1994/6/7	AC_ACCOUNT	8300.00		205	110

图 8-10　受雇日期在 1995-1-1 之前的员工信息已插入到 hemployees 表中

8.1.7　使用 INSERT 语句向多表插入数据

使用 INSERT 语句除了能够完成单表数据的插入和复制功能外，还可以实现向多个表中插入数据。多表 INSERT 语句可以在某特定条件下，将某表中符合某条件的数据插入到多个表中，使用该语句将具有更高的效率，可避免使用多个 DML 语句，仅通过一个 DML 来完成 IF…THEN 的逻辑处理。多表插入的类型包括无条件的 INSERT ALL、有条件 INSERT ALL 和有条件的 INSERT FIRST。具体语法结构如下：

① 无条件 INSERT ALL：

```
INSERT ALL    INTO 表1
              [INTO 表2
              …
              INTO  表n] 子查询;
```

② 有条件 INSERT ALL：

```
INSERT ALL [WHEN 条件1 THEN INTO 表1 [VALUES(列名列表1)]
            WHEN 条件2 THEN INTO 表2 [VALUES(列名列表2)]
            …
            WHEN 条件n THEN INTO 表n [VALUES(列名列表n)] ]
            [ELSE INTO 表n+1] 子查询;
```

③ 有条件 INSERT FIRST

```
INSERT FIRST [WHEN 条件1 THEN INTO 表1 [VALUES(列名列表1)]
             WHEN 条件2 THEN INTO 表2 [VALUES(列名列表2)]
             …
             WHEN 条件n THEN INTO 表n [VALUES(列名列表n)] ]
             [ELSE INTO 表n+1] 子查询;
```

语法说明：

① 方括号中内容为可省略项。

② 无条件的 INSERT ALL，是将子查询所返回的结果集无条件的复制到多个表，即表 1～表 n。对于每个子查询返回的行，Oracle 服务器都将执行 INTO 子句一次。

③ 有条件的 INSERT ALL，是将子查询所返回的结果集根据指定的 WHEN 子句条件，分别将满足条件的记录插入到与 WHEN 子句对应的 THEN 子句后的表中。一个 INSERT 多表插入语句可以包含最多 127 个 WHEN 子句。

④ 有条件的 FIRST INSERT，是将子查询所返回的结果集根据所满足的首个条件插入到相应的表中。如果第一个 WHEN 子句的值为 true，则对其行执行相应的 INTO 子句，并且跳过后面的 WHEN 子句，后面的 WHEN 子句都不再判断已满足了第一个 WHEN 子句的记录，那么该行数据在后续的插入操作中将不会再被使用。

例 8-8 设有如下场景，人事管理人员需要将 employees（员工信息表）中 10 和 50 号部门的员工编号和联系方式信息（email、phone_number）写入到 contact_history 表中，同时还要将两部门的员工编号和工资写入到 salary_history 表。对此可使用无条件 INSERT ALL 的多表插入操作来实现该需求。

创建空的 contact_history 表：

```
CREATE TABLE contact_history
AS SELECT employee_id,email,phone_number
FROM employees WHERE employee_id IS NULL;
```

创建空的 salary_history 表：

```
CREATE TABLE salary_history
AS SELECT employee_id,salary
FROM employees WHERE employee_id IS NULL;
```

使用无条件 INSERT ALL 实现多表插入。

```
INSERT ALL
INTO contact_history VALUES(employee_id,email,phone_number)
INTO salary_history VALUES(employee_id,salary)
SELECT * FROM employees WHERE department_id in(10,50);
```

通过查询检验被插入表 contact_history 和 salary_history 中的数据，查询结果如图 8-11 所示。

```
SELECT * FROM contact_history;
```

```
SELECT * FROM salary_history;
```

	EMPLOYEE_ID	EMAIL	PHONE_NUMBER	
1	200	JWHALEN	515.123.4444	...
2	124	KMOURGOS	650.123.5234	...
3	141	TRAJS	650.121.8009	...
4	142	CDAVIES	650.121.2994	...
5	143	RMATOS	650.121.2874	...
6	144	PVARGAS	650.121.2004	...

	EMPLOYEE_ID	SALARY
1	200	4400.00
2	124	5800.00
3	141	3500.00
4	142	3100.00
5	143	2600.00
6	144	2500.00

图 8-11 使用无条件 INSERT ALL 插入效果

例 8-9 实际应用中，常常需要根据某些条件进行数据的多表插入操作，对此可使用有条件 INSERT ALL 来实现。设有如下场景，人事管理人员需要将 employees（员工信息表）中是管理者的员工编号和联系方式信息（email、phone_number）写入到 contact_history 表中，同时还要将工资高于 10 000 的员工编号和工资写入到 salary_history 表，对于以上条件都不满足的数据写入到 other_history 表中。

创建空的 other_history 表：

```
CREATE TABLE other_history
AS SELECT * FROM employees WHERE employee_id IS NULL;
```

为更好地看清运行结果，先清空 contact_history 和 salary_history 表数据。

```
DELETE FROM contact_history;
DELETE FROM salary_history;
```

使用有条件 INSERT ALL 实现多表插入。

```
INSERT ALL
WHEN employee_id IN(SELECT DISTINCT manager_id FROM employees ) THEN
INTO contact_history VALUES(employee_id,email,phone_number)
WHEN salary>10000 THEN
INTO salary_history VALUES(employee_id,salary)
ELSE INTO other_history
SELECT * FROM employees;
```

通过查询检验被插入表 contact_history、salary_history 和 other_history 中的数据，查询结果如图 8-12 所示。

	EMPLOYEE_ID	EMAIL	PHONE_NUMBER	
1	100	SKING	515.123.4567	...
2	101	NKOCHHAR	515.123.4568	...
3	102	LDEHAAN	515.123.4569	...
4	103	AHUNOLD	590.423.4567	...
5	108	NGREENBE	515.124.4569	...
6	124	KMOURGOS	650.123.5234	...
7	149	EZLOTKEY	011.44.1344.429018	...
8	201	MHARTSTE	515.123.5555	...
9	205	SHIGGINS	515.123.8080	...

	EMPLOYEE_ID	SALARY
1	100	24000.00
2	101	17000.00
3	102	17000.00
4	108	12000.00
5	149	10500.00
6	174	11000.00
7	201	13000.00
8	205	12000.00

	EMP	FIRST_N	LAST_N	EMAIL	PHONE_NUMBER	HIRE_DATE	JOB_ID	SALARY	CC	MA	DEF
1	104	Bruce	Ernst	BERNST	590.423.4568	1991/5/21	IT_PROG	6000.00		103	60
2	107	Diana	Lorentz	DLORENTZ	590.423.5567	1999/2/7	IT_PROG	4200.00		103	60
3	109	Daniel	Faviet	DFAVIET	515.124.4169	1994/8/16	FI_ACCOUNT	9000.00		108	100
4	110	John	Chen	JCHEN	515.124.4269	1997/9/28	FI_ACCOUNT	8200.00		108	100
5	111	Ismael	Sciarra	ISCIARRA	515.124.4369	1997/9/30	FI_ACCOUNT	7700.00		108	100
6	112	Jose Man	Urman	JMURMAN	515.124.4469	1998/3/7	FI_ACCOUNT	7800.00		108	100
7	113	Luis	Popp	LPOPP	515.124.4567	1999/12/7	FI_ACCOUNT	6900.00		108	100
8	141	Trenna	Rajs	TRAJS	650.121.8009	1995/10/17	ST_CLERK	3500.00		124	50
9	142	Curtis	Davies	CDAVIES	650.121.2994	1997/1/29	ST_CLERK	3100.00		124	50
10	143	Randall	Matos	RMATOS	650.121.2874	1998/3/15	ST_CLERK	2600.00		124	50
11	144	Peter	Vargas	PVARGAS	650.121.2004	1998/7/9	ST_CLERK	2500.00		124	50
12	176	Jonathon	Taylor	JTAYLOR	011.44.1644.429265	1998/3/24	SA_REP	8600.00	0.20	149	80
13	178	Kimberely	Grant	KGRANT	011.44.1644.429263	1999/5/24	SA_REP	7000.00	0.15	149	
14	200	Jennifer	Whalen	JWHALEN	515.123.4444	1987/9/17	AD_ASST	4400.00		101	10
15	202	Pat	Fay	PFAY	603.123.6666	1997/8/17	MK_REP	6000.00		201	20
16	206	William	Gietz	WGIETZ	515.123.8181	1994/6/7	AC_ACCOUNT	8300.00		205	110

图 8-12 使用有条件 INSERT ALL 插入效果

```
SELECT * FROM contact_history;
SELECT * FROM salary_history;
SELECT * FROM other_histroy;
```

当使用 INSERT ALL 执行多表插入时，针对于 SELECT 子查询所返回的每行数据，对每个 WHEN 条件都要进行判断，当满足条件时则执行相应的 INTO 子句。而使用 INSERT FIRST 进行多表插入操作时，则是对与 SELECT 查询所返回的数据判断是否满足第一个 WHEN 子句的条件，如果满足，则执行相应的 INTO 子句，而随后的 WHEN 子句将跳过该行数据，不再进行判断及插入操作。

例 8-10 设有如下场景，人事管理人员需要将 employees（员工信息表）中是管理者的员工编号和联系方式信息（email、phone_number）写入到 contact_history 表中，同时还要将工资高于 10 000 的员工编号和工资写入到 salary_history 表，对于以上条件都不满足的数据写入到 other_history 表中，要求同一编号员工记录只能写入某一个表中，不允许重复写入。此需求可使用 INSERT FIRST 实现。

为看清运行结果，先清空 contact_history、salary_history、other_history 表数据。

```
DELETE  FROM contact_history;
DELETE  FROM salary_history;
DELETE  FROM other_history;
```

使用有条件 INSERT FIRST 实现多表插入。

```
INSERT FIRST
WHEN employee_id IN(SELECT DISTINCT manager_id FROM employees ) THEN
INTO contact_history VALUES(employee_id,email,phone_number)
WHEN salary>10000 THEN
INTO salary_history VALUES(employee_id,salary)
ELSE  INTO  other_history
SELECT * FROM employees;
```

通过查询检验被插入表 contact_history、salary_history 和 other_history 中的数据，查询结果如图 8-13 所示。

```
SELECT * FROM contact_history;
SELECT * FROM salary_history;
SELECT * FROM other_histroy;
```

	EMPLOYEE_ID	EMAIL	PHONE_NUMBER
1	100	SKING	515.123.4567
2	101	NKOCHHAR	515.123.4568
3	102	LDEHAAN	515.123.4569
4	103	AHUNOLD	590.423.4567
5	108	NGREENBE	515.124.4569
6	124	KMOURGOS	650.123.5234
7	149	EZLOTKEY	011.44.1344.429018
8	201	MHARTSTE	515.123.5555
9	205	SHIGGINS	515.123.8080

	EMPLOYEE_ID	SALARY
1	174	11000.00

	EMP	FIRST_NAME	LAST_NAME	EMAIL	PHONE_NUMBER	HIRE_DATE	JOB_ID	SALARY	CO	MAN	DI
1	104	Bruce	Ernst	BERNST	590.423.4568	1991/5/21	IT_PROG	6000.00		103	60
2	107	Diana	Lorentz	DLORENTZ	590.423.5567	1999/2/7	IT_PROG	4200.00		103	60
3	109	Daniel	Faviet	DFAVIET	515.124.4169	1994/8/16	FI_ACCOUNT	9000.00		108	100
4	110	John	Chen	JCHEN	515.124.4269	1997/9/28	FI_ACCOUNT	8200.00		108	100
5	111	Ismael	Sciarra	ISCIARRA	515.124.4369	1997/9/30	FI_ACCOUNT	7700.00		108	100
6	112	Jose Manuel	Urman	JMURMAN	515.124.4469	1998/3/7	FI_ACCOUNT	7800.00		108	100
7	113	Luis	Popp	LPOPP	515.124.4567	1999/12/7	FI_ACCOUNT	6900.00		108	100
8	141	Trenna	Rajs	TRAJS	650.121.8009	1995/10/17	ST_CLERK	3500.00		124	50
9	142	Curtis	Davies	CDAVIES	650.121.2994	1997/1/29	ST_CLERK	3100.00		124	50
10	143	Randall	Matos	RMATOS	650.121.2874	1998/3/15	ST_CLERK	2600.00		124	50
11	144	Peter	Vargas	PVARGAS	650.121.2004	1998/7/9	ST_CLERK	2500.00		124	50
12	176	Jonathon	Taylor	JTAYLOR	011.44.1644.429265	1998/3/24	SA_REP	8600.00	0.20	149	80
13	178	Kimberely	Grant	KGRANT	011.44.1644.429263	1999/5/24	SA_REP	7000.00	0.15	149	
14	200	Jennifer	Whalen	JWHALEN	515.123.4444	1987/9/17	AD_ASST	4400.00		101	10
15	202	Pat	Fay	PFAY	603.123.6666	1997/8/17	MK_REP	6000.00		201	20
16	206	William	Gietz	WGIETZ	515.123.8181	1994/6/7	AC_ACCOUNT	8300.00		205	110

图 8-13　使用有条件 INSERT FIRST 插入效果

8.2 修 改 数 据

上一节中讲到了如何将数据插入到数据库表中，但在实际应用中，除了需要把数据写到数据库中外，很多时候需要对这些已经写入的数据进行修改。例如，当员工的工资或从事的工作发生了改变的时候，就必须随之更改数据库表中相应的信息，这就需要使用数据库的修改命令 UPDATE。

UPDATE 命令的功能是对表中的已有数据进行修改，而并非对表结构进行修改，两者区别需要区分开。

8.2.1 UPDATE 语法结构

UPDATE 表名 SET 列名=表达式[, 列名=表达式，···]
[WHERE 条件表达式]；

语法说明：

① 方括号中内容为可省略项。

② UPDATE 子句中表名表示需要修改数据的表。

③ SET 子句指定了需修改的列及需更改的新值。可以同时修改多列，修改多列时，使用逗号将列分开。

④ WHERE 子句省略时，表示将表中需修改列对应的所有记录值全部修改为新值。WHERE 子句不省略时，只修改满足条件的记录值。

⑤ SET 子句与 WHERE 子句的表达式中可使用单行函数及子查询。

⑥ SET 子句中可使用 DEFAULT 选项更新数据，此时如果待更新列存在默认值，则会使用默认值更新数据，如果不存在默认值，则使用 NULL。

⑦ 对表中定义了约束的某些列，对其修改时也将受到约束限制。

8.2.2 UPDATE 简单修改

例 8-11 设有如下场景，公司效益大幅上涨，公司负责人决定将 employees 表中所有员工的工资（salary）上涨 20%。

UPDATE employees SET salary=salary*(1+0.2)；

代码解释：该语句没有使用 WHERE 子句，原因在于要修改的是表中 salary 列的所有记录值。

例 8-11 执行前表中数据如图 8-14 所示。

	EM	FIRST_NA	LAST_NA	EMAIL	PHONE_NUM	HIRE_DAT	JOB_ID	SALARY	COI	MA	DE
1	100	Steven	King	SKING	515.123.4567	1987/6/17	AD_PRES	24000.00			90
2	101	Neena	Kochhar	NKOCHHAR	515.123.4568	1989/9/21	AD_VP	17000.00		100	90
3	102	Lex	De Haan	LDEHAAN	515.123.4569	1993/1/13	AD_VP	17000.00		100	90
4	103	Alexander	Hunold	AHUNOLD	590.423.4567	1990/1/3	IT_PROG	9000.00		102	60
5	104	Bruce	Ernst	BERNST	590.423.4568	1991/5/21	IT_PROG	6000.00		103	60
6	107	Diana	Lorentz	DLORENTZ	590.423.5567	1999/2/7	IT_PROG	4200.00		103	60
7	108	Nancy	Greenberg	NGREENBE	515.124.4569	1994/8/17	FI_MGR	12000.00		101	100
8	109	Daniel	Faviet	DFAVIET	515.124.4169	1994/8/16	FI_ACCOU	9000.00		108	100
9	110	John	Chen	JCHEN	515.124.4269	1997/9/28	FI_ACCOU	8200.00		108	100
10	111	Ismael	Sciarra	ISCIARRA	515.124.4369	1997/9/30	FI_ACCOU	7700.00		108	100
11	112	Jose Manu	Urman	JMURMAN	515.124.4469	1998/3/7	FI_ACCOU	7800.00		108	100
12	113	Luis	Popp	LPOPP	515.124.4567	1999/12/7	FI_ACCOU	6900.00		108	100
13	124	Kevin	Mourgos	KMOURGOS	650.123.5234	1999/11/16	ST_MAN	5800.00		100	50
14	141	Trenna	Rajs	TRAJS	650.121.8009	1995/10/17	ST_CLERI	3500.00		124	50
15	142	Curtis	Davies	CDAVIES	650.121.2994	1997/1/29	ST_CLERI	3100.00		124	50
16	143	Randall	Matos	RMATOS	650.121.2874	1998/3/15	ST_CLERI	2600.00		124	50
17	144	Peter	Vargas	PVARGAS	650.121.2004	1998/7/9	ST_CLERI	2500.00		124	50
18	149	Eleni	Zlotkey	EZLOTKEY	011.44.1344.42	2000/1/29	SA_MAN	10500.00	0.20	100	80
19	174	Ellen	Abel	EABEL	011.44.1644.42	1996/5/11	SA_REP	11000.00	0.30	149	80
20	176	Jonathon	Taylor	JTAYLOR	011.44.1644.42	1998/3/24	SA_REP	8600.00	0.20	149	80
21	178	Kimberely	Grant	KGRANT	011.44.1644.42	1999/5/24	SA_REP	7000.00	0.15	149	
22	200	Jennifer	Whalen	JWHALEN	515.123.4444	1987/9/17	AD_ASST	4400.00		101	10
23	201	Michael	Hartstein	MHARTSTE	515.123.5555	1996/2/17	MK_MAN	13000.00		100	20
24	201	Pat	Fay	PFAY	603.123.6666	1997/8/17	MK_REP	6000.00		201	20
25	202	Shelley	Higgins	SHIGGINS	515.123.8080	1994/6/7	AC_MGR	12000.00		101	110
26	205	William	Gietz	WGIETZ	515.123.8181	1994/6/7	AC_ACCO	8300.00		205	110

图 8-14 修改前工资

例 8-11 执行后表中数据如图 8-15 所示。

	EM	FIRST_NA	LAST_NA	EMAIL	PHONE_NUM	HIRE_DAT	JOB_ID	SALARY	COI	MA	DE
1	100	Steven	King	SKING	515.123.4567	1987/6/17	AD_PRES	28800.00			90
2	101	Neena	Kochhar	NKOCHHAR	515.123.4568	1989/9/21	AD_VP	20400.00		100	90
3	102	Lex	De Haan	LDEHAAN	515.123.4569	1993/1/13	AD_VP	20400.00		100	90
4	103	Alexander	Hunold	AHUNOLD	590.423.4567	1990/1/3	IT_PROG	10800.00		102	60
5	104	Bruce	Ernst	BERNST	590.423.4568	1991/5/21	IT_PROG	7200.00		103	60
6	107	Diana	Lorentz	DLORENTZ	590.423.5567	1999/2/7	IT_PROG	5040.00		103	60
7	108	Nancy	Greenberg	NGREENBE	515.124.4569	1994/8/17	FI_MGR	14400.00		101	100
8	109	Daniel	Faviet	DFAVIET	515.124.4169	1994/8/16	FI_ACCOU	10800.00		108	100
9	110	John	Chen	JCHEN	515.124.4269	1997/9/28	FI_ACCOU	9840.00		108	100
10	111	Ismael	Sciarra	ISCIARRA	515.124.4369	1997/9/30	FI_ACCOU	9240.00		108	100
11	112	Jose Manu	Urman	JMURMAN	515.124.4469	1998/3/7	FI_ACCOU	9360.00		108	100
12	113	Luis	Popp	LPOPP	515.124.4567	1999/12/7	FI_ACCOU	8280.00		108	100
13	124	Kevin	Mourgos	KMOURGOS	650.123.5234	1999/11/16	ST_MAN	6960.00		100	50
14	141	Trenna	Rajs	TRAJS	650.121.8009	1995/10/17	ST_CLERI	4200.00		124	50
15	142	Curtis	Davies	CDAVIES	650.121.2994	1997/1/29	ST_CLERI	3720.00		124	50
16	143	Randall	Matos	RMATOS	650.121.2874	1998/3/15	ST_CLERI	3120.00		124	50
17	144	Peter	Vargas	PVARGAS	650.121.2004	1998/7/9	ST_CLERI	3000.00		124	50
18	149	Eleni	Zlotkey	EZLOTKEY	011.44.1344.42	2000/1/29	SA_MAN	12600.00	0.20	100	80
19	174	Ellen	Abel	EABEL	011.44.1644.42	1996/5/11	SA_REP	13200.00	0.30	149	80
20	176	Jonathon	Taylor	JTAYLOR	011.44.1644.42	1998/3/24	SA_REP	10320.00	0.20	149	80
21	178	Kimberely	Grant	KGRANT	011.44.1644.42	1999/5/24	SA_REP	8400.00	0.15	149	
22	200	Jennifer	Whalen	JWHALEN	515.123.4444	1987/9/17	AD_ASST	5280.00		101	10
23	201	Michael	Hartstein	MHARTSTE	515.123.5555	1996/2/17	MK_MAN	15600.00		100	20
24	202	Pat	Fay	PFAY	603.123.6666	1997/8/17	MK_REP	7200.00		201	20
25	205	Shelley	Higgins	SHIGGINS	515.123.8080	1994/6/7	AC_MGR	14400.00		101	110
26	206	William	Gietz	WGIETZ	515.123.8181	1994/6/7	AC_ACCO	9960.00		205	110

图 8-15 修改后工资

例 8-12 设有如下场景，公司效益大幅上涨，其中 60 号部门员工起到了积极的作用，公司负责人决定将 60 号部门的员工资上调 200，并且将该部门员工管理者（manager_id）修改为 103号。语句如下：

```
UPDATE employees
SET salary=salary+200,manager_id=103
WHERE department_id=60;
```

代码解释：该语句中的 WHERE 子句不能省略，否则将出现未按照预期计划进行的错误修改。

例 8-12 执行前 60 号部门员工工资如图 8-16 所示。

	EM	FIRST_NA	LAST_N	EMAIL	PHONE_NUM	HIRE_DATE	JOB_ID	SALAF	CO	MA	DE
1	103	Alexander	Hunold	AHUNOLD	590.423.4567	1990/1/3	IT_PROG	9000.00		102	60
2	104	Bruce	Ernst	BERNST	590.423.4568	1991/5/21	IT_PROG	6000.00		103	60
3	107	Diana	Lorentz	DLORENTZ	590.423.5567	1999/2/7	IT_PROG	4200.00		103	60

图 8-16 60 号部门修改前工资

例 8-12 执行后 60 号部门员工工资如图 8-17 所示。

	EMPI	FIRST_N	LAST_NAME	EMAIL	PHONE_NU	HIRE_D/	JOB_ID	SALARY	C	MA	DE
1	103	Alexande	Hunold	AHUNOLD	590.423.4567	1990/1/3	IT_PROG	9200.00		103	60
2	104	Bruce	Ernst	BERNST	590.423.4568	1991/5/21	IT_PROG	6200.00		103	60
3	107	Diana	Lorentz	DLORENTZ	590.423.5567	1999/2/7	IT_PROG	4400.00		103	60

图 8-17 60 号部门修改后工资

8.2.3 UPDATE 嵌入子查询修改

在对已有数据修改时经常还会涉及一些复杂修改，这时可通过在 UPDATE 语句中嵌入子查询的方式实现。

例 8-13 设有如下场景，根据公司发展需要，需将 employees 中所有与 110 号员工从事相同工作的员工的工资修改为在公司总平均工资的基础上加 500，并编入到 10 号部门，其中不包括 110号员工。

```
UPDATE employees
SET department_id=10,
    salary=500+(SELECT AVG(salary) FROM employees)
```

```
WHERE job_id=(SELECT job_id FROM employees WHERE employee_id=110)
AND employee_id<>110;
```

代码解释：该语句是一个复杂的修改语句，涉及具有复杂限定条件的多列修改，以及子查询在 UPDADE 语句中的应用。

注意：除例 8-13 中基于表自身实现嵌入子查询的方式实现修改操作外，也可以在子查询中基于其他表实现修改操作。

例 8-13 执行前与 110 号员工从事相同工作的员工数据如图 8-18 所示。

	EMPI	FIRST_N	LAST_NAME	EMAIL	PHONE_NU	HIRE_DA	JOB_ID	SALARY	C	MA	DE
1	109	Daniel	Faviet	DFAVIET	515.124.4169	1994/8/16	FI_ACCOU	9000.00		108	100
2	110	John	Chen	JCHEN	515.124.4269	1997/9/28	FI_ACCOU	8200.00		108	100
3	111	Ismael	Sciarra	ISCIARRA	515.124.4369	1997/9/30	FI_ACCOU	7700.00		108	100
4	112	Jose Mar	Urman	JMURMAN	515.124.4469	1998/3/7	FI_ACCOU	7800.00		108	100
5	113	Luis	Popp	LPOPP	515.124.4567	1999/12/7	FI_ACCOU	6900.00		108	100

图 8-18   与 110 号员工从事相同工作的员工修改前工资及部门

例 8-13 执行后与 110 号员工从事相同工作的员工数据如图 8-19 所示。

	EM	FIRST_NAME	LAST_NAME	EMAIL	PHONE_NUMBER	HIRE_DATE	JOB_ID	SALARY	CC	M/	DEl
1	109	Daniel	Faviet	DFAVIET	515.124.4169	1994/8/16	FI_ACCOUNT	9234.62		108	10
2	110	John	Chen	JCHEN	515.124.4269	1997/9/28	FI_ACCOUNT	8200.00		108	100
3	111	Ismael	Sciarra	ISCIARRA	515.124.4369	1997/9/30	FI_ACCOUNT	9234.62		108	10
4	112	Jose Manuel	Urman	JMURMAN	515.124.4469	1998/3/7	FI_ACCOUNT	9234.62		108	10
5	113	Luis	Popp	LPOPP	515.124.4567	1999/12/7	FI_ACCOUNT	9234.62		108	10

图 8-19   与 110 号员工从事相同工作的员工修改后工资及部门

8.3   删 除 数 据

在数据库的应用过程中，当表中已经存在的数据失去应用价值时，为了方便管理，节省空间，经常需要清除这些数据，这就要用到 SQL 中的 DELETE 语句。与前面讲过的 INSERT 语句及 UPDATE 语句相比，DELETE 语句简单了很多。

8.3.1   DELETE 语法结构

```
DELETE [FROM] 表名
[WHERE 条件表达式];
```

语法说明：

① 方括号中内容为可省略项。

② DELETE 语句以行为单位执行删除，因此不允许指定任何列的名称。

③ FROM 的使用可加强句子的完整性及可读性，不具有实际意义。

④ WHERE 子句用来确定删除数据的范围，可以使用子查询。如果省略 WHERE 子句，将默认删除表中所有数据。

⑤ 对表中数据执行删除时，是否能够成功将受外键约束。

注意：在使用 DELETE 语句执行删除操作时一定要小心，避免误操作导致数据丢失。

8.3.2   DELETE 删除数据

例 8-14   设有如下场景，公司因发展需要，计划取消 210 号部门。为此，管理人员需将 210 号部门的信息从 departments 表中删除。

```
DELETE FROM departments
WHERE department_id=210;
```

代码解释：该语句中 FROM 子句可以省略，WHERE 子句一定不可以省略，否则将会删除表中所有数据。

例 8-14 执行删除操作前的部门数据如图 8-20 所示。

	DEPARTMENT_ID	DEPARTMENT_NAME		MANAGER_ID	LOCATION_ID
▶ 1	10	Administration	...	200	1700
2	20	Marketing	...	201	1800
3	50	Shipping	...	124	1500
4	60	IT	...	103	1400
5	80	Sales	...	149	2500
6	90	Executive	...	100	1700
7	100	Finance	...	108	1700
8	110	Accounting	...	205	1700
9	210	IT Support			1700

图 8-20 departments 表中存在 210 号部门信息

例 8-14 执行删除操作后的部门数据如图 8-21 所示。

	DEPARTMENT_ID	DEPARTMENT_NAME		MANAGER_ID	LOCATION_ID
▶ 1	10	Administration	...	200	1700
2	20	Marketing	...	201	1800
3	50	Shipping	...	124	1500
4	60	IT	...	103	1400
5	80	Sales	...	149	2500
6	90	Executive	...	100	1700
7	100	Finance	...	108	1700
8	110	Accounting	...	205	1700

图 8-21 departments 表中已不存在 210 号部门信息

例 8-15 设有如下场景，公司因发展需要，计划取消部门管理者编号（manager_id）为 205 的部门，相应部门的员工予以解聘，不包括 205 号员工。为此，管理人员需将满足上述条件的部门的员工从 employees 表中删除。

```
DELETE FROM employees
WHERE department_id
IN (SELECT department_id FROM departments WHERE manager_id =205)
AND employee_id<>205;
```

例 8-15 执行删除前员工数据如图 8-22 所示。

	EMPLOYEE_ID	LAST_NAME		SALARY	DEPARTMENT_NAME		MANAGER_ID
▶ 1	100	King	...	24000.00	Executive	...	100
2	101	Kochhar	...	17000.00	Executive	...	100
3	102	De Haan	...	17000.00	Executive	...	100
4	103	Hunold	...	9000.00	IT	...	103
5	104	Ernst	...	6000.00	IT	...	103
6	107	Lorentz	...	4200.00	IT	...	103
7	108	Greenberg	...	12000.00	Finance	...	108
8	109	Faviet	...	9234.62	Administration	...	200
9	110	Chen	...	8200.00	Finance	...	108
10	111	Sciarra	...	9234.62	Administration	...	200
11	112	Urman	...	9234.62	Administration	...	200
12	113	Popp	...	9234.62	Administration	...	200
13	124	Mourgos	...	5800.00	Shipping	...	124
14	141	Rajs	...	3500.00	Shipping	...	124
15	142	Davies	...	3100.00	Shipping	...	124
16	143	Matos	...	2600.00	Shipping	...	124
17	144	Vargas	...	2500.00	Shipping	...	124
18	149	Zlotkey	...	10500.00	Sales	...	149
19	174	Abel	...	11000.00	Sales	...	149
20	176	Taylor	...	8600.00	Sales	...	149
21	200	Whalen	...	4400.00	Administration	...	200
22	201	Hartstein	...	13000.00	Marketing	...	201
23	202	Fay	...	6000.00	Marketing	...	201
24	205	Higgins	...	12000.00	Accounting	...	205
25	206	Gietz	...	8300.00	Accounting	...	205

图 8-22 存在部门管理者编号为 205 的部门及员工

例 8-15 执行删除后员工数据如图 8-23 所示。

	EMPLOYEE_ID	LAST_NAME		SALARY	DEPARTMENT_NAME		MANAGER_ID
1	100	King	...	24000.00	Executive	...	100
2	101	Kochhar	...	17000.00	Executive		100
3	102	De Haan	...	17000.00	Executive		100
4	103	Hunold	...	9000.00	IT		103
5	104	Ernst	...	6000.00	IT		103
6	107	Lorentz	...	4200.00	IT		103
7	108	Greenberg		12000.00	Finance		108
8	109	Faviet		9234.62	Administration		200
9	110	Chen		8200.00	Finance		108
10	111	Sciarra		9234.62	Administration		200
11	112	Urman		9234.62	Administration		200
12	113	Popp		9234.62	Administration		200
13	124	Mourgos		5800.00	Shipping		124
14	141	Rajs		3500.00	Shipping		124
15	142	Davies		3100.00	Shipping		124
16	143	Matos		2600.00	Shipping		124
17	144	Vargas		2500.00	Shipping		124
18	149	Zlotkey		10500.00	Sales		149
19	174	Abel		11000.00	Sales		149
20	176	Taylor		8600.00	Sales		149
21	200	Whalen		4400.00	Administration		200
22	201	Hartstein		13000.00	Marketing		201
23	202	Fay		6000.00	Marketing		201
24	205	Higgins		12000.00	Accounting		205

图 8-23   除了 205 号员工外其他管理者编号为 205 的员工已被删除

注意：DELETE 语句不能删除已被其他表的外键引用了记录值。

例 8-16   根据需要从 employees 表中删除所有记录。

```
DELETE FROM employees;
```

代码解释：employees 表中的 employee_id 列对应值 205 已被 departments 表中 manager_id 列所引用。因此不能被删除，否则将提示错误，如图 8-24 所示。

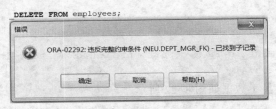

图 8-24   违反外键约束

8.4 合 并 数 据

对于 Oracle9i 以前版本的用户，可能在使用数据库的过程中，经常会为这样的问题而苦恼。就是把一个表（table1）中的数据复制到另一个表（table2）中，在复制的过程中需对 table2 表中没有的数据执行插入，而 table2 表中已经存在的数据进行替换。在 Oracle9i 以前的年代，通常要先查找是否存在与需要复制的数据相同（根据指定条件判断）的数据，如果存在，则用 UPDATE 进行修改，否则用 INSERT 语句进行插入，该过程需要大量的代码，并且执行效率较差。

从 Oracle9i 开始则为解决这种情况提供了 MERGE 语句，该语句可以简单的实现上面的需求。MERGE 命令可以用来把一个表（table1）中的数据合并到另一表（table2）中，根据条件判断，如果 table2 表中已经存在相同条件的记录，则执行 UPDATE 命令修改 table2 表与 table1 表不同的字段值；如果 table2 表中不存在相同条件的记录，则执行 INSERT 命令将 table1 表中的数据插入到 table2 表中。

　　MERGE 语句的出现减少了执行多条 INSERT 和 UPDATE 语句的反复应用。是一个确定性的语句，即不会在同一条 MERGE 语句中去对同一条记录多次操作。降低了在代码编写时因语法错误而带来的风险。减少对表读取操作的次数，从而提高执行效率。

8.4.1　MERGE 语法结构

```
MERGE INTO [schema.] table [t_alias]
USING [schema.] { table | view | subquery } [t_alias]
ON (join condition)
WHEN MATCHED THEN
    UPDATE SET col1=col1_val[,col2=col2_val…]
WHEN NOT MATCHED THEN
    INSERT (column_list)
    VALUES (column_values);
```

语法说明：

① 方括号表示可省略项。

② Schema 表示被操作表所属的方案，t_alias 表示表别名。

③ INTO 子句后是待修改或插入数据的操作目的表。

④ USING 子句后是数据源，即需执行修改或插入操作的数据的来源。通常包括表、视图或子查询。

⑤ ON 子句中圆括号的内容为判断条件，用来判断待修改或插入的数据在目的表中是否存在。写法类似于多表连接时 WHERE 子句中条件语句。

⑥ WHEN MATCHED THEN 子句表示当 ON 子句中条件满足时，即待修改或插入的数据在目的表中已经存在，则执行 UPDATE SET 语句进行修改。

⑦ WHEN NOT MATCHED THEN 子句表示当 ON 子句中条件不满足时，即待修改或插入的数据在目的表中不存在，则执行 INSERT 语句进行插入。

　　注意： UPDATE 语句中 SET 前不需要写表名，INSERT 语句中不需要写 INTO 及表名。

8.4.2　MERGE 语句合并数据

　　例 8-17　根据需求，需将 employees 表中邮箱（email）、电话（phone_number）、薪水（salary）、管理者编号（manager_id）、部门编号（department_id）各列数据合并到 emp 表（emp 已经存在相应结构），从而实现 employees 表中数据的备份。要求如果 employees 中的数据记录在 emp 中已经存在（即员工编号相同），则使用 employees 表中数据修改 emp 表，如果不存在，则插入员工的信息到 emp 表。

　　创建 emp 表，表中对 80 号部门信息进行了备份。

```
CREATE TABLE emp
AS SELECT employee_id,email,phone_number,salary,manager_id,department_id
FROM employees
WHERE department_id=80;
```

80 号部门信息备份后，员工的工资发生了变化，均涨工资 100。

```
UPDATE employees
SET salary=salary+100
WHERE department_id=80;
```

将 employees 表中所有数据备份到 emp 表中。

```
MERGE INTO emp a
USING employees b
ON(a.employee_id=b.employee_id)
WHEN MATCHED THEN
    UPDATE SET
    a.email=b.email,
    a.phone_number=b.phone_number,
    a.salary=b.salary,
    a.manager_id=b.manager_id,
    a.department_id=b.department_id
WHEN NOT MATCHED THEN
    INSERT (employee_id,email,phone_number,salary,manager_id,department_id)
    VALUES(b.employee_id, b.email, b.phone_number, b.salary, b.manager_id,
           b.department_id);
```

合并前 emp 表数据如图 8-25 所示。

	EMPLOYEE_ID	EMAIL	PHONE_NUMBER	SALARY	MANAGER_ID	DEPARTMENT_ID
1	149	EZLOTKEY	011.44.1344.429018	10500.00	100	80
2	174	EABEL	011.44.1644.429267	11000.00	149	80
3	176	JTAYLOR	011.44.1644.429265	8600.00	149	80

图 8-25　合并前 emp 表数据

合并后 emp 表数据如图 8-26 所示。

	EMPLOYEE_ID	EMAIL	PHONE_NUMBER	SALARY	MANAGER_ID	DEPARTMENT_ID
1	149	EZLOTKEY	011.44.1344.429018	10500.00	100	80
2	174	EABEL	011.44.1644.429267	11000.00	149	80
3	176	JTAYLOR	011.44.1644.429265	8600.00	149	80
4	202	PFAY	603.123.6666	6000.00	201	20
5	112	JMURMAN	515.124.4469	9234.62	108	10
6	110	JCHEN	515.124.4269	8200.00	108	100
7	201	MHARTSTE	515.123.5555	13000.00	100	20
8	101	NKOCHHAR	515.123.4568	17000.00	100	90
9	104	BERNST	590.423.4568	6000.00	103	60
10	102	LDEHAAN	515.123.4569	17000.00	100	90
11	107	DLORENTZ	590.423.5567	4200.00	103	60
12	109	DFAVIET	515.124.4169	9234.62	108	10
13	142	CDAVIES	650.121.2994	3100.00	124	50
14	205	SHIGGINS	515.123.8080	12000.00	101	110
15	178	KGRANT	011.44.1644.429263	7000.00	149	
16	144	PVARGAS	650.121.2004	2500.00	124	50
17	143	RMATOS	650.121.2874	2600.00	124	50
18	111	ISCIARRA	515.124.4369	9234.62	108	10
19	141	TRAJS	650.121.8009	3500.00	124	50
20	103	AHUNOLD	590.423.4567	9000.00	102	60
21	200	JWHALEN	515.123.4444	4400.00	101	10
22	113	LPOPP	515.124.4567	9234.62	108	10
23	108	NGREENBE	515.124.4569	12000.00	101	100
24	100	SKING	515.123.4567	24000.00		90
25	206	WGIETZ	515.123.8181	8300.00	205	110
26	124	KMOURGOS	650.123.5234	5800.00	100	50

图 8-26　合并后 emp 表数据

8.5　事务处理

事务（Transaction）在数据库的使用过程中，是一个非常重要的概念。事务也称工作单元，是一个或多个 SQL 语句所组成的序列，这些 SQL 操作作为一个完整的工作单元，要么全部执行，要么全部不执行。通过事务的使用，能够使一系列相关操作关联起来，防止出现数据不一致现象。

例如：储户需要进行一个转账活动，即从 A 账户转账给 B 账户 1 000 元钱，那么这个活动包含两个动作：

第一个动作：A 账户 –1 000

第二个动作：B 账户 +1 000

如果没有事务，能想象到一个不愉快的事很可能会发生，由于系统的不正常。如果第二个操作失败了，而第一个成功了，那么 A 账户上的钱没了，而 B 账户上的钱却没增加。那如何解决这个问题呢？这就需要事务的参与。把两个动作定义在一个事务中，那么两个操作将同时成功或者同时失败，从而保证数据的一致性。

8.5.1　事务概念及特征

在 Oracle 数据库中，事务由以下语句组成：

① 一组相关的 DML 语句，修改的数据在该组语句中保持一致。

② 一个 DDL 语句或 DCL 语句。

事务的特征可用四个字母的缩写表示：即 ACID。

① 原子性（Atomicity）。事务由一个或多个组合在一起的动作组成，就像一个独立的工作单元。原子性保证要么所有的操作都成功，要不全都失败。如果所有的动作都成功了，我们就说这个事务成功了，不然就是失败的，然后回滚。

② 一致性（Consistency）。一旦一个事务完成了（不管是成功的，还是失败的），整个系统处于操作规则的统一状态，也就是说，数据不会损坏。

③ 隔离性（Isolation）。事务的隔离性是指数据库中一个事务的执行不能被其他事务干扰。事务应该允许多个用户去同时操作一个数据，但是一个用户的操作不应该影响另一个用户的操作。所以，事务应该隔离起来，目的是防止同时的读和写操作。这就需要事务与锁同时使用，锁的概念将在后面的小节中进行介绍。

④ 持久性（Durability）。事务的持久性也称为永久性（Permanence），指事务一旦提交，则其对数据库中数据的改变就是永久的。通常，我们把事务的结果存在数据库中，或是别的持久性存储设备中。

现在，再来看看银行转账的例子，如果使用了事务操作，那么不论是哪一个步骤出现失败，整个转账过程都会终止，同时针对那些已经成功的操作步骤还要进行回滚撤销，最终结果就是要么转账成功，要么转账失败，这正是由事务的原子性所决定的。事务的原子性又保证了事务的一致性，正是原子性使得数据在数据库中不会处于不一致的状态。另外，事务的隔离性也能保证事务的一致性。最后，转账结果也是持久的。转账操作结束后，不论成功或失败，最终的结果都会被提交到一个持久设备中，保证了转账结果的持久性。从而，当系统崩溃或是灾难发生时，就不需要担心事务的结果会丢失。

8.5.2　事务控制

在 Oracle 数据库中，事务控制的命令主要有以下三个：

① 事务提交：COMMIT。

② 事务回滚：ROLLBACK。

③ 设立保存点：SAVEPOINT（作为辅助命令使用）。

事务开始于上一个事务结束后执行的第一个 SQL 语句，事务结束于下面的任一种情况的发生：

① 执行了 COMMIT 或者 ROLLBACK 命令。

② 隐式提交（单个的 DDL 或 DCL 语句）或自动提交。

③ 用户退出。

④ 系统崩溃。

事务提交（COMMIT）命令用于提交自上次提交以后对数据库中数据所作的修改。

在 Oracle 数据库中，为了维护数据的一致性，系统设置了一个内存工作区。对表中数据所作的增、删、改操作都在工作区中进行，在执行提交命令之前，数据库中的数据（永久存储介质上的数据）并没有发生任何改变，用户本人可以通过查询命令查看对数据库操作的结果，但是网络上的其他用户并不能看到对数据库所作的改动。要想其他用户都能看到数据修改，则需要执行提交命令使数据的改变永久化。事务一旦被提交，就不能再使用事务回滚命令进行回滚了。

事务回滚（ROLLBACK）命令用于尚未对修改数据进行提交的时候，可以将数据库回滚到上次提交后的状态。也就是放弃事务中所有数据的改变，整个数据回到事务最开始的地方。

ROLLBACK 命令将回滚整个事务，但如果事务很长，那么需要回滚的数据量就会比较大。另外，对于一个大事务，当执行到后面部分时才出现错误，如果全部回滚，则带来的重复工作量会很大，所以可以使用保存点命令（SAVEPOINT）将整个事务划分为若干部分，这样就可以回滚部分事务了。

设置保存点语法：

```
SAVEPOINT 保存点名称;          --定义保存点
ROLLBACK TO 保存点名称;        --回滚到已定义保存点
```

语法说明：

① SAVEPOINT 命令只能用来进行回滚操作，不能进行提交，即不存在将事务提交到某个保存点的操作。

② 当执行 ROLLBACK TO 命令回滚到某个已定义保存点时，当前事务并未结束。只有当导致事务结束的情况发生时，当前事务才结束。

事务的控制分为两种方式：显式控制及隐式控制。使用 COMMIT 和 ROLLBACK 命令是对事务进行显式控制。在有些情况下，事务被隐式控制，事务隐式控制可分为隐式提交和隐式回滚。

在下列情况下，事务被隐式提交。

① 执行一个 DDL 语句。

② 执行一个 DCL 语句。

③ 从 SQL*Plus 正常退出（即使用 EXIT 或 QUIT 命令退出）。

在下列情况时，事务被隐式回滚。

① 从 SQL*Plus 中强行退出。

② 客户端连接到服务器端异常中断。

③ 系统崩溃。

Oracle 的 SQL*Plus 还提供了一种对事务自动提交的方式，即设置事务相关环境变量——AUTOCOMMIT，如果把该变量状态设置为 ON，那么在 SQL*Plus 中所有的修改将会立即生效，提交修改到数据库中。该变量默认状态值为 OFF。

设置格式：`SET AUTOCOMMIT [ON|OFF];`

例 8-18 基于 SQL*Plus 环境事务自动提交的应用示例，如图 8-27 所示。

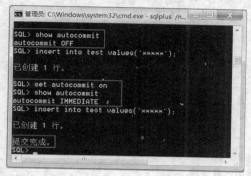

图 8-27 SQL*Plus

例 8-19 事务控制命令 ROLLBACK、SAVEPOINT、COMMIT 的应用，以对 test 表进行事务操作为例。

首先查看 test 表中已有数据，如图 8-28 所示。

		NAME	
▶	1	替换变量值&	…
	2	\\&	…
	3	*****	…
	4	*****	…
	5	&TEST&	…

图 8-28 test 表中已有数据

事务回滚命令 ROLLBACK，可对 DML 语句的运行结果进行回滚。

```
DELETE FROM test ;
ROLLBACK;    --撤销 DELETE 操作，对数据进行回滚。
```

执行后 test 表数据如图 8-29 所示。

		NAME	
▶	1	替换变量值&	…
	2	\\&	…
	3	*****	…
	4	*****	…
	5	&TEST&	…

图 8-29 DELETE 语句被回滚，test 表中数据没有被删除

使用事务保存点设置命令 SAVEPOINT 与 ROLLBACK 命令进行配合应用，可使在事务操作过程中使事务回滚到某个已设置的保存点，使事务操作更加灵活方便。

```
INSERT INTO test VALUES('A');
```

```
SAVEPOINT insert_a;      --定义 insert_a 保存点
INSERT INTO test VALUES('B');
SAVEPOINT insert_b;      --定义 insert_b 保存点
INSERT INTO test VALUES('C');
ROLLBACK TO insert_b;  --撤销操作到 insert_b 保存点
```

执行后结果如图 8-30 所示。

图 8-30　值 C 插入被撤销

```
DELETE FROM test WHERE test_str = 'A';
COMMIT;    --将所有修改写入数据库
```

执行后结果如图 8-31 所示。

图 8-31　值 A 被删除，所有修改永久写入数据库

```
ROLLBACK;  --所有操作已经 COMMIT 提交，不能回滚。
```

执行后结果如图 8-32 所示。

图 8-32　没有回滚任何操作

8.5.3　读一致性

读一致性保证了不同会话在同一时间查看数据时，数据一致。当一个会话正在修改数据时，其他的会话将看不到该会话未提交的修改；但当前会话可以看到自己未提交的修改。当前会话的修改被提交以后其他的用户才可以看到修改结果。

Oracle 在两个不同级别上提供读一致性：语句级读一致性和事务级一致性。上面提到的就是事务级一致性。Oracle 对于单独的查询语句实施语句级读一致性，保证单个查询所返回的数据与该查询开始时刻相一致。所以一个查询从不会看到在查询执行过程中提交的其他事务所作的任何修改。

例 8-20 读一致性示例。

打开一个会话 Session1，执行下列语句：

```
UPDATE employees
SET salary=salary+100
WHERE employee_id=200;
```

注意：事务没有结束，修改结果未进行提交或回滚，其他任何会话都不能看到修改结果，只有当前会话 Session1 可以看到。

在会话 Session1 中查询修改结果：

```
SELECT employee_id,salary,department_id
FROM employees
WHERE employee_id=200;
```

会话 Session1 中，执行修改前数据如图 8-33 所示。

	EMPLOYEE_ID	SALARY	DEPARTMENT_ID
▶1	200	4400.00	10

图 8-33 修改前 ID 为 200 的员工工资为 4 400

会话 Session1 中，执行修改后数据如图 8-34 所示。

	EMPLOYEE_ID	SALARY	DEPARTMENT_ID
▶1	200	4500.00	10

图 8-34 修改后 ID 为 200 的部门员工工资 4 500

再打开一个会话 Session2，同样使用 Session1 使用的查询语句查询修改结果：

```
SELECT employee_id,salary,department_id
FROM employees
WHERE employee_id=200;
```

会话 Session2 中，查询得到结果与图 8-33 相同，即 Session2 中不能够看到 Session1 中未提交事务的操作结果。直到会话 Session1 中的修改操作被提交或者回滚后才能看到。

回到会话 Session1，执行提交 COMMIT 命令，再次在 Session2 中查询修改结果，则将看到与图 8-34 相同的结果。

8.6 锁

前面小节介绍了事务的概念，事务就是一个单元的工作，包括一系列的操作，这些操作要么全部成功，要么全部失败。而锁和事务则是两个紧密联系的概念。事务需要使用锁来防止一个用户修改其他用户还没有完成的事务中的数据。对于多用户系统来说，锁机制是必须的。

8.6.1 锁的概念

锁在 Oracle 中用来在多用户并发访问和操作数据库时保证数据的一致性。锁是由 Oracle 服务器自动管理的，默认的锁定机制是在最低的级别上加锁，同时也能够保证更高的数据并发性。

比如一个 DML 操作，Oracle 默认的机制是会在 DML 操作涉及的行上加锁（行级别），但不会在更高的级别（表级别）上加更严格的锁，比如只改某行的数据不会锁住整个表。这同时也提供了很好的并发性，因为整个表没有锁定，只是某些行被锁定了，所以，其他用户可以修改其他行数据。查询操作虽然既涉及表，也涉及行，但不需要任何锁，这也是 Oracle 从提高并发性的角度来考虑的。

锁的生命周期是从锁在被相关的操作申请并持有后，一直保持到事务的结束。事务结束后，锁才会被释放。锁的内部维护机制是采用排队机制（Enqueue），一个对象的排他锁被持有后，该对象相同级别的锁被其他事务申请时，所有等待该锁的事务都在一个等待队列中排队，其他事务处于等待状态。直到该锁被释放，等待的事务才重新竞争使用该资源。

锁有两种模式，一种是排他锁模式（Exclusive，简称 X 锁），另一种是共享模式（Share，简称 S 锁）。

排它锁又称为写锁。如果事务 T1 对数据对象 D 加 X 锁后，D 就将只能被 T1 读取和修改，除 T1 外的其他任何事务都不能再对 D 加任何类型的锁，直到 T1 释放 D 上的锁。

共享锁又称为读锁。如果事务 T1 对数据对象 D 加 S 锁后，则事务 T1 只可以读 D 但不能修改 D，而除 T1 外的其他事务也只能再对 D 加 S 锁，不能加 X 锁，直到 T 释放 D 上的 S 锁。

8.6.2　锁的分类

Oracle 锁主要包括两种类型，一种是数据锁（DML 锁），一种是数据字典锁（DDL 锁）。

1. DML 锁

DML 锁也称数据锁，该锁用于在数据被多个不同的用户改变时，来保证数据的完整性。该锁会阻止在 DML 操作期间可能冲突的其他 DML 和 DDL 操作。一个 DML 事务至少会获得两个锁。一个是表级锁，另一个是行级锁。表级锁是共享的（表级共享锁中的一种），行级锁是排他的。

① 表级锁（TM）：该锁在任何修改表的 DML 事务上被设置，这些 DML 操作包括 INSERT、UPDATE、DELETE、SELECT…FOR UPDATE 或 LOCK TABLE 命令，表级锁会阻止可能跟当前事务冲突的 DDL 操作。表级锁有很多种，属于共享模式。

② 行级锁（TX）：行级锁会自动在被 DML 操作（INSERT、UPDATE、DELTE、SELECT…FOR UPDATE 等）涉及的所有行上设置。行锁会保证在同一时刻不允许其他任何用户修改同一行数据。因此，一个用户在修改数据后，到提交之前，不用担心该数据会被其他用户修改。行级锁只有一种，属于排他模式。

表级锁又分为多种模式，不同的模式会确认同一个表上哪些其他的表锁模式可以被获得。DML 事务中常会看到两种 TM 锁模式：即行级排他锁（RX 锁）和行级共享锁（RS 锁）。这两种模式都是 Oracle 服务器在 DML 事务中自动产生的。除自动产生 TM 锁外，还可以手工方式（使用 LOCK 语句）来锁定表，手工方式获得的表锁又分为共享锁（S 锁）、共享级排它锁（SRX 锁）和排它锁（X 锁）。

① RX 锁（Row Exclusive）：执行 INSERT、UPDATE、DELETE 语句需要获得的锁，该锁可以允许其他的事务并行（QUERY、INSERT、UPDATE、DELETE 同一个表上的其他的行）；阻止其他事务手工锁定表，无论是以排他读还是排他写方式。需要注意的是，RX 锁区别于行级锁。因为 RX 是表级上的锁（既有排他功能也有共享功能），而 TX 锁是行级上的锁，保护的对象级别不同，所以 RX 没有行排他功能，行排他是 TX 锁的功能。

② RS 锁（Row Share）：当执行 SELECT…FOR UPDATE 时会获得该锁。该锁允许其他的事务

并行（SELECT、INSERT、UPDATE、DELETE 同一个表上的其他的行）；阻止其他事务以排他写的方式来手工锁定表。

在通常情况下，锁是由系统自动控制的，但 Oracle 也允许用户使用 LOCK TABLE 语句显式的对封锁对象加锁，即采用手工方式锁定表。手工锁表的 LOCK TABLE 语句语法如下：

LOCK TABLE 表名 IN 表锁模式；

手工锁定表要慎重使用，尤其在开发中，尽量少得进行手工锁表，如果要进行，也尽量采用低级别的锁。手工锁表的表锁模式主要有三种：

① 共享锁（Share，简称 S 锁）：S 锁不允许以其他任何 DML 操作，阻止任何对表的改变。在该锁模式下，其他用户可以通过共享的方式继续锁定表，包括手工以共享方式锁定表和以 SELECT…FOR UPDATE 方式获得的 RS 表锁。

② 共享级排它锁（Shared Row Exclusive，简称 SRX 锁）：SRX 锁在表锁上是比较高的级别。该锁不允许其他任何的 DML 操作，也不允许以共享锁模式手工锁定表，不过可以使用 SELECT…FOR UPDATE 方式来获得表锁。

③ 排它锁（Exclusive，简称 X 锁）；X 锁是表锁中的最高级别，因此有最严格的限制，一定要慎重使用该锁。该锁只允许其他事务查询表的数据，阻止任何类型的 DML 操作和任何类型的手工锁定表。

2. DDL 锁

DDL 锁也称为数据字典锁，在执行 DDL 语句时，DDL 语句涉及的对象上需要获得 DDL 锁，用于保护对象结构。需要注意的是，数据字典锁并不是表锁，表锁是 DML 锁的一种。通常，很少会看到冲突的 DDL 锁，是因为它们被持有的时间很短，而且以 nowait 方式被请求，DDL 锁包括三种类型：

① Exclusive DDL Lock：很多对象的创建、修改和删除定义时候都需要获得排他的 DDL 锁。比如执行 CREATE TABLE、DROP TABLE、ALTER TABLE 时都需要获得表上的排他 DDL 锁。如果申请锁时，该对象上有其他任何级别的锁存在，则无法获得 DDL 锁；同样，如果在该锁被保持期间，其他任何该对象上的任何级别的锁无法被申请，直到该 DDL 锁被释放为止，即该 DDL 语句执行完毕为止。

② Share DDL Lock：在执行 GRANT、CREATE PROCEDURE、AUDIT 等命令时，会获得命令相关操作对象的共享 DDL 锁。共享 DDL 锁是在 DDL 解析阶段完成后就被释放。这种类型的锁不会阻止同一对象上相似的操作，也不会阻止 DML 操作，但会阻止类似 ALTER、DROP 等操作。

③ Breakable Parse Lock：该锁在 SQL 或 PL/SQL 语句的解析阶段被获得，用来在共享 SQL 区校验语句。对于每个 SQL 或 PL/SQL 语句都会持有一个它所引用的所有对象的 Parse Lock，如果引用的对象被修改或删除，那么相应的 SQL 或 PL/SQL 语句会失效，即该锁相关的缓存区域会被标识为无效（invalid），这样该锁的存在不会禁止 DDL 语句的执行，允许那些冲突的 DDL 语句运行。Breakable Parse Lock 主要用来检查如果对象改变了，是否需要设置库缓存使得原语句状态无效，需要重新解析。

8.6.3 使用锁的常见问题

如果使用锁的方式不当，可能会产生锁使用的冲突，这些不适当的使用方式包括：

① 不必要的高级别的锁。

② 长时间运行的事务。

③ 没有提交的事务。

④ 其他产品产生了高级别的锁。

另外，还有一种比较严重的问题是"死锁"。当两个或者两个以上的用户彼此等待被对方锁定的资源时，就有可能产生死锁。比如，事务 A 更改了表 T 的第一行记录，那么事务 A 会取得该行记录的行锁；之后事务 B 更改了表 T 的第二行记录，事务 B 取得第二行记录的行锁；然后事务 B 准备更改第一行记录，因为第一行记录的行锁被事务 A 锁持有，所以事务 B 等待；此时事务 A 想更改第二行记录，但该行记录的行锁被事务 B 锁持有，所以事务 A 也处于等待状态。此时就会出现死锁，双方都等待对方持有的且暂时不能释放的资源，这是一道"无解"题，必须需要借助于外力来解决。Oracle 服务器会自动判断死锁，并且会把产生死锁操作涉及的其中的一个操作设置操作失败返回。

8.6.4　锁的例子

创建一个测试表来测试锁的情况。

```
CREATE TABLE tmp_emp AS SELECT * FROM employees;
```

然后在会话 A 中执行如下语句：

```
UPDATE tmp_emp SET salary=salary+100;
```

在会话 B 中执行如下语句：

```
DROP TABLE tmp_emp;
```

此时会弹出图 8-35 所示的对话框。

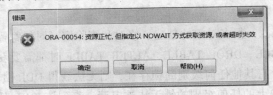

图 8-35　删除异常提示

错误的原因是因为会话 A 的事务正在执行 UPDATE 的 DML 操作，该操作会取得表 tmp_emp 的 RX 锁和所涉及行的行级排他锁，而此时，DDL 语句 DROP TABLE 执行时需要获得排他的 DDL 锁，该表上已经存在锁，只要表上存在任何形式的锁，DDL 排他锁都无法获得，所以执行异常，失败退出。

如果在会话 B 中执行如下语句：

```
DELETE tmp_emp;
```

会发现会话 B 处于无限等待状态，如果在 SQL*Plus 环境中，则体现为无法切换到程序界面中。为什么等待，等待什么？因为会话 A 中的事务持有了所有行的行锁，会话 B 的事务想删除所有行的时，也需要拿到所有行的行级排他锁，但锁被会话 A 中的事务持有，所以会话 B 处于等待状态。

如果在会话 A 中执行回滚操作：

```
ROLLBACK;
```

会发现会话 B 被重新激活，"DELETE tem_emp;"语句被执行成功。如果需要结束会话 B 的事务并开始新的测试，可在会话 B 中执行 ROLLBACK 进行回滚结束事务。

对于 DML 事务相关的表级锁，除了上面介绍过的 RX 锁，常见的还有 RS 锁，该锁在使用 SELECT…FOR UPDATE 语句时可以获得。

在会话 A 中执行 SELECT…FOR UPDATE 语句。

```
SELECT * FROM tmp_emp
WHERE employee_id=201
FOR UPDATE;
```

会话 A 会显示查询到的结果集。此时，在会话 B 中执行 DELETE 语句：

```
DELETE tmp_emp WHERE employee_id=201;
```

发现会话 B 处于阻塞等待状态，因为会话 A 的 SELECT…FOR UPDATE 操作实际上也相当于一个 DML 语句，它获得两个锁，一个是查询涉及行的行锁（排他的），一个是表上的 RS 锁（这个区别于普通 DML 所获得的锁）。因为行锁是排他的，所以会话 B 等待。会话 A 的事务结束后，会话 B 会激活。SELECT…FOR UPDATE 相当于给查询加锁，一种没有更新行数据却给行加锁的机制（预先加锁）。

要解除上述状态，可在会话 A 中执行提交（COMMIT）或回滚（ROLLBACK）命令解除锁定。

会话 A 修改了 employee_id 为 201 的记录，会话 B 可同时修改 employee_id 为 202 的记录，因为该 DML 操作拿到的锁，行锁是排他的，但不是同一行记录不冲突，表锁是 RX 锁，允许其他事务也获得 RX 锁，所以可以并行执行。该试验请读者自行尝试一下。

再来看一个手工锁定表的测试。

会话 A 中执行 LOCK 语句对表进行锁定操作：

```
LOCK TABLE tmp_emp IN SHARE MODE;
```

此时，在会话 B 中执行 DML 操作：

```
DELETE tmp_emp WHERE employee_id=201;
```

会话 B 处于阻塞状态，因为会话 A 的 LOCK 语句在表级别上获得的是 S 锁，S 锁不允许任何其他的 DML 操作发生，所以会话 B 阻塞。

最后看看死锁的测试。测试前先把以前未结束的事务结束，为保留测试数据可执行 ROLLBACK 回滚命令。

首先，在会话 A 中执行对 201 号员工的 DELETE 操作：

```
DELETE tmp_emp WHERE employee_id=201;
```

之后，在会话 B 中执行对 202 号员工的 DELETE 操作，语句如下：

```
DELETE tmp_emp WHERE employee_id=202;
```

第三步，在会话 A 中再次执行对 202 号员工的 DELETE 操作，语句如下。该语句执行后会发现会话 A 处于了阻塞状态。

```
DELETE tmp_emp WHERE employee_id=202;
```

第四步，在会话 B 中再次执行对 201 号员工的 DELETE 操作，语句如下：

```
DELETE tmp_emp WHERE employee_id=201;
```

此时会话 B 会处于阻塞状态，但其等待的会话 A 也处于等待状态，都在等待对方持有的资源，这就出现了死锁，Oracle 服务器会自动检测到死锁，并把其中的一个事务最后执行的语句设置执行失败，因此在会话 A 中会发现图 8-36 所示的错误提示信息。

最终，会话 A 最后执行的语句执行失败，会话 A 被激活，可以继续进行其他操作，但会话 B

仍然处于阻塞状态。

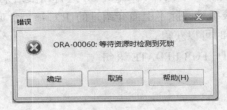

图 8-36　死锁提示

小　结

　　本章主要介绍了数据库操作语言 DML 以及事务控制等命令。具体包括如何使用 INSERT 语句实现数据的增加、复制以及进行多表插入；如何使用 UPDATE 语句对表中数据进行更新；如何使用 DELETE 语句对表中的数据进行删除；如何使用 MERGE 语句实现数据的合并操作；以及如何使用事务控制命令：COMMIT、ROLLBACK 和 SAVEPOINT 对事务进行控制等。最后，介绍了锁的概念，以及如何使用 SQL 语句实现手工上锁和解除锁定。

习　题

　　1．向 departments 表中的部门编号、部门名称、区域编号三列插入两条纪录，分别为：300，'QQQ'，1500 和 310，'TTT'，1700。观察执行结果。

　　2．使用两种方法完成下列操作，试在新部门的管理者和工作地区编号还没有确定的情况下，向部门表中插入新部门信息如下：部门编号 320 及 330，部门名称 F1 及 F2。

　　3．按顺序执行下列操作：

　　（1）插入一个新的部门信息，开始事务。

部门编号	名称	管理者	区域编号
350	人力资源	100	1700

　　（2）建立保存点 a。

　　（3）查询插入的数据是否存在。

　　（4）删除所有部门编号大于 200 的部门。

　　（5）建立保存点 b。

　　（6）查询还有哪些部门信息存在。

　　（7）更新部门编号为 10 的部门的管理者的编号为 110。

　　（8）查询当前部门信息。

　　（9）执行回滚操作，但不回滚到事务的最开始，而是回滚到保存点 b。

　　（10）提交事务，提交后事务已结束。

　　（11）查看最终数据修改结果。

第 9 章 ‖ 表和约束

从本章开始进入数据库对象的学习。Oracle 中常见的数据库对象有表、视图、索引、序列、同义词等，另外也包括在第 11 章以后 PL/SQL 部分介绍的存储过程、存储函数、包、触发器等。

9.1 创 建 表

表是用来存储数据的数据库对象，所有 Oracle 数据库中的信息都要存放在 Oracle 表中。表的逻辑结构是由列组成，每一列都必须有一个唯一的名字，同时分配一个数据类型和列的长度，如表中包含的列为 eid number(4)，ename varchar2(10)，即表中有两列，eid 列为数值型，4 位整数，ename 为可变长字符型，最大长度为 10 个字符。

9.1.1 Oracle 中表的命名原则

Oracle 中表和列的命名原则遵循 Oracle 数据库对象的命名原则：

① 必须由字母开始，长度在 1～30 个字符之间。

② 名字中只能包含 A～Z、a～z、0～9、_ (下画线)、$和#。

③ 同一个 Oracle 服务器用户所拥有的对象名字不能重复。

④ 名字不能为 Oracle 的保留字。

建议使用描述性的名字为表和其他数据库对象命名，如一个处理员工信息的表不要命名为 t1，而建议命名为 employees 或 employee，而是否加 s，整个系统尽量一致。对于较大的系统，也可以在表名前加业务模块名称的缩写。当然，表的命名也可以采用缩写的方式，如上面的员工表可以命名为 emp，是否采用缩写，也应该尽量考虑到整个系统。

注意：名字是大小写不敏感的，例如，EMPLOYEES 与 Empoyees 或 employees 是作为同一个名字来处理的。

为了创建表，用户必须有 CREATE TABLE 权限和用于创建对象的存储区域。关于权限和存储区域的问题将在后面的章节中讲解。

9.1.2 建表语句语法

用 CREATE TABLE 语句创建表以存储数据，该语句是数据定义语言（DDL）之一，其他的 DDL 语句将在本章后面部分中讲述。DDL 语句用来创建、修改或删除 Oracle 11g 数据库对象的结构。和前面讲过的 DML 语句不同的是，这些语句不能回滚（Rollback），它们会立即作用于数据库，并且将定义信息记录在数据字典中。

Oracle 中建表语句语法如下：

```
CREATE TABLE [schema.]table
(column datatype [DEFAULT expr][, ...]);
```

其中：schema 表示方案，方案是用户拥有数据库对象的集合，与所有者的名字一样；table 表示表的名字；column 表示列的名字；datatype 表示列的数据类型和长度，关于 Oracle 各种数据类型的详细描述请参考 9.2 节"数据类型与列定义"；DEFAULT expr 指定该列默认值，在没有赋值时系统赋予该列默认值。一个列可以用 DEFAULT 选项给予一个默认值，该选项比较重要，可防止插入时输入空值到列中。默认值可以是文字、表达式或 SQL 函数，例如用 SYSDATE。默认值必须与列的数据类型相匹配。

了解了建表的语法后，创建一个名人小档案表 dossier，字段内容如表 9-1 所示。

表 9-1　dossier 字段内容

字　段　描　述	字　段　名	数　据　类　型
序号	ID	NUMBER(4)
姓名	CNAME	VARCHAR2(20)
出生日期	BIRTHDAY	DATE
身高	STATURE	NUMBER(3)
体重	WEIGHT	NUMBER(5, 2)
国籍编号	COUNTRY_CODE	CHAR(2)

建表语句可以这样写：

例 9-1　创建 dossier 表。

```
CREATE TABLE dossier(
  ID NUMBER(4),
  CNAME VARCHAR2(20),
  BIRTHDAY DATE,
  STATURE NUMBER(3),
  WEIGHT NUMBER(5,2),
  COUNTRY_CODE CHAR(2 ) DEFAULT '01');
```

表创建好之后，看一下表的结构，如下图 9-1 所示。

Name	Type	Nullable	Default	Storage	Comments
ID	NUMBER(4)	☑			
CNAME	VARCHAR2(20)	☑			
BIRTHDAY	DATE	☑			
STATURE	NUMBER(3)	☑			
WEIGHT	NUMBER(5,2)	☑			
COUNTRY_CODE	CHAR(2)	☑	'01'		

图 9-1　例 9-1 的结果

关于默认值的用法，注意下面的 INSERT 语句没有给 COUNTRY_CODE 字段赋值。

例 9-2　插入语句中默认值的使用。

```
INSERT INTO dossier
    (ID,CNAME,BIRTHDAY, STATURE,WEIGHT )
    VALUES
    (2,'小明' , to_date('1980.9.12','yyyy.mm.dd'),226, 134 );
```

INSERT 语句执行后的结果，虽然没有给 COUNTRY_CODE 这个字段赋值，但这个字段有值，为 01，它就是默认值。

```
SELECT *
FROM dossier;
```

插入的记录如图 9-2 所示。

	ID	CNAME	BIRTHDAY	STATURE	WEIGHT	COUNTRY_CODE
▶ 1	2	小明 …	1980-9-12 ▾	226	134.00	01

图 9-2　例 9-2 结果

UPDATE 语句中默认值的处理情况是，插入数据时，COUNTRY_CODE 字段指定的值为 "02"，修改时，把 COUNTRY_CODE 设置为 DEFAULT。

例 9-3　修改语句中默认值的使用。

```
INSERT INTO dossier
 (ID,CNAME,BIRTHDAY, STATURE,WEIGHT,country_code )
 VALUES
 (3,'小龙' , to_date('1954.4.7','yyyy.mm.dd'),174, 63 ,'02');

UPDATE dossier
set country_code =default
WHERE id=3;
```

看修改后的结果，注意 "01" 这个值，在修改语句没有指定 "01" 这个值，而用的是 DEFAULT 默认值。

```
SELECT *
FROM dossier
WHERE id=3;
```

修改的结果如图 9-3 所示。

	ID	CNAME	BIRTHDAY	STATURE	WEIGHT	COUNTRY_CODE
▶ 1	3	小龙 …	1954/4/7 ▾	174	63.00	01

图 9-3　例 9-3 结果

9.1.3　用子查询语法创建表

上节中介绍的 CREATE TABLE 语句生成表时，表是空的，没有数据。在生成表后可以通过 DML 语句来插入数据。本节中介绍的语句可以从已有表中复制表的结构，也可以生成有数据的表。语法如下：

```
CREATE TABLE table[(column,column...)]AS subquery;
```

这种方法在建表语句的后面用了 AS subquery 子句，既可以创建表，还可以将从子查询返回的行插入新创建的表中，这是一个比较有用的功能。

在语法中：table 是表的名字；column 是列的名字 ；subquery 是 SELECT 语句，用来定义新表中表的结构和数据。

注意：如果给出了指定的列，列的数目必须等于子查询的 SELECT 列表的列数目。如果没有给出指定的列，则表的列名和子查询中的列名是相同的。约束不会被传递到新表中，只有列的数据类型被传递到新表中，关于约束将在本章后面部分进行介绍。

我们创建一个名为 dept10 的表，该表包含所有工作在部门 10 的雇员的详细资料，其中 dept10 表的数据来自 employees 表。

例 9-4　创建 dept10 表。

```
CREATE TABLE dept10
AS
SELECT employee_id, last_name, salary +1000 newSalary
FROM employees
WHERE department_id = 10;
```

dept10 的表结构如图 9-4 所示。

Name	Type	Nullable	Default	Storage	Comments
▶ EMPLOYEE_ID	NUMBER(6)	☑			
LAST_NAME	VARCHAR2(25)	☐			
NEWSALARY	NUMBER	☑			

图 9-4　dept10 表结构

表中数据如图 9-5 所示。

```
SELECT *
FROM dept10;
```

	EMPLOYEE_ID	LAST_NAME	NEWSALARY
▶ 1	200	Whalen	5400

图 9-5　dept10 表数据

Select 列表中的表达式需要给定别名，如表达式 salary + 1000 被给予别名 newSalary，如果没有别名会产生错误。

例 9-5　创建 dept10 表，注意别名的使用。

```
CREATE TABLE dept10a
AS
SELECT employee_id, last_name, salary + 1000
FROM employees
WHERE department_id = 10;
```

例 9-5 运行结果如图 9-6 所示。

```
SELECT employee_id, last_name, salary +1000
                                       *
ERROR 位于第 3 行:
ORA-00998: 必须使用列别名命名此表达式
```

图 9-6　dept10a 表创建异常

9.1.4　引用另一个用户的表

方案（Schema）是数据库对象的集合，这里的数据库对象包括表、视图、同义词、序列、存储过程、索引、数据库链接等。

如果一个表不属于当前用户，那么引用它时，必须把其方案名放在表名的前面。例如，如果一个方案命名为 scott，并且 scott 有一个表 emp，那么，其他用户从 scott 的 emp 表中取数据，就可以这样写：

```
SELECT *
FROM scott.emp;
```

注意：scott 为方案名，同其所有者名称相同。

思考如果没写 scott 前缀会产生什么结果。

9.1.5　Oracle 中表的分类

Oracle 数据库中的表分为下面两类：

① 用户表：由用户创建和维护的表的集合，它包含用户所使用的数据。如我们一直使用的员工表，部门表等。

② 数据字典：由 Oracle 服务器创建和维护的表的集合，它包含数据库的信息，如表的定义、数据库结构的信息等，可以把它理解为表的表，由 Oracle 服务器创建和维护。数据字典表中的表告诉数据库在数据库中存储的是何种数据，存储在什么地方，以及数据库如何使用这些数据。如当前用户所拥有的所有表的定义信息保存在数据字典 user_tables 中。

假如当前的用户为 neu，例 9-6 为查看当前用户有哪些表。

例 9-6　查看当前用户所拥有的表。

```
SELECT table_name
 FROM user_tables;
```

例 9-6 运行结果如图 9-7 所示。

图 9-7　当前用户所有拥有的表

也可以如例 9-7 这样查询。

例 9-7　查看当前用户所拥有的表和视图。

```
SELECT *
 FROM tab;
```

例 9-7 运行结果如图 9-8 所示。

	TNAME	TABTYPE	CLUSTERID
1	COUNTRIES	TABLE	
2	DEPARTMENTS	TABLE	
3	DEPT10	TABLE	
4	DOSSIER	TABLE	
5	EMPLOYEES	TABLE	
6	JOBS	TABLE	
7	JOB_HISTORY	TABLE	
8	LOCATIONS	TABLE	
9	REGIONS	TABLE	

图 9-8　当前用户所拥有的表和视图

注意：上面 country 和 dossier 两个表是新创建的表，创建之后 Oracle 会自动在数据字典 user_tables 中加入两行数据，就像我们在用户表中执行两次插入语句一样，不同的是插入语句不是由我们来做，而是由系统完成的。

9.2　数据类型与列定义

Oracle 中常用的数据类型如表 9-2 所示。

表 9-2　Oracle 常用数据类型

数据类型	说　明
VARCHAR2 (size)	可变长度字符数据，最小字符数是 1；最大字符数是 4 000
CHAR(size)	固定长度字符数据，长度的大小以字节为单位，默认和最小字符数为 1；最大字符数为 2 000
NUMBER(p,s)	数值型，参数 p 是精度，表示数据的总长度，s 是小数，表示小数点右边的数字位数；p 的取值范围是 1～38，s 的取值范围是−84～127
DATE	日期和时间类型
LONG	最大 2 GB 的可变长度字符数据
LONG RAW	可变长度原始二进制数据，最大 2 GB
CLOB	最大可存储 4 GB 的字符数据
BLOB	最大可存储 4 GB 二进制的数据
BFILE	最大可存储 4 GB 数据，保存在数据库外部的文件里
ROWID	十六进制串，表示行在表中唯一的行地址

① 文本类型。文本类型包括两种，VARCHAR2 和 CHAR，都可以保存字符串，下面看一下它们的差别，在 dossier 表中插入下面的两个字段 CNAME VARCHAR2(20)和 COUNTRY_CODE CHAR(2)。

```
INSERT INTO dossier
 (cname,country_code)
 VALUES ('A','B');
```

例 9-8　关于 VARCHAR2 和 CHAR 长度的测试。

```
SELECT length(cname),length(country_code)
 FROM dossier
 WHERE cname='A';
```

例 9-9 运行结果如图 9-9 所示。

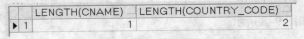

图 9-9　例 9-8 结果

输入时两个字段都是赋值一个字符，但 Oracle 存放时，在 CHAR 列的数值中进行填充，占满该列的长度，而 VARCHAR2 列，Oracle 不进行填充，这是这两种数据类型比较重要的差别。如果一个字段上的数据长度基本相同，可以用定长的 CHAR 类型，如手机号码，目前为 11 位；如果这个字段上的数据长度是变化的，可以用变长的 VARCHAR2 类型，如用户地址，有的地址很长，有的地址比较短，如果分配得太长，浪费空间，分配得短，有些数据就会放不进去。

思考：两种数据类型的效率差别，谁的效率高些？

② 数值类型：NUMBER(p,s)。如表示整数，可以把 s 设为 0 或省略来表示整数。

p>0 时，对 s 的取值分 2 种情况分析，一种情况是 s<0，这是指精确到小数点左边 s 位；另外一种情况是 s>0，很多情况我们声明的数值型变量是这种类型，它表示精确到小数点右边 s 位，并四舍五入。然后检验有效数位是否小于等于 p，如果 s>p，小数点右边至少有 s-p 个 0 填充。

例 9-9 关于 NUMBER 类型的示例如表 9-3 所示。

表 9-3 NUMBER 类型示例

值	数据类型	存储值
1234.567	NUMBER	1234.567
1234.567	NUMBER(6,2)	1234.56
12345.67	NUMBER(6,2)	Error
1234567	NUMBER(5,−2)	1234500
12345678	NUMBER(5,−2)	Error
0.1	NUMBER(4,5)	Error
0.01	NUMBER(4,5)	0.01
0.0123456	NUMBER(4,5)	0.01234

如 dossier 表的身高字段以厘米为单位取整：STATURE NUMBER(3)，如图 9-10 所示。

	ID	CNAME	BIRTHDAY	STATURE	WEIGHT	COUNTRY_CODE
▶ 1	2	小明 …	1980-9-12 ▾	226	134.00	01
2	3	小龙 …	1954-4-7 ▾	174	63.00	01

图 9-10　STATUER 字段类型为 NUMBER(3)

① 日期类型：DATE。注意 Oracle 中日期的显示格式和存储格式的差异。默认的显示格式为 DD-MON-RR，而实际的存储包含日期和时间。如 dossier 表的 BIRTHDAY 字段。

② 大对象类型。Oracle 11g 中大对象（Large Object，LOB）数据类型，如 BLOB、CLOB，可以存储大的和非结构化的数据，例如文本、图像、视频和空间数据，最大可达 4 GB。

LONG 类型使用时需要注意：在用子查询创建表时，LONG 列不会被复制。LONG 列不能包括 GROUP BY 或 ORDER BY 子句中。在每个表中只能有一个 LONG 列。在 LONG 列上不能定义约束。通常情况下建议大家使用 CLOB、BLOB 列而不是 LONG，LONG 和 LONG RAW 现在之所以保留，主要为了与以前版本的兼容。

现在表中也可以增加照片字段保存每个人的照片，增加代表作字段来保存小明的一段篮球视频或小龙的一段电影剪辑等，以丰富我们的档案表。

③ 其他类型。ROWID：伪列，是表中虚拟的列，由系统自动产生，每一行记录中都包含 ROWID，表示了这一行的唯一地址，ROWID 标识了 Oracle 如何定位行，通过 ROWID 能快速定位这行记录。每个表都有伪列，我们通过下面的例子来看一看 ROWID 到底是什么样的。

例 9-10 查询 ROWID。

```
SELECT rowid,cname
 FROM dossier;
```

例 9-10 结果如图 9-11 所示。

	ROWID	CNAME	
1	AAAUONAAGAAAACOAAA	小明	…
2	AAAUONAAGAAAACOAAB	小龙	…

图 9-11   查询 ROWID

图 9-12 这个字符串就是一长串字符的组合，它基于 64 位编码的 18 个字符，但 Oracle 能从这个串中找到每条记录的位置，比如"小明"这条记录在哪个文件、哪个块的什么位置上。

9.3   改变表的定义

表被创建后，可能需要改变表的结构，比如，由于业务的需求需要增加一个列，或者已有列的定义不能满足业务需求，或者某些列不再需要，这些都属于对表定义的修改，可以用 ALTER TABLE 语句来完成。

ALTER TABLE 语句可以用来添加、修改和删除列。

① 添加列语法：
```
ALTER TABLE table
ADD (column datatype[DEFAULT expr][, column datatype]...);
```
② 修改列语法：
```
ALTER TABLE table
MODIFY(column datatype[DEFAULT expr][, column datatype]...);
```
③ 删除列语法：
```
ALTER TABLE table
   DROP(column);
```

其中：table 是表的名字 ；ADD|MODIFY|DROP 是修改类型 ；column 是新列的名字 ；datatype 是新列的数据类型和长度 ； DEFAULT expr 可以为新行指定一个默认值。

9.3.1 添加新列

增加列原则：

① 可以添加或修改列。

② 不能指定新添加列的位置，新列会成为最后一列。

例 9-11   dossier 表上增加性别字段。
```
ALTER TABLE dossier ADD  (sex CHAR(1));
```
例 9-11 给 dossier 表增加了一个性别（sex）列，字符类型，长度为 1。表中原始结构如图 9-12 所示。

Name	Type	Nullable	Default	Storage	Comments
ID	NUMBER(4)	☑			
CNAME	VARCHAR2(20)	☑			
BIRTHDAY	DATE	☑			
STATURE	NUMBER(3)	☑			
WEIGHT	NUMBER(5,2)	☑			
COUNTRY_CODE	CHAR(2)	☑	'01'		

图 9-12   dossier 表原始结构

增加字段后，表中新结构如图 9-13 所示。

Name	Type	Nullable	Default	Storage	Comments
ID	NUMBER(4)	☑			
CNAME	VARCHAR2(20)	☑			
BIRTHDAY	DATE	☑			
STATURE	NUMBER(3)	☑			
WEIGHT	NUMBER(5,2)	☑			
COUNTRY_CODE	CHAR(2)	☑	'01'		
SEX	CHAR(1)	☑			

图 9-13　dossier 表增加性别字段后结构

9.3.2　修改已存在的列

修改列可以改变列的数据类型、大小和默认值，对默认值的改变只影响修改列以后插入表中的数据。

修改列原则：

① 可以增加数字型字段和字符型字段的长度。

② 是否可以减小数字型字段和字符型字段的长度，依赖于原表数据情况。

③ 如果在列中只包含空值或表中没有行时，可以减少一个列的宽度。

④ 如果在列中只包含空值时，可以改变数据类型。

⑤ 仅当列中只包含空值时，或者不改变列的大小时，可以转换一个 CHAR 列到 VARCHAR2 数据类型，或转换一个 VARCHAR2 列到 CHAR 数据类型。

⑥ 对默认值的改变仅影响以后插入的列值。

下面的例子把 dossier 表性别（sex）列的长度修改为 2。

例 9-12　修改 dossier 表性别（sex）列。

ALTER TABLE dossier MODIFY　(sex CHAR(2));

修改字段后，表中新结构如图 9-14 所示。

Name	Type	Nullable	Default	Storage	Comments
ID	NUMBER(4)	☑			
CNAME	VARCHAR2(20)	☑			
BIRTHDAY	DATE	☑			
STATURE	NUMBER(3)	☑			
WEIGHT	NUMBER(5,2)	☑			
COUNTRY_CODE	CHAR(2)	☑	'01'		
SEX	CHAR(2)	☑			

图 9-14　修改性别列后表结构

查询表中数据：

```
SELECT cname,sex
FROM dossier;
```

查询之后，可看到表的数据有了性别这个字段，这个字段上没有值，如图 9-15 所示。我们把这个字段上加上默认值。

	CNAME	SEX
1	小明	…
2	小龙	…

图 9-15　dossier 表查询结果

例 9-13 dossier 表中增加默认值。

```
ALTER TABLE dossier
  MODIFY (sex  DEFAULT '男');
```

查询表中的数据：

```
SELECT cname,sex
 FROM dossier;
```

如图 9-16 所示，表中原来的 SEX 字段上依然没有值，即默认值不会影响已经存在的值。

	CNAME	SEX
▶ 1	小明	...
2	小龙	...

图 9-16 dossier 表查询结果

增加一条新记录，如例 9-14 所示，我们没有给性别这个字段赋值，可看到图 9-17 中新增的记录"小克"性别字段有值，即默认值只影响新增加的该字段的值。

例 9-14 dossier 表中增加默认值对数据的影响。

```
INSERT INTO dossier
   (ID,CNAME,BIRTHDAY, STATURE,WEIGHT,country_code )
      VALUES
      (1,'小克' , to_date('1975/05/02','yyyy/mm/dd'),180, 75 ,'3');
SELECT cname,sex
  FROM dossier;
```

	CNAME	SEX
▶ 1	小明	...
2	小龙	...
3	小克	... 男

图 9-17 定义默认值的效果

9.3.3 删除列

可以用 DROP 子句从表中删除列，包括列的定义和数据。

删除列原则：

① 列可以有数据也可以没有数据。

② 表中至少保留一列。

③ 列被删除后，不能再恢复。

④ 被外键引用的列，不能被删除。

DROP COLUMN 语法：

```
ALTER TABLE table DROP COLUMN column;
```

例 9-15 emp 表中删除 sex 字段。

```
ALTER TABLE emp DROP COLUMN sex;
```

例 9-15 在 emp 表中删除了一个性别（sex）列，该特性在 Oracle 8i 及以后的版本中可用。

另外一种删除列的语法，不用加 COLUMN 关键字，语法如下：

```
ALTER TABLE table DROP (column[,column]);
```

例 9-16　删除 dept10 表中两个字段。
```
ALTER TABLE dept10 DROP (last_name,newsalary);
```
删除字段之前表的结构如图 9-18 所示。

Name	Type	Nullable	Default	Storage	Comments
EMPLOYEE_ID	NUMBER(6)	☑			
LAST_NAME	VARCHAR2(25)	☐			
NEWSALARY	NUMBER	☑			

图 9-18　执行删除前表结构

删除字段之后表的结构如图 9-19 所示。

Name	Type	Nullable	Default	Storage	Comments
EMPLOYEE_ID	NUMBER(6)	☑			

图 9-19　执行删除后表结构

表中剩下的最后一个列不能被删除，如果把 dept10 表中最后一个字段 employee_id 删除，会看到出现下面错误：
```
ALTER TABLE dept10 DROP (employee_id);

ALTER TABLE dept10 DROP (employee_id)
*
ERROR 位于第 1 行:
ORA-12983：无法删除表的全部列
```

9.4　删除表、重命名表与截断表

9.4.1　删除表

在数据库中删除表后，表中的所有数据和结构都被删除，在 Oracle 中，删除表使用 DROP TABLE 语句。使用 DROP 语句的前提是：只有表的创建者或具有 DROP ANY TABLE 权限的用户才能删除表。

删除表的语法格式如下：
```
DROP TABLE table
```
其中：table 是表的名字。

例 9-17　删除 emp 表。
```
DROP TABLE emp;
Table dropped.
```
删除表原则：
① 表中所有的数据和结构都被删除。
② 任何视图和同义词被保留但无效。
③ 所有与其相关的约束和索引被删除。
④ 任何未完成的事务被提交。

注意：DROP TABLE 语句一旦被执行，就不能回退。如果拥有该表或有一个高级别的权限，当发布 DROP TABLE 语句时，该表立即被删除。

9.4.2　重命名表

Oracle 中改变数据库对象的名称，可以执行 RENAME 语句，可以改变一个表、视图、序列或同义词的名称。执行 RENAME 语句的前提是必须是对象的所有者。

重命名语句语法如下：

```
RENAME old_name TO new_name;
```

其中：old_name 是表、视图、序列或同义词的旧名字。new_name 是表、视图、序列或同义词的新名字。

例 9-18　把 emp 表改名为 emp1。

```
RENAME emp TO emp1;
```

9.4.3　截断表

Oracle 中截断表使用 TRUNCATE TABLE 语句，它可以从表中删除所有的行，并且释放该表所使用的存储空间。在使用 TRUNCATE 语句时，不能回滚已删除的行。执行 TRUNCATE 语句的前提是必须是表的所有者，或者有 DELETE ANY TABLE 系统权限来截断表。

截断表语法如下：

```
TRUNCATE TABLE table;
```

其中：table 是表的名字。例如，我们把 emp 表中所有数据都删除，并释放存储空间，可以使用语句如例 9-19 所示语句。

例 9-19　删除 emp 表中所有数据。

```
TRUNCATE TABLE emp;
```

我们讲过 DELETE 语句，DELETE 语句如果没加 WHERE 条件也可以从表中删除所有的行，但它不能释放存储空间。DELETE 语句是 DML 语句，能够回滚，而 TRUNCATE 是 DDL 语句，不产生回滚，不写日志，用 TRUNCATE 语句删除行比用 DELETE 语句删除同样的行要快一些，尤其是对数据量很大的表来说，效果非常明显。

TRUNCATE 语句是数据定义（DDL）语句，不能回滚。

截断表只删除表中所有数据。表的定义不变，包括约束和任何相关的数据库对象，如约束、索引、触发器等。

9.5　约束的描述

数据完整性是指数据库中存储的数据是有意义的或正确的，关系模型中的数据完整性规则是对关系的某种约束条件。简单地说，约束就是通过某种方式对列或表进行限制。比如员工表中某些字段需要有这样的限制：员工号码字段上总要有实际的值（没有 NULL 值），性别字段的取值只能是男或女，员工的工资应该大于零，员工所在的部门必须是部门表中存在的部门。这些都需要通过约束来实现，这就是下面要讲的内容。

Oracle 服务器用约束（Constraints）来防止无效数据输入到表中。约束有以下功能：

① 约束多个表之间的具体关系，比如两个表之间的主外键关系。

② 表在插入、更新行或者从表中删除行的时候强制表中的数据遵循规则，比如不允许不符合要求的数据进入数据库。

③ 对于成功的操作，约束条件是必须被满足的。

④ 如果表之间有依赖关系，使用约束可以防止表或表中相关数据的删除。

Oracle 中约束类型如表 9-4 所示：

表 9-4　Oracle 中的约束类型

约　　束	说　　明
NOT NULL	指定列不能包含空值
UNIQUE	指定列的值或者列的组合值对于表中所有的行必须是唯一的
PRIMARY KEY	表的每行的唯一性标识
FOREIGN KEY	在列和引用表的一个列建立并且强制的列间关系
CHECK	指定一个必须为真的条件

所有的约束定义都存储在数据字典中。如果给约束一个有意义的名字，约束易于维护，约束命名必须遵守标准的对象命名规则。如果没有给约束命名，Oracle 服务器将用默认格式 SYS_C*n* 产生一个名字，这里 *n* 是一个唯一的整数，来保证名称的唯一性。建议至少应该给表的主键、外键按照命名原则来命名，如可以采用这样的原则来命名：表名_字段名_约束类型。

9.6　生成与维护约束

定义约束的语法如下：

```
CREATE TABLE [schema.] table (column datatype [ DEFAULT expr]
[column_constraint],...[table_constraint][,...]);
```

其中：column_constraint 表示列级完整性约束；table_constraint 表示表级完整性约束。

约束通常在创建表的同时被创建，在表创建后也可以通过 alter 语句来添加约束，并且约束可以被临时禁用。

约束有两种类型：表级约束和列级约束。

定义列级约束的语法如下：

```
column[CONSTRAINT constraint_name] constraint_type,
```

对于约束只涉及单独一列的，在该列上可以使用列级约束；列级约束能够定义完整性约束的任何类型。

定义表级约束的语法如下：

```
column,...[CONSTRAINT constraint_name] constraint_type(column, ...),
```

表级约束是指对于约束涉及一个或多个列，在所有列定义之后，定义表级约束；表级约束除了 NOT NULL 之外，能够定义完整性约束的任何类型。

在语法中：constraint_name 是约束的名字；constraint_type 是约束的类型。

例 9-20　列级约束、表级约束示例。

```
CREATE TABLE COUNTRY (
```

```
        COUNTRY_CODE CHAR(2 ),
        COUNTRY_NAME VARCHAR2(50)  NOT NULL,
        CONSTRAINT country_code_pk PRIMARY KEY (COUNTRY_CODE));
```

在指定约束时，可以指定约束的名字，如下面的约束名为 country_code_pk：

```
CONSTRAINT country_code_pk PRIMARY KEY (COUNTRY_CODE));
```

9.6.1 约束的类型

1. NOT NULL 约束

NOT NULL 约束确保列不包含空值。在默认情况下，列没有定义 NOT NULL 约束，可以包含空值。NOT NULL 约束只能在列级被指定，不能指定为表级约束。

例 9-21 非空可以作为列级约束。

```
CREATE TABLE COUNTRY (
    COUNTRY_CODE CHAR(2 )  PRIMARY KEY,
    COUNTRY_NAME VARCHAR2(50)  NOT NULL);
```

例 9-22 非空不可以作为表级约束。

```
CREATE TABLE COUNTRY (
    COUNTRY_CODE CHAR(2 )  PRIMARY KEY,
    COUNTRY_NAME VARCHAR2(50) ,
    NOT NULL(COUNTRY_NAME));
```

运行例 9-22 后，会出现下面的异常提示：

```
NOT NULL(COUNTRY_NAME))
             *
ERROR 位于第 4 行:
ORA-00904: : 无效的标识符
```

2. UNIQUE 约束

UNIQUE 约束，要求列或者列的组合中（键）的每个值是唯一的，即在表中指定的列或列组合中不能有两行有相同的值。定义 UNIQUE 键约束的列（或列组合）被称为唯一约束（Unique Key）。

需要注意的是，如果没有对相同的列定义 NOT NULL 约束，UNIQUE 约束是允许输入空值的，对于无 NOT NULL 约束的列，能包含空值的行可以是任意数目，因为空值不等于任何值。在一个列或者在一个复合 UNIQUE 键中的所有列中的空值是满足 UNIQUE 约束的。

例如，我们可以给员工表的 email 列加上 UNIQUE 约束，这样在表中不会出现任何两个员工的 email 地址是相同的情况。即第一次输入的 email 地址已经存在，第二次插入时检测到已有相同值时，系统不允许插入。

注意：Oracle 服务器自动在唯一约束列上隐式地创建一个唯一索引。

3. PRIMARY KEY 约束

PRIMARY KEY 约束为表创建一个主键。每个表中只能创建一个主键。PRIMARY KEY 约束是表中对行唯一标识的一个列或者列组合，该约束强制列或列组合的唯一性，并且确保作为主键一部分的列不能包含空值。实际上 PRIMARY KEY 约束可以理解为 UNIQUE 约束和 NOT NULL 约束的组合。

例如 COUNTRY_CODE 字段上的主键约束就是在 COUNTRY_CODE 列上不允许输入空值，也不允许输入表中已经存在的值。例 9-24 和例 9-25 中，表的 COUNTRY_CODE 字段接收同样的数据。

例 9-23 在 country 表中增加主键约束。

```
CREATE TABLE country (
    COUNTRY_CODE CHAR(2)  PRIMARY KEY,
    COUNTRY_NAME VARCHAR2(50)  NOT NULL);
```

例 9-24 在 country 表中增加唯一非空约束。

```
CREATE TABLE country (
COUNTRY_CODE CHAR(2)  UNIQUE NOT NULL,
COUNTRY_NAME VARCHAR2(50)  NOT NULL);
```

注意：Oracle 服务器在主键列上隐式地创建一个唯一索引。

4．FOREIGN KEY 约束

FOREIGN KEY，引用完整性约束，指明一个列或者列的组合作为一个外键，并且参考于相同表或者不同表的主键或者唯一键。例如，DEPARTMENT_ID 已经在 EMPLOYEES 表（依赖表或子表）中被定义为外键；它引用 DEPARTMENTS 表（引用表或父表）的 DEPARTMENT_ID 列。一个外键值必须匹配一个在父表中存在的值或者空值。

定义外键的表一般称为子表，包含引用列的表一般称为父表。外键用下面关键字的组合定义：

① FOREIGN KEY：用于定义子表中的列，即定义外键的列。

② REFERENCES：确定父表中的表和列，即被引用的表和列。

③ ON DELETE CASCADE：指出当父表中的行被删除时，子表中相依赖的行也将被级联删除。

④ ON DELETE SET NULL：当父表的值被删除时，把涉及子表的外键值设置为空。

默认行为不允许引用数据的更新或删除。即没有 ON DELETE CASCADE 或 ON DELETE SET NULL 选项时，如果父表中的行在子表中引用，则它不能被删除。

例如，我们熟悉的员工表（employees）和部门表（departments），将员工表中的部门号（department_id）定义为外键，它参考于部门表中的部门号（department_id），如果在员工表中有属于 100 号部门的员工，则默认行为不允许在部门表中删除 100 号部门。如果在定义时有 ON DELETE CASCADE 选项，100 号部门被删除时，员工表中所有属于 100 号部门的员工信息将被删除；如果在定义时有 ON DELETE SET NULL 选项，100 号部门被删除时，员工表中所有属于 100 号部门的员工的部门号字段被置为空值。

例 9-25 是外键默认行为，不允许在子表中有记录的情况下删除父表记录。

例 9-25 带有外键约束的删除语句示例。

```
DELETE FROM departments WHERE department_id=100;
```

运行例 9-25 中的代码后，出现如下所示的删除操作违反外键约束提示：

```
DELETE FROM departments WHERE department_id=100
*
ERROR 位于第 1 行:
ORA-02292: 违反完整约束条件 (NEU.EMP_DEPT_FK) - 已找到子记录日志
```

但是，如果希望在子表中有记录存在的情况下删除父表中的数据，这时我们可以使用 ON DELETE CASCADE 子句进行外键的定义。

例 9-26   删除 employees 表的已有外键，使用 ON DELETE CASCADE 子句重新为 employees 表定义外键。

```
Alter table employees drop constraint EMP_DEPT_FK;
Alter table employees add constraint EMP_DEPT_FK foreign key (department_id)
References departments (department_id)
ON DELETE CASCADE;
```

使用了 ON DELETE CASCADE 子句定义了具有级联删除功能的外键后，再次执行 DELETE 语句：

```
DELETE FROM departments WHERE department_id=100;
```

我们能看出，再次执行删除时，父表记录可以删除，同时子表相关数据也被删除，实现了级联删除的效果。

而实际应用中，当父表中的数据需要删除时，有时希望不删除子表中的数据，而是将子表中的外键关联列的值置空。对于这种情况则可以使用 ON DELETE SET NULL 子句进行外键的定义。

例 9-27   删除 employees 表的已有外键，使用 ON DELETE SET NULL 子句重新为 employees 表定义外键。

```
Alter table employees drop constraint EMP_DEPT_FK;
Alter table employees add constraint EMP_DEPT_FK foreign key (department_id)
References departments (department_id)
ON DELETE SET NULL;
```

使用 ON DELETE SET NULL 子句定义外键后，在执行 DELETE 语句前，先来看一下表中的数据（见图 9-20），需要注意的是 DEPARTMENT_ID 这个字段上目前的值为 10：

```
SELECT department_id,employee_id,last_name FROM employees  WHERE employee_id=200;
```

	DEPARTMENT_ID	EMPLOYEE_ID	LAST_NAME
▶ 1	10	200	Whalen

图 9-20   编号为 200 的员工信息

这时再执行 DELETE 语句：

```
DELETE FROM departments WHERE department_id=10;
```

我们能看出，再次执行删除时，父表记录可以删除，同时子表相关数据的外键字段被置为空，结果如图 9-21 所示。

```
SELECT department_id,employee_id,last_name FROM employees  WHERE employee_id=200;
```

	DEPARTMENT_ID	EMPLOYEE_ID	LAST_NAME
▶ 1		200	Whalen

图 9-21   ON DELETE SET NULL 子句使用效果

5. CHECK 约束

CHECK 约束定义一个每行都必须满足的条件，该条件可以用和查询条件一样的结构，下面的情况例外：

① 引用 CURRVAL、NEXTVAL 和 ROWNUM 伪列。

② 调用 SYSDATE、UID、USER 和 USERENV 函数。

③ 涉及其他行中的其他值。

一个单个列在它的定义中可以有多个 CHECK 约束。

例 9-28 在 employees 表上增加 CHECK 约束。

```
CREATE TABLE employees
(...
salary NUMBER(8,2) CONSTRAINT emp_salary_min
CHECK (salary > 0),
...
```

如果没有定义 CHECK 约束，由于 salary 字段是数值型，所有合法的数值型数据都应该能够插入到 salary 字段，但一般来说，这个字段的值不应该出现负值，将其加上 CHECK 约束，salary>0，这样任何负数就不会输入到这个字段中。

9.6.2 现有表中增加/删除约束

一般情况下，约束通常在创建表的同时被创建。当然在表创建后也可以通过 alter 语句来为现有表添加约束，如果表中没有数据，增加约束比较容易，如果表中已有数据，并且不符合约束条件，约束的增加会变得比较麻烦。

可以用带 ADD 子句的 ALTER TABLE 语句为已经存在的表添加一个约束。增加约束语法如下：

```
ALTER TABLE table ADD [CONSTRAINT constraint] type (column);
```

其中：table 是表的名字；constraint 是约束的名字；type 是约束的类型；column 是受约束影响的列的名字。

删除约束的语法如下：

```
ALTER TABLE table DROP CONSTRAINT constraint;
```

注意：可以添加、删除或禁用一个约束，但不能修改约束；可以用 ALTER TABLE 语句的 MODIFY 子句添加一个 NOT NULL 约束到一个已经存在的列，而不是 ADD 子句。

例如我们前面的例子，

```
CREATE TABLE dossier (
  ID NUMBER(4),
  CNAME VARCHAR2(20),
  BIRTHDAY DATE,
  STATURE    NUMBER(3),
  WEIGHT NUMBER(5, 2),
  COUNTRY_CODE CHAR(2));
CREATE TABLE COUNTRY (
  COUNTRY_CODE CHAR(2),
  COUNTRY_NAME VARCHAR2(50)  NOT NULL,
  CONSTRAINT country_code_pk PRIMARY KEY (COUNTRY_CODE));
```

例 9-29 在 dossier 表上增加主键。

```
Alter table dossier add constraint dossier_id_pk primary key (id);
```

例 9-30   在 dossier 表上增加外键约束。

```
Alter table dossier add constraint dossier_countrycode_fk foreign key
(country_code)
References country (country_code);
```

例 9-31   在 dossier 表上增加非空约束。

```
Alter table dossier modify  (cname not null);
```

注意：只有在表是空的或者每个行的该列都有非空值的情况下，才可以定义一个 NOT NULL 约束。

例 9-32   把 dossier 表的外键删除。

```
Alter table dossier drop constraint dossier_countrycode_fk;
```

例 9-33   把 country 表的主键删除。

```
Alter table country drop primary key CASCADE;
```

注意：删除 country 表上的 PRIMARY KEY 约束，并且删除相关联的在 DOSSIER. COUNTRY_CODE 列上的 FOREIGN KEY 约束。

9.6.3   约束的启用和禁用

1. 禁用约束

可以禁用一个约束而不用删除它，这时它不再对表中输入的数据进行限制。如果有大批量数据导入，可以采用禁用约束的方法。主要的好处有两点：一是效率高；二是有主外键约束的表之间导入时，不用考虑导入的先后顺序。

禁用约束语法如下：

```
ALTER TABLE table DISABLE CONSTRAINT constraint [CASCADE];
```

其中：table 是表的名字；constraint 是约束的名字。

注意：可以在 CREATE TABLE 语句也可以在 ALTER TABLE 语句中使用 DISABLE 子句；禁用约束后，新录入到表中的数据可能会不符合原有约束，这样的数据会影响以后约束的启用；CASCADE 子句禁用相依赖的完整性约束，如现有外键依赖于主键，禁用主键时，应加上 CASCADE 子句，如果没有这个选项，语句会产生错误；禁用 UNIQUE 键或者 PRIMARY KEY 约束时，会删除相关唯一性索引。

例如，由于 dossier 表的 id 字段是主键，我们把这个字段设置为空，执行下面的修改语句：

例 9-34   主键改为 MULL 的例子。

```
UPDATE dossier set id=null WHERE id=1;
```

这时会出现如下所示的 UPDATE 修改异常提示信息：

```
UPDATE dossier set id=null WHERE id=1
     *
ERROR 位于第 1 行：
ORA-01407: 无法更新 ("NEU"."DOSSIER"."ID") 为 NULL
```

如果禁用表中的主键，同样的修改语句能够成功。

例 9-35   主键的禁用。

```
Alter table dossier disable primary key ;
UPDATE dossier set id=null WHERE id=1;
```

思考：如果想禁用 COUNTRY 表的主键，使用下面语句：

```
Alter table country disable primary key ;
```
有问题吗？为什么？

2．启用约束

可以用带 ENABLE 子句的 ALTER TABLE 语句启用一个禁用的约束，而不需要重新创建它。启用约束语法如下：

```
ALTER TABLE table  ENABLE CONSTRAINT constraint;
```
其中：table 是表的名字；constraint 是约束的名字。

注意：可以在 CREATE TABLE 语句、在 ALTER TABLE 语句中使用 ENABLE 子句；如果启用一个约束，约束将对表中所有的数据都适用，即所有在表中的数据都必须适合该约束；如果启用一个 UNIQUE 或者 PRIMARY KEY 约束，索引将被自动地创建。

例如，把 dossier 表中禁用的主键启用，启用约束之前要确保当前数据符合主键这个约束，即 dossier 表 ID 字段数据符合唯一非空条件，执行下面语句：

例 9-36　主键的启用。

```
Alter table dossier enable  primary key;
```
例 9-36 结果如下所示，出现主键启用异常提示。

```
Alter table dossier enable  primary key
*
ERROR 位于第 1 行：
ORA-02437: 无法验证 (NEU.DOSSIER_ID_PK) - 违反主键
```
出现了上面问题是由于在约束禁用后，在 ID 字段上有了空值，这时主键约束不能启用，把空值修正后，约束就可以启用了：

```
UPDATE dossier set id=1 WHERE id is null;
Alter table dossier enable  primary key ;
```

3．相关数据字典

和约束相关的数据字典有 USER_CONSTRAINTS 和 USER_CONS_COLUMNS。

查看表上所有的约束，查询 USER_CONSTRAINTS 表。用 USER_CONS_COLUMNS 数据字典视图查看与约束相关的列名，该视图对于那些由系统指定名字的约束特别有用。

注意：那些没有被表的所有者命名的约束将采用系统指定的约束名；在约束类型中，C 代表 CHECK，P 代表 PRIMARY KEY，R 代表 FOREIGN KEY，U 代表 UNIQUE，C 代表 NOT NULL，可理解为 NOT NULL 约束实际上是一种条件限制。

例 9-37　查看表上所有的约束。

```
SELECT constraint_name,constraint_type
  FROM user_constraints;
```
例 9-37 结果如图 9-22 所示。

	CONSTRAINT_NAME		CONSTRAINT_TYPE
▶ 1	REGION_ID_NN	...	C
2	COUNTRY_ID_NN	...	C
3	LOC_CITY_NN	...	C
4	DEPT_NAME_NN	...	C
5	JOB_TITLE_NN	...	C
6	EMP_LAST_NAME_NN	...	C
7	EMP_EMAIL_NN	...	C
8	EMP_HIRE_DATE_NN	...	C
9	EMP_JOB_NN	...	C
10	EMP_SALARY_MIN	...	C
11	JHIST_EMPLOYEE_NN	...	C
12	JHIST_START_DATE_NN	...	C
13	JHIST_END_DATE_NN	...	C
14	JHIST_JOB_NN	...	C
15	JHIST_DATE_INTERVAL	...	C
16	EMP_MANAGER_FK	...	R
17	DEPT_MGR_FK	...	R
18	JHIST_EMP_FK	...	R
19	EMP_JOB_FK	...	R
20	JHIST_JOB_FK	...	R
21	EMP_DEPT_FK	...	R
22	JHIST_DEPT_FK	...	R
23	DEPT_LOC_FK	...	R
24	LOC_C_ID_FK	...	R
25	COUNTR_REG_FK	...	R
26	REG_ID_PK	...	P
27	COUNTRY_C_ID_PK	...	P
28	LOC_ID_PK	...	P
29	DEPT_ID_PK	...	P
30	JOB_ID_PK	...	P
31	EMP_EMAIL_UK	...	U
32	EMP_EMP_ID_PK	...	P

图 9-22　数据字典 USER_CONSTRAINTS

小　结

本章主要介绍了表和约束的相关内容。

表是关系型数据库中的核心数据库对象，书中前面章节中介绍的 SELECT、DML 等语句的操作对象都是表。关于表，本章中主要介绍了创建表、修改表（其中包括修改表结构，修改列宽，改变列的数据类型和添加列）、删除表（包括表的结构和数据）、重命名（其中包括对表、视图、序列或同义词的重新命名、截断表（从表中删除所有行，并且释放该表已使用的存储空间）。

数据的完整性是指数据的正确性和一致性，可以通过定义表或修改表来定义完整性约束。在本章中关于约束，主要介绍了 NOT NULL、UNIQUE、PRIMARY KEY、FOREIGN KEY、CHECK。

习　题

1. 创建表 date_test 包含列 d，类型为 date 型。试向 date_test 表中插入两条记录，一条当前系统日期记录，一条记录为 1998-08-18。

2. 创建与 departments 表相同表结构的表 dtest，将 departments 表中部门编号在 200 之前的信息插入该表。

3. 创建与 employees 表结构相同的表 empl，并将其部门编号为前 50 号的部门信息复制到 empl 表。

4. 试创建 student 表，要包含以下信息：

学生编号（sno）：字符型（定长），4 位，主键。

学生姓名（sname）：字符型（变长），8 位，唯一。

学生年龄（sage）：数值型，非空。

5. 试创建 sc 表（成绩表），要包含以下信息：

学生编号（sno）：字符型（定长），4 位，主键，外键。

课程编号（cno）：字符型（变长），8 位，主键。

选课成绩（grade）：数值型。

6. 试为 student 增加"学生性别"列，默认值"女"。

7. 试修改学生姓名列数据类型为定长字符型，10 位。

8. 试修改学生年龄列，允许为空。

9. 试为选课成绩列添加校验（CHECK）约束为 1～100。

10. 试删除 sc 表中的外键约束。

第10章 || 其他数据库对象

前面介绍了 Oracle 数据库中最主要、最基本的数据库对象——表以及依赖于表的对象约束，除了表和约束外，实际应用中还将应用到 Oracle 数据库中其他的一些对象，如视图、序列、索引和同义词等。

本章中主要针对上述几个常见的 Oracle 数据库对象进行分别介绍。对于各对象将从基本概念出发，循序渐进地介绍如何使用 SQL 语句实现对象的创建、修改、删除等基本操作。

10.1 视 图

表在前面的章节中已经介绍，知道表主要是用来存储数据，是用户实现数据查询操作的根本，但在数据库中，除了可通过表实现数据库查询和维护操作外，还可以通过另一个数据库对象——视图，实现对数据的查询和维护操作。视图是基于表而存在的，与表存在着密不可分的关系。

10.1.1 视图的概念

视图(View)，Oracle 官方的解释是"视图是从一个或多个表中取得的数据的逻辑子集(Logically represents subsets of data from one or more tables)"。从这个解释来看，视图与表的作用很接近，并且关系紧密。

对表可以进行查询、添加、修改和删除的操作，而对于视图也可以进行同样的操作。但区别是，视图中并不存储数据——可理解为视图是一种虚表。那么视图中的数据来源于何处呢？视图中的数据是来源于一个或多个表，当查询或操作视图中的数据时，实际上操作的是视图所对应的表中的数据，而对于视图的操作结果最终将反映在视图所对应的表中，因此，视图是一个"逻辑子集"，视图中的数据是逻辑上的数据，而不是物理上的数据，物理上的数据是存储在表中的。

对视图的操作与表的操作基本相似，但视图操作的是逻辑数据，是虚拟的，而表操作的数据则是真实存在的数据。假如有如下场景：

公司内编号 50 的部门想增设一个工资管理员，只负责 50 部门的员工的工资信息管理，并且除了姓名和工资外，该管理员不能查询和操作其他的字段和记录。那么该管理员可以管理的员工信息有哪些呢？

例 10-1 查询 50 部门员工的工资。

```sql
SELECT last_name, salary FROM employees
WHERE department_id=50;
```

在以后的工作中，该管理员经常要使用该查询来取得数据，或者操作该查询涉及的数据。如果能把该查询定义为一个数据库对象，以后就不用反复的写类似的 SQL 代码，这是视图的一个典型的应用。创建视图的语句如下：

```
CREATE OR REPLACE VIEW dept50
AS
SELECT last_name, salary FROM employees
WHERE department_id=50;
```

从视图的创建可以看出，视图其实是一个命名的查询。视图创建后，就可以使用 SELECT 语句来直接查看视图中的数据。

```
SELECT * FROM dept50;
```

查询执行结果如图 10-1 所示。

		LAST_NAME		SALARY
▶	1	Mourgos	…	5800.00
	2	Rajs	…	3500.00
	3	Davies	…	3100.00
	4	Matos	…	2600.00
	5	Vargas	…	2500.00

图 10-1　视图 dept50 中的数据

视图的应用通常具备了以下几点好处：

① 限制对表的数据的访问。如果不想让一个用户直接访问表中的所有数据，可以建立视图，视图中只涉及表的部分字段和部分记录，然后给予用户视图的访问权限但不给表的访问权限，从而来限制用户对于表的数据的访问。

② 可以使得复杂的查询变得简单。把负责的查询定义为视图，以后写 SQL 语句的时候，可直接从视图中查询和操作数据，而不需要再写复杂的子查询等。

③ 提供了数据的独立性，用户通过视图查询数据的时候，并不需要知道底层表的数据的来源，所以，对于用户来说数据是透明的。

④ 提供了对相同数据的不同显示方式。

根据视图定义语句中所引用的表的数量的不同，视图又可分为简单视图和复杂视图两种。

① 简单视图：该视图的定义中只涉及一个表，而且 SELECT 子句中不包含函数（包括单行函数和分组函数）表达式列。

② 复杂视图：该视图的定义中涉及一个或多个表，SELECT 子句中包含函数（包括单行函数或分组函数）表达式列。

简单视图和复杂视图的最主要区别在于能否通过该视图对视图中的数据执行 DML 操作。通常情况下，可以通过简单视图对视图中涉及的数据执行 DML 操作，而能否对复杂视图中的数据执行 DML 操作则要依据具体情况来分析。

例 10-1 中的视图就是简单视图的例子，通过该视图可以执行 DML 操作，如执行 UPDATE 和 DELETE 语句，需要注意的是，DML 操作的数据是只限于视图中的数据，另外可以考虑一下，能否执行 INSRET 操作？

例 10-2　创建复杂视图 V_avgsal。

```
CREATE OR REPLACE VIEW v_avgsal
AS
SELECT department_id, avg(salary) avg_sal FROM employees
GROUP BY department_id;
```

需要注意的是，通过该复杂视图是不可以进行任何 DML 操作的。

10.1.2 视图的管理

1. 创建视图

创建视图的语法如下：

```
CREATE [OR REPLACE] VIEW view
  [(alias[, alias]...)]
  AS subquery
[WITH CHECK OPTION [CONSTRAINT constraint]]
[WITH READ ONLY [CONSTRAINT constraint]];
```

创建时使用 CREATE 关键字，没有单独的修改视图的语法，修改时使用 CREATE OR REPLACE。斜体 view 处是视图的名字，命名需要遵循 Oracle 的命名规范。视图名字后的别名（alias 部分）是可选部分，如果不想采用 AS 后面子查询中的字段或表达式名字，而对视图中的字段想重定义名字的话，可以在此处设置，但更常见的做法是在子查询中定义别名。AS 后面接的是视图定义中的主体，也就是视图内的 SQL 子查询的定义，可以是符合语法规则的任何子查询。后面两个 WITH 选项本章稍后介绍。

来看一个使用别名的视图的例子。有这样一个场景：用户经常想查询编号是 50 的部门的员工的年薪信息，对此可以建立一个视图，然后再从该视图取得用户需要的数据。

例 10-3 查询 50 部门的员工的年薪的视图。

```
CREATE OR REPLACE VIEW salvu50
AS
SELECT  employee_id ID_NUMBER, last_name NAME,
        salary*12 ANN_SALARY
FROM    employees
WHERE   department_id = 50;
```

查看视图涉及的字段列表的定义的方法和查看表结构的方法很类似，可在 SQL*Plus 或 PL/SQL Developer 环境中执行"DESC"命令，如图 10-2 所示。

图 10-2　DESC 命令查看视图结构

视图中的字段列表定义实际上是来源于视图中涉及的表中相关字段的定义，区别可能只是有些字段名改变成别名了。从视图中查询数据语句如下：

```
SELECT * FROM salvu50;
```

查询执行结果如图 10-3 所示。

	ID_NUMBER	NAME	ANN_SALARY
1	124	Mourgos	69600
2	141	Rajs	42000
3	142	Davies	37200
4	143	Matos	31200
5	144	Vargas	30000

图 10-3　视图 salvu50 中的数据

问题：salvu50 是简单视图还是复杂视图？

2. 通过视图来执行 DML 操作

通常情况下，通过简单视图可执行 DML 操作，但复杂视图则不一定可以。来看一个通过视图执行 DML 操作的例子。

例 10-4　通过简单视图执行 DML 操作。

首先，创建一个测试用表 emp_dml，并查询该表。

```
CREATE TABLE emp_dml
AS
SELECT employee_id,last_name,salary
FROM employees
WHERE department_id=50;

SELECT * FROM emp_dml;
```

查询 emp_dml 表结果如图 10-4 所示。

	EMPLOYEE_ID	LAST_NAME		SALARY
1	124	Mourgos	…	5800.00
2	141	Rajs	…	3500.00
3	142	Davies	…	3100.00
4	143	Matos	…	2600.00
5	144	Vargas	…	2500.00

图 10-4　emp_dml 表中数据

然后，再创建一个简单视图 v_emp1。

```
CREATE OR REPLACE VIEW v_emp1
AS
SELECT employee_id,salary FROM emp_dml;
```

可以通过该视图进行 DML 操作，如 UPDATE 操作。

```
UPDATE v_emp1 SET salary=salary+100;
```

针对视图进行的 DML 操作结果最终保存在表 emp_dml 中，下面语句为查询表中的数据是否被修改：

```
SELECT * FROM emp_dml;
```

查询 emp_dml 表结果如图 10-5 所示。

	EMPLOYEE_ID	LAST_NAME		SALARY
1	124	Mourgos	…	5900.00
2	141	Rajs	…	3600.00
3	142	Davies	…	3200.00
4	143	Matos	…	2700.00
5	144	Vargas	…	2600.00

图 10-5　对视图进行修改操作后 emp_dml 表中数据

例 10-5　通过复杂视图执行 UPDATE 操作失败。

首先，建立一个复杂视图 v_emp2：

```
CREATE OR REPLACE VIEW v_emp2
AS
SELECT salary*12 ANN FROM emp_dml;
```

然后对该视图执行 UPDATE 操作，执行结果如图 10-6 所示。

```
UPDATE v_emp2 set ANN=10000;
```

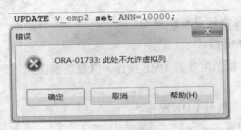

图 10-6　对复杂视图修改异常信息提示

　　这里对于复杂视图 v_emp2 进行的 UPDATE 操作返回了操作失败的提示信息。这就意味着对于复杂视图的 DML 操作存在着一定的限制。那么复杂视图能否进行 DML 操作取决于哪些限制因素呢？下面分别就 INSERT，UPDATE 和 DELETE 操作能否在视图上执行进行说明。

　　① 不能通过视图执行删除（DELETE）操作的条件。

- 视图中包含分组函数。
- 视图中含有 GROUP BY 子句。
- 视图中含有 DISTINCT 关键字。
- 视图中包含伪列 ROWNUM。

　　② 不能通过视图执行修改（UPDATE）操作的条件。

- 视图中包含分组函数。
- 视图中含有 GROUP BY 子句。
- 视图中含有 DISTINCT 关键字。
- 视图中包含伪列 ROWNUM。
- 视图中要修改的列包含表达式。

　　③ 不能通过视图执行插入（INSRET）操作的条件。

- 视图中包含分组函数。
- 视图中含有 GROUP BY 子句。
- 视图中含有 DISTINCT 关键字。
- 视图中包含伪列 ROWNUM。
- 视图中要修改的列包含表达式。
- 视图中没有表的 NOT NULL 列。

3. 创建视图的 WITH 选项

（1）WITH CHECK OPTION 选项

　　通过视图更新数据，默认是可以任意更新数据的，只要不违反视图所在表的约束条件。但是可设想一下这样的情景，有一个视图是只用来查询部门 50 的员工，该视图的目的是为了限制数据的访问，让操作该视图的用户不能访问其他部门的数据，同样也不应该有把该部门的员工改成其他部门的权限，但是默认情况下数据库是没有该限制的。可以通过 WITH CHECK OPTION 选项来创建该限制。

　　WITH CHECK OPTION 实质是给视图加一个 CHECK 约束，该 CHECK 约束的条件就是视图中的子查询的 WHERE 条件，以后如果想通过该视图执行 DML 操作，不允许违反该 CHECK 约束。我们来看一个例子。

例 10-6　WITH CHECK OPTION 选项的应用示例。

```
CREATE OR REPLACE VIEW v_emp3
AS
SELECT employee_id,salary FROM emp_dml
WHERE employee_id=141
WITH CHECK OPTION CONSTRAINT v_emp3_ck;
```

注意： 通过 WITH CHECK OPTION 语句可以给该约束起一个名字，名字前要加上关键字 CONSTRAINT。该约束的条件就是视图定义中的子查询 WHERE 条件，也就是 "employee_id=141"，如果通过视图 v_emp3 想执行 DML 操作，不能把记录的 employee_id 字段值改成其他编号（只能是 141），如果违反了，执行出错，会出现错误提示，如图 10-7 所示。

```
UPDATE v_emp3 SET employee_id=300;
```

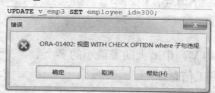

图 10-7　WITH CHECK OPTION 异常提示

（2）WITH READ ONLY 选项

创建视图时，如果使用了 WITH READ ONLY 选项，那么该视图是只读的，将不允许通过该视图执行 DML 语句。

例 10-7　WITH READ ONLY 选项的应用示例。

首先，创建一个视图 v_emp4：

```
CREATE OR REPLACE VIEW v_emp4
AS
SELECT employee_id,salary FROM emp_dml
WITH READ ONLY;
```

然后通过该视图进行更新操作，将会看到提示执行失败，如图 10-8 所示。这是由于该视图创建时被定义为只读的。

```
UPDATE v_emp4 SET salary=salary+100;
```

图 10-8　WITH READ ONLY 视图修改异常提示

4. 删除视图

如果视图不需要再继续使用了，可以删除。删除视图的语法是：

```
DROP VIEW view;
```

删除视图并不会删除视图中的数据，因为视图只是一个查询定义，删除视图只是把视图的定义删除，而与其涉及的底层表和数据无关。

10.1.3　内联视图

内联视图也是一个命名的 SQL 语句，内联视图虽然有视图的作用，但不是真正的数据库的视图对象。Oracle 官方对于内联视图是这样解释的：内联视图（Inline View）是一个在 SQL 语句内可以使用的子查询的别名。最常见的内联视图的例子就是主查询中的 FROM 子句中包含的是一个命名的子查询。

例 10-8　内联视图的应用示例。

```
SELECT last_name,department_name
FROM DEPARTMENTS a,
(SELECT last_name,department_id FROM EMPLOYEES) b
WHERE a.department_id=b.department_id;
```

其中，命名子查询 b 就是一个内联视图。

10.1.4　TOP-N 问题

日常生活中，常有要求取得某列中最大的或最小的多个数（N 个数）的情景，比如：

① 公司工资最高的十个员工信息。

② 产品卖得最多的五个产品列表。

这种问题在 Oracle 中称为 TOP-N 问题。要解决该问题，需要知道 Oracle 中的一个伪列——ROWNUM 的含义。伪列是一个使用起来类似于表中的一个列，而实际上并没有存储在表中的特殊对象。对伪列可以进行查询操作，而不能够对伪列的值进行增加、修改、删除操作。

ROWNUM 是 Oracle 在结果集上自动维护的一个伪列。当 SELECT 查询取到结果集后，Oracle 开始添加 ROWNUM。ROWNUM，顾名思义是行号，代表记录的序号，每次都是从 1 开始编号，第一条记录的 ROWNUM 数值是 1，第二条记录的该列值为 2，以此类推。实际应用中，ROWNUM 常用于 WHERE 子句中，用来限制返回记录的行数。

ROWNUM 的一个重要特性就是一定要从 1 开始计数。因此，WHERE 条件中使用类似于 ROWNUM=n（n 表示大于 1 的整数）或 ROWNUM>n（n 表示大于等于 1 的整数）的限定条件时是查询不到数据记录的。下面从 ROWNUM=n、ROWNUM>n、ROWNUM<n 三种查询条件的应用分别介绍。

① ROWNUM=n（n 表示大于 1 的整数）的查询条件。如果希望查询返回表中第一条记录，可以使用 ROWNUM=1 作为条件。但是想找到表中第二条记录，使用 ROWNUM=2 作为条件，结果却查不到数据。这是因为 ROWNUM 都是从 1 开始，对于除 1 以外的其他数在 ROWNUM 进行等值判断时都将返回 false，查询语句中 WHERE 条件表达式如果为 false 将无法得到返回记录。因此，在 WHERE 子句中使用 ROWNUM=n 进行条件限定，最终查不到任何结果。

② ROWNUM>n（n 表示大于等于 1 的整数）的查询条件。如果希望查询返回表中第二条记录以后的记录，很多人很自然地想到在 WHERE 条件中使用 ROWNUM>2 进行限定，但这样却是查不出记录的，原因是由于 ROWNUM 是一个总是从 1 开始的伪列，ROWNUM>2 这个条件和 ROWNUM=2 是一样的，始终是不能成立的，所以查不到记录。因此，在 WHERE 子句中使用 ROWNUM>n 进行条件限定，同样查不到任何结果。

③ ROWNUM<n（n 表示大于 1 的整数）的查询条件。对于 ROWNUM<n 的条件，由于 n 是大于 1 的整数，ROWNUM 始终是从 1 开始的，因此该条件始终是成立的，所以可以查询到满足条件的记录。

查找到第二行以后的记录可使用以下的子查询方法来解决。注意子查询中的 rownum 必须要有别名，否则还是不会查出记录来，这是因为 rownum 不是某个表的列，如果不起别名的话，无法知道 rownum 是子查询的列还是主查询的列。

总之，不包含 ROWNUM 为 1 的条件都不可能查出任何记录。所以，通常 ROWNUM 在 WHERE 条件中常和"<="或"<"运算符联合使用，很少和">"、">="或者一个区间运算 BETWEEN… AND、IN 等运算符联合使用，当然某些特殊情况下（包含 ROWNUM 为 1 的条件时）使用这些运算符也会有结果产生。另外，ROWNUM 也不允许跨行选择，比如取出记录 1 之后，不允许跳跃记录 2 去选择记录 3。实际应用中，ROWNUM 常用在取出前 n 条记录时作为条件使用。

例 10-9 ROWNUM 应用示例 1，查询 employees 表中前 10 名员工。

```
SELECT rownum,last_name,salary
FROM employees
WHERE rownum<=10;
```

查询结果如图 10-9 所示。

图 10-9 employees 表中前 10 名员工

可以看到 ROWNUM 列是按照顺序计数的，而且取出 10 条记录。那么该结果集取出的数据是按照什么顺序取得呢？实际上没有顺序，或者说只是按照记录存储的顺序。

例 10-10 ROWNUM 应用示例 2，不恰当的 ROWNUM 条件。

```
//查询1:
SELECT rownum,last_name,salary
FROM employees
WHERE rownum>10;
```

```
//查询2:
SELECT rownum,last_name,salary
FROM employees
WHERE rownum in(1,10);
```

查询 2 返回的结果如图 10-10 所示。

图 10-10 不恰当的 ROWNUM 条件应用

例 10-10 中查询 1 的条件为 rownum>10，由于 ROWNUM 始终从 1 开始，使得 rownum>10 表达式的返回值始终为 false，因此没有取出任何记录。

查询 2 的条件虽为 rownum in(1,10)，看似应该返回两条记录，但实际上只查询到一条记录，就是当 rownum 为 1 时所返回的记录，这是因为 1 和 10 之间跨越了很多的记录，ROWNUM 是不允许跨行查询的。

例 10-11   ROWNUM 应用示例 3：包含其他 WHERE 条件。

```
SELECT rownum,last_name,salary
FROM employees
WHERE salary>10000 and rownum<=10;
```

查询结果如图 10-11 所示。

	ROWNUM	LAST_NAME	SALARY
1	1	King	24000.00
2	2	Kochhar	17000.00
3	3	De Haan	17000.00
4	4	Greenberg	12000.00
5	5	Zlotkey	10500.00
6	6	Abel	11000.00
7	7	Hartstein	13000.00
8	8	Higgins	12000.00

图 10-11   WHERE 中包含其他条件

可以很清晰的看到，实际上是先执行了 where salary>10000，然后 Oracle 系统一边分配 ROWNUM 一边对符合 rownum<=10 条件的记录进行过滤。

例 10-12   ROWNUM 应用示例 4：ORDER BY 与 ROWNUM 的联合使用，ORDER BY 的排序列未定义索引。

```
SELECT rownum,last_name,salary
FROM employees
WHERE rownum<=10
ORDER BY salary;
```

查询执行结果如图 10-12 所示。

	ROWNUM	LAST_NAME	SALARY
1	6	Lorentz	4200.00
2	5	Ernst	6000.00
3	9	Chen	8200.00
4	4	Hunold	9000.00
5	10	Sciarra	9234.62
6	8	Faviet	9234.62
7	7	Greenberg	12000.00
8	3	De Haan	17000.00
9	2	Kochhar	17000.00
10	1	King	24000.00

图 10-12   ORDER BY 与 ROWNUM 的联合使用，无索引排序

可以看到先执行的是加入 ROWNUM 和 WHERE 条件中的 rownum<10,然后再执行 ORDER BY 子句，这与之前提到的查询语法也是一致的。所以，最终的 ROWNUM 在结果集中的显示不是排序的。

例 10-13   ROWNUM 应用示例 5：ORDER BY 与 ROWNUM 联合使用，ORDER BY 列有索引。

```
SELECT rownum,last_name,salary
FROM employees
WHERE rownum<=10
ORDER BY last_name;
```

查询执行结果如图 10-13 所示。

		ROWNUM	LAST_NAME		SALARY
▶	1	9	Chen	...	8200.00
	2	3	De Haan	...	17000.00
	3	5	Ernst	...	6000.00
	4	8	Faviet	...	9234.62
	5	7	Greenberg	...	12000.00
	6	4	Hunold	...	9000.00
	7	1	King	...	24000.00
	8	2	Kochhar	...	17000.00
	9	6	Lorentz	...	4200.00
	10	10	Sciarra	...	9234.62

图 10-13 ORDER BY 与 ROWNUM 的联合使用,有索引排序

例 10-13 的执行效果与不加 ORDER BY 子句的例 10-12 的执行效果完全不同。返回的结果集也不同,结果集上的 ROWNUM 也是按照顺序递增的。难道先执行的是 ORDER BY 子句,然后执行的是加入 ROWNUM?表面上的答案确实如此,但 Oracle 的设计并不是刻意想违反一些语法规则,而是为了语句的优化执行。employees 表的 last_name 列上已经创建了索引,但没有在 salary 列上建索引。有索引的列在执行含有 ORDER BY 子句的整个 SQL 语句前,Oracle 会判断一个最佳的执行计划,比如这里的选择就可以是先从索引中取出记录(已经排好序了),然后再根据其他条件来取出最终的结果集;另外还有一种思路就是不用索引,按照表的记录顺序查找记录,找到后再进行排序。当然前一种的效率会更高,所以,我们看到的结果集的情况好像是先拿到了排序后的记录,然后加入了 ROWNUM。关于 SQL 的优化是一个广泛而深入的话题,在本书中不会再涉及更多。

索引只是为了执行的效率,而不应该用来控制查询得到的结果集合。更好的解决思路参见后面提到的 TOP-N 问题的方案。

那么我们来看看 TOP-N 问题的解决思路,比如有一个场景,要求按照工资从大到小的顺序取出公司的前 10 名员工。工资排序使用 ORDER BY 语法,而取出前 10 条记录采用 ROWNUM 条件,那么读者可能很快会写出如下的 SQL 语句。

例 10-14 TOP-N 问题解决错误案例。

```
SELECT last_name,salary FROM employees
WHERE ROWNUM<=10
ORDER BY salary desc;
```

查询执行结果如图 10-14 所示。

		LAST_NAME		SALARY
▶	1	King	...	24000.00
	2	Kochhar	...	17000.00
	3	De Haan	...	17000.00
	4	Greenberg	...	12000.00
	5	Sciarra	...	9234.62
	6	Faviet	...	9234.62
	7	Hunold	...	9000.00
	8	Chen	...	8200.00
	9	Ernst	...	6000.00
	10	Lorentz	...	4200.00

图 10-14 TOP-N 查询错误结果集

但是,如果不采用 ROWNUM 时,可查询一下所有按照工资排序的记录情况。

```
SELECT last_name,salary FROM employees
ORDER BY salary desc;
```
查询执行结果如图 10-15 所示。

	LAST_NAME	SALARY
1	King ···	24000.00
2	Kochhar ···	17000.00
3	De Haan ···	17000.00
4	Hartstein ···	13000.00
5	Higgins ···	12000.00
6	Greenberg ···	12000.00
7	Abel ···	11000.00
8	Zlotkey ···	10500.00
9	Faviet ···	9234.62
10	Sciarra ···	9234.62
11	Urman ···	9234.62
12	Popp ···	9234.62
13	Hunold ···	9000.00
14	Taylor ···	8600.00
15	Gietz ···	8300.00
16	Chen ···	8200.00
17	Grant ···	7000.00
18	Fay ···	6000.00
19	Ernst ···	6000.00
20	Mourgos ···	5800.00
21	Whalen ···	4400.00
22	Lorentz ···	4200.00
23	Rajs ···	3500.00
24	Davies ···	3100.00
25	Matos ···	2600.00
26	Vargas ···	2500.00

图 10-15　不采用 ROWNUM 的工资排序

可以很明显地看出工资最高的前 10 名员工不是我们查询出来的结果。那么什么地方出现问题了呢？再来看看下面 SQL 语句。

```
SELECT last_name,salary FROM employees
WHERE ROWNUM<=10
ORDER BY salary desc;
```

前面已经解释过了，对于无索引的 ORDER BY 列，ROWNUM 的执行先于 ORDER BY。也就是先执行 WHERE 条件，取得 10 条记录，这 10 条记录就是 FROM 后面的源数据集的前 10 条记录，其顺序是当初存储的顺序，而不是按照工资排序。过滤出 10 条记录后，再执行排序。执行该 SQL 只是把前 10 条记录排序了，并不是取得工资最高的 10 个员工的信息。

那么怎样修改呢？其实把排序先运行，然后取出排序后的前 10 条记录就可以，但排序语句始终在一个 SQL 的最后执行啊，没关系，可以把排序作为一个子查询，然后外层查询再过滤记录数量（前 N 个），这就是实现 TOP-N 问题的思路，至于为什么要把该问题的解决放到视图中，是因为命名的子查询是一个内联视图。

TOP-N 的语法结构如下：

```
SELECT [column_list], ROWNUM
FROM    (SELECT [column_list]
         FROM table
         ORDER BY Top-N_column)
WHERE  ROWNUM <=N;
```

例 10-15　解决例 10-14 问题，TOP-N 查询的正确应用。

```
SELECT last_name,salary
FROM
(SELECT last_name,salary
FROM employees
ORDER BY salary desc)
WHERE ROWNUM<=10;
```

查询执行结果如图 10-16 所示。

		LAST_NAME		SALARY
▶	1	King	⋯	24000.00
	2	Kochhar	⋯	17000.00
	3	De Haan	⋯	17000.00
	4	Hartstein	⋯	13000.00
	5	Greenberg	⋯	12000.00
	6	Higgins	⋯	12000.00
	7	Abel	⋯	11000.00
	8	Zlotkey	⋯	10500.00
	9	Faviet	⋯	9234.62
	10	Sciarra	⋯	9234.62

图 10-16　TOP-N 查询结果集

10.2　序　列

数据库在应用过程中，经常需要系统自动生成一些不重复的序列编号作为表的主键列，Oracle 中通过数据库对象——序列可实现这一功能。

10.2.1　序列的概念

序列是一种用于产生唯一数字列值的数据库对象。一般使用序列自动地生成主码值或唯一键值。例如给一个销售记录表中的记录自动生成序列值，用以唯一描述表中的每一条记录。不管事务的状态如何，序列生成的数字每次增加，确保数字唯一。序列并不直接与数据库中的任何表相关联，只是传递序列值，无论下一个表何时插入，序列值都被分配新值。序列可以是升序或降序。

一个序列的值是由 Oracle 程序自动生成，因此序列避免了在应用层实现序列而引起的性能瓶颈。序列的特点如下：

① 可以为表中的记录自动产生唯一序列值。
② 由用户创建并且可被多个用户共享。
③ 典型应用是生成主键值，用于标识记录的唯一性。
④ 允许同时生成多个序列号，而每一个序列号是唯一的。
⑤ 可替代应用程序中使用到的序列号。
⑥ 使用缓存加速序列的访问速度。

10.2.2　创建序列

创建序列的语法如下：

```
CREATE SEQUENCE [schema.]序列名
  [INCREMENT BY n]
  [START WITH n]
```

```
[MAXVALUE n | NOMAXVALUE]
[MINVALUE n | NOMINVALUE]
[CYCLE | NOCYCLE]
[CACHE n | NOCACHE];
```

语法说明：

① 方括号表示可以省略该项。当全部省略时，则该序列为上升序列，由 1 开始，增量为 1，没有上限，缓存中序列值个数为 20。

② Schema 表示要创建的序列所属的方案。

③ INCREMENT BY n： 指定序列号之间的间隔，n 可为正整数或负整数，但不可为 0。序列为升序。忽略该子句时，默认值为 1。

④ START WITH n：指定生成的第一个序列号，默认为 1。对于升序，序列可从比最小值大的值开始，默认为序列的最小值。对于降序，序列可由比最大值小的值开始，默认为序列的最大值。

⑤ MAXVALUE n：指定 n 为序列可生成的最大值。

⑥ NOMAXVALUE：为默认情况。指定升序最大值为 1 027，指定降序指定最大值为-1。

⑦ MINVALUE n：指定 n 为序列的最小值。

⑧ NOMINVALUE：为默认情况。指定升序默认最小值为 1。指定降序默认最小值为-1 026。

⑨ CYCLE：指定序列使用循环。即序列达到了最大（对降序而言，为最小）值，返回最小值（对降序而言，返回最大值）重新开始。默认为不循环（NOCYCLE）。

⑩ CACHE n：定义 n 个序列值保存在缓存中，默认值为 20 个。如果指定 cache 值，Oracle 就可以预先在内存里面放置一些序列值，这样将提高存取速度。cache 里面的序列取完后，Oracle 自动再取一组到 cache 中。使用 cache 或许会跳号，比如数据库突然不正常 down 掉（shutdown abort），cache 中的 sequence 就会丢失。所以可以在 CREATE SEQUENCE 的时候用 NOCACHE 防止这种情况。

例 10-16 创建序列 test_seq。

```
CREATE SEQUENCE test_seq
START WITH 10
INCREMENT BY 2
MAXVALUE 100
MINVALUE 9
CYCLE
CACHE 10;
```

代码解释：

① START WITH 10：序列从 10 开始。

② INCREMENT BY 2：序列每次增加 2。

③ MAXVALUE 100：序列最大值 100。

④ MINVALUE 9：序列最小值 9。

⑤ CYCLE：序列循环。每次增加 2，一直到 100 后回到 9 重新开始。

⑥ CACHE 10：缓存中序列值个数为 10。

注意：想要创建序列，首先必须要有 CREATE SEQUENCE 或者 CREATE ANY SEQUENCE 权限。当序列被创建以后，序列的定义信息被存储在数据字典中，可以通过查询数据字典视图 USER_SEQUENCES 查看序列信息。

10.2.3　NEXTVAL 和 CURRVAL 伪列

当序列被创建以后，则被调用为某些表生成序列号。序列值的生成和查询需与 NEXTVAL 和 CURRVAL 伪列一起使用。伪列是仅能从 SQL 语句中调用的功能，它是作为 SQL 语句执行的一部分被求值的。

使用 CREARE SEQUENCE 语句创建序列后可用语句 sequence_name.CURRVAL 和 sequence_name.NEXTVAL 来访问序列。

① Sequence_name 是序列的名字。

② CURRVAL 是序列的当前值，即当前序列正被分配的序列值。

③ NEXTVAL 在序列中增加新值并返回此值。

④ CURRVAL 和 NEXTVAL 都返回 NUMBER 值。

⑤ 必须至少执行一次 NEXTVAL 后才可在特定的会话中访问 CURRVAL 值。

在下列语句中可使用 NEXTVAL 和 CURRVAL 伪列：

① SELECT 语句的非子查询的目标列名列表中。

② INSERT 语句中的子查询的 SELECT 目标列名列表中。

③ INSERT 语句的 VALUES 子句中。

④ UPDATE 语句的 SET 子句中。

在下列语句中不允许使用 NEXTVAL 和 CURRVAL 伪列：

① 在对视图查询的 SELECT 目标列名列表中。

② 使用了 DISTINCT 命令的 SELECT 语句中。

③ SELECT 语句中使用了 GROUP BY、HAVING 或 ORDER BY 子句时。

④ 在 SELECT、DELETE 或 UPDATE 语句的子查询中。

⑤ 在 CREATE TABLE 或 ALTER TABLE 语句中的默认值表达式中。

例 10-17　序列与伪列的应用示例。

创建序列 student_seq：

```
CREATE SEQUENCE student_seq
START WITH 10000
INCREMENT BY 1;
```

创建表 student：

```
CREATE TABLE student (
sid NUMBER(6) PRIMARY KEY,
sname VARCHAR2(8),
major VARCHAR2(30),
current_credits NUMBER(2));
```

使用序列 student_seq 生成 student 表中 sid 列的插入值：

```
INSERT INTO student
```

```
VALUES (student_seq.NEXTVAL, 'Scott', 'Computer Science', 11);

INSERT INTO student
VALUES (student_seq.NEXTVAL, 'Margaret', 'History', 4);
```
查看 student 表中的数据：
```
SELECT * FROM student;
```
查询结果如图 10-17 所示。

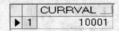

	SID	SNAME	MAJOR		CURRENT_CREDITS
1	10000	Scott	Computer Science	...	11
2	10001	Margaret	History	...	4

图 10-17　student_seq 序列值已插入 student 表中

使用 student_seq 序列向 student 表中插入了若干条记录后，如果希望知道 student_seq 序列当前最后一次生成的序列号是多少时，这需要使用 CURRVAL 伪列来实现。

查看 student_seq 序列当前值：
```
SELECT student_seq.CURRVAL FROM dual;
```
在使用 student_seq 序列向 student 表中插入两条记录后，假设该序列除被 student 表引用外，并未被其他表引用。student_seq 序列当前值查询结果如图 10-18 所示。

	CURRVAL
1	10001

图 10-18　student_seq 序列值当前值为 1001

增加 student_seq 序列值，并返回该值：
```
SELECT student_seq.NEXTVAL FROM dual;
```
运行结果如图 10-19 所示。

	NEXTVAL
1	10002

图 10-19　student_seq 序列值当前值为 1002

注意：第一次使用 NEXTVAL 返回的是初始值；随后的 NEXTVAL 会自动增加已定义的 INCREMENT BY 值，然后返回增加后的值。CURRVAL 总是返回当前 SEQUENCE 的值，但是在第一次 NEXTVAL 初始化之后才能使用 CURRVAL，否则会出错。一次 NEXTVAL 会增加一次 sequence 的值，所以如果在同一个语句里面使用多个 NEXTVAL，其值就是不一样的。

10.2.4　修改序列

修改序列的语法如下：
```
ALTER SEQUENCE [schema.]序列名
      [INCREMENT BY n]
      [MAXVALUE n | NOMAXVALUE]
      [MINVALUE n | NOMINVALUE]
      [CYCLE | NOCYCLE]
      [CACHE n | NOCACHE];
```
语法说明：必须是序列的所有者或者有 ALTER ANY SEQUENCE 权限才能修改序列。修改序列的语法除没有 START WITH 子句外,其他所有参数均与创建语句中的参数功能相同。如果希望修改序列初始值,则必须删除序列进行重新创建。序列被修改后仅对以后的序列值的生成产生影响。

例 10-18 修改序列 student_seq。

```
ALTER SEQUENCE student_seq
INCREMENT BY 4      --序列每次增加 4
MAXVALUE 100000    --序列最大值 100 000
NOCACHE;            --不设定缓存
```

注意:序列的修改有时并不一定会成功。序列的 MAXVALUE 值不能被修改为小于当前已经被分配的序列值。假如 student_seq 序列当前序列值为 10 002,那么修改该序列时如果将 MAXVALUE 的值修改为 10 001,则会返回错误。

```
ALTER SEQUENCE student_seq
INCREMENT BY 4
MAXVALUE 10001       --最大值 10 001 小于已经分配的序列值 10 002
NOCACHE;
```

运行返回错误如图 10-20 所示。

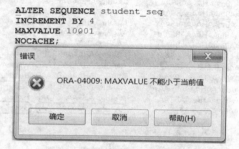

图 10-20 序列修改异常

10.2.5 删除序列

当某些序列对用户没有用的时候,用户通常希望可以删除这些序列。对序列的删除必须是序列的所有者或者具有 DROP ANY SEQUENCE 权限的用户才可以完成。

删除序列的语法如下:

```
DROP SEQUENCE [schema.] 序列名;
```

例 10-19 删除序列 student_seq

```
DROP SEQUENCE student_seq;
```

注意:序列被删除后,就不能够再被引用。但序列在被删除前已经生成的序列值并不会因为序列的删除而消失。

10.3 索 引

10.3.1 索引的概念

索引是一个方案对象,索引内也保存数据,这些数据主要用来加速数据的查询。其加速查询的原理是通过快速路径的访问方法来快速定位数据，从而减少磁盘的 I/O 操作。索引中的数据是来源于索引相关的表的数据，索引根据表的某些列来定义并存储表的相关列的数据，只不过这些数据在索引中是排序存储的。索引中对应表的相关列也称为索引关键字字段。索引中的数据不用由用户来维护，若跟索引相关表中的索引关键字字段值发生了改变（表中的数据改变了），则 Oracle 服务器会自动维护相关索引值的改变（当然是先排序再存储）。

来看一个索引原理的示意性例子，如图 10-21 所示。

索引

LAST_NAME	ROWID
Abel	... AAABrqAAHAAAABSABK
Chen	... AAABrqAAHAAAABSAAK
Davies	... AAABrqAAHAAAABSAAq
De Haan	... AAABrqAAHAAAABSAAC
Ernst	... AAABrqAAHAAAABSAAE
Faviet	... AAABrqAAHAAAABSAAJ
Fay	... AAABrqAAHAAAABTAAE
Gietz	... AAABrqAAHAAAABTAAI
Grant	... AAABrqAAHAAAABSABO
Greenberg	... AAABrqAAHAAAABSAAI
Hartstein	... AAABrqAAHAAAABTAAD
Higgins	... AAABrqAAHAAAABTAAH
Hunold	... AAABrqAAHAAAABSAAD
King	... AAABrqAAHAAAABSAAA
Kochhar	... AAABrqAAHAAAABSAAB
Lorentz	... AAABrqAAHAAAABSAAH
Matos	... AAABrqAAHAAAABSAAr
Mourgos	... AAABrqAAHAAAABSAAY
Popp	... AAABrqAAHAAAABSAAN
Rajs	... AAABrqAAHAAAABSAAp
Sciarra	... AAABrqAAHAAAABSAAL
Taylor	... AAABrqAAHAAAABSABM
Urman	... AAABrqAAHAAAABSAAM
Vargas	... AAABrqAAHAAAABSAAs
Whalen	... AAABrqAAHAAAABTAAC
Zlotkey	... AAABrqAAHAAAABSAAx

表

ROWID	LAST_NAME	SALARY
AAABrqAAHAAAABSAAA	King ...	24000.00
AAABrqAAHAAAABSAAB	Kochhar ...	17000.00
AAABrqAAHAAAABSAAC	De Haan ...	17000.00
AAABrqAAHAAAABSAAD	Hunold ...	9000.00
AAABrqAAHAAAABSAAE	Ernst ...	6000.00
AAABrqAAHAAAABSAAH	Lorentz ...	4200.00
AAABrqAAHAAAABSAAI	Greenberg ...	12000.00
AAABrqAAHAAAABSAAJ	Faviet ...	9000.00
AAABrqAAHAAAABSAAK	Chen ...	8200.00
AAABrqAAHAAAABSAAL	Sciarra ...	7700.00
AAABrqAAHAAAABSAAM	Urman ...	7800.00
AAABrqAAHAAAABSAAN	Popp ...	6900.00
AAABrqAAHAAAABSAAY	Mourgos ...	5800.00
AAABrqAAHAAAABSAAp	Rajs ...	3500.00
AAABrqAAHAAAABSAAq	Davies ...	3100.00
AAABrqAAHAAAABSAAr	Matos ...	2600.00
AAABrqAAHAAAABSAAs	Vargas ...	2500.00
AAABrqAAHAAAABSAAx	Zlotkey ...	10500.00
AAABrqAAHAAAABSABK	Abel ...	11000.00
AAABrqAAHAAAABSABM	Taylor ...	8600.00
AAABrqAAHAAAABSABO	Grant ...	7000.00
AAABrqAAHAAAABTAAC	Whalen ...	4400.00
AAABrqAAHAAAABTAAD	Hartstein ...	13000.00
AAABrqAAHAAAABTAAE	Fay ...	6000.00
AAABrqAAHAAAABTAAH	Higgins ...	12000.00
AAABrqAAHAAAABTAAI	Gietz ...	8300.00

图 10-21　索引原理示意图

图 10-21 中，左侧为索引中存储的内容，右侧为表中存储的内容。表是 employees 中的数据，索引的关键字是该表的 last_name 列，索引中 last_name 列数据是排序后存储的，另外要注意的是，索引中保存的数据除了关键字列外，还有 ROWID 列，ROWID 对应表中每条记录的唯一存储位置，如果知道了一行记录的 ROWID，无疑通过 ROWID 是最快的查找记录的方法。但我们很难直接获知 ROWID 的信息，一般是按照其他的字段的数值进行条件查询。如想查询表中的名字为"Gietz"的记录：

```
SELECT rowid,last_name,salary FROM employees
WHERE last_name='Gietz';
```

如果没有索引，则 Oracle 查找记录的策略是"全表扫描"，也就是按照表中记录的存储顺序，一条一条记录进行查询，最差的情况就是该条记录存储在表的最后，那就要查询表的所有记录才能找到需要的数据。

如果采用了索引，就会加快查询的速度。注意图中的箭头方向。系统会自动判断与本次查询相关的条件列是否有索引存在，如果有索引存在，则先到索引中查询满足条件（WHERE last_name='Gietz'）的索引记录。主要快的地方是在索引中查询记录快。为什么在索引中查询记录快呢？是因为索引中该列数据都是排序的，而对于排序数据的查询，可以使用各种在数据结构中提到的算法（比如二分法，在 1 024 条记录中查询一条记录，最多的查询次数是 2n，n = 10，最多 10 次查询就一定可以查询出记录），利用算法可以快速找到索引记录，而索引记录还包含该值对应的表中记录的 ROWID 信息，通过关键字 ROWID，然后再到表中取记录，根据 ROWID 行值，最终提高了查询的速度。

10.3.2 创建索引

索引的创建有两种方法，一种是自动创建，一种是手工创建。在两种情况下，会自动创建索引。手工创建索引是用户自定义索引，用户自定义索引的语法为：

```
CREATE INDEX indexname
ON table (column[, column]...);
```

CREATE INDEX 和 ON 都是语法关键字，indexname 是用户自定义的索引名。table 是在哪个表上创建索引，column 是索引列，可以创建多列索引。

例 10-20 创建索引。

```
CREATE INDEX emp_last_name_idx
ON employees(last_name);
```

关于索引的加速查询可以做如下测试（也是测试该索引是否被应用的例子）。

例 10-21 测试索引对于查询的加速。

首先创建索引测试表：

```
CREATE TABLE e1 AS SELECT * FROM employees;
```

在测试表中插入大量数据，多次运行以下 INSERT 语句后，在表中插入二十几万多条记录。

```
INSERT INTO e1 SELECT * FROM e1;
```

更新所有记录的 employee_id，以使其数值唯一，并提交修改。

```
UPDATE e1
SET employee_id=ROWNUM;
commit;
```

在 SQL*Plus 中设置环境变量 timing，用来测试每次 SQL 语句的执行时间。

```
set timing on;
```

在没有创建索引的情况下对表进行查询。

```
SELECT last_name,salary FROM e1
WHERE employee_id=210000;
```

已用时间: 00: 00: 06.05 --没有索引的时候用时 6 秒

```
CREATE INDEX e1_id ON e1(employee_id); --创建索引
```

对表中 employee_id 列创建索引后，在已创建索引的情况下对表进行查询。

```
SELECT last_name,salary FROM e1
WHERE employee_id=210000;
```

已用时间: 00: 00: 00.00 --测试结果, 几乎没有消耗什么时间

```
set timing off; --取消时间统计
```

通过以上测试过程的结果可以看出，索引的定义将有助于查询速度的提高。然而，并不能因为索引能够提高查询速度，也就意味着在表中索引创建的越多越好，何时创建索引通常有着一定的规律。

适合创建索引的情况：

① 查询列的数据范围很广泛。

② 查询列中包含大量的 NULL 值。

③ WHERE 条件中的列或者多表连接的列适合创建索引。

④ 欲查询的表数据量很大，而且大多数的查询得到结果集的数量占总记录量的 2%～4%。

不适合创建索引的情况：

① 很小数据量的表。

② 在查询中不常用来作为查询条件的列。

③ 查询最终得到的结果集很大。

④ 频繁更新的表（索引对于 DML 操作是有部分负面影响的）。

⑤ 索引列作为表达式的一部分被使用时（比如常查询的条件是 SALARY*12，此时在 SALARY 列上创建索引是没有效果的）。

10.3.3 删除索引

删除索引的语法：

```
DROP INDEX indexname;
```

删除索引后，索引中的数据、索引的定义被删除，索引所占的数据空间被释放，但表中的数据仍然存在。

10.4 同 义 词

10.4.1 同义词的概念

同义词（Synonyms）是指向数据库对象（如表、视图、序列、存储过程等）的数据库指针。当创建了一个同义词时就指定了一个同义词名字和同义词所引用的对象。当引用同义词名字时，Oracle 服务器会自动地用同义词引用的对象名字来代替同义词的名字。

使用同义词有下列好处：

① 可以简化对数据库对象的访问。

② 方便对其他用户表的访问。

③ 简化过长的对象名称。

④ 节省大量的数据库空间。

⑤ 扩展的数据库的使用范围，能够在不同的数据库用户之间实现无缝交互。

⑥ 同义词可以创建在不同数据库服务器上，通过网络实现连接。

同义词有两种类型：私有（PRIVATE）和公有（PUBLIC）。私有同义词是在指定的方案中创建的，并且只允许拥有它的方案访问。公有同义词由 PUBLIC 方案所拥有，所有的数据库方案都可以引用他们。

10.4.2 创建同义词

创建同义词的语法如下：

```
CREATE [PUBLIC] SYNONYM 同义词
FOR  [schema.] 对象名;
```

语法说明：

① 方括号表示可省略项。

② PUBLIC 表示建立的同义词为所有用户所共有的，但前提条件是用户必须是 DBA（数据库管理员）。

③ schema 表示数据库对象的拥有者，若省略则默认是对当前登录用户拥有的数据库创建同义词。

注意： 对于定义在包中的对象不能定义同义词。在同一用户中，私有同义词不允许与其他数据库对象重名。如果要创建一个远程的数据库上的某个对象的同义词，需要先创建一个 Database Link（数据库连接，简称 DB_Link）来扩展访问，然后再使用如下语句创建数据库同义词：

```
CREATE SYNONYM table_name FOR table_name@DB_Link;
```

创建同义词后，可以对其进行 DML 操作或者 SELECT 查询操作。

例 10-22　在用户 neu 中为 hr 用户的表 employees 创建公有同义词 emp_sy。

```
CREATE PUBLIC SYNONYM emp_sy FOR hr.employees;
```

运行结果如图 10-22 所示。

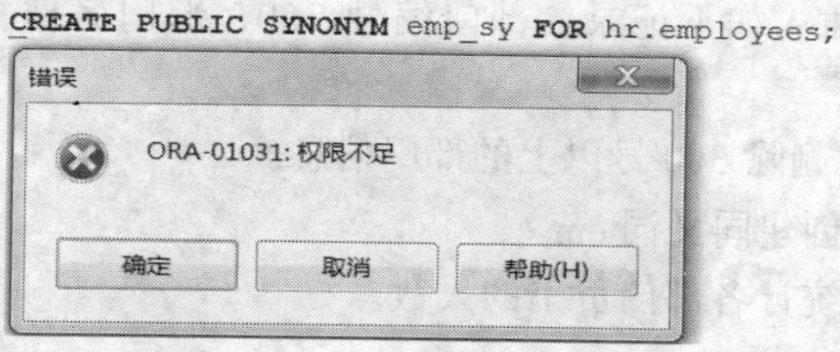

图 10-22　公有同义词创建异常

如果将例 10-22 修改为 neu 用户为自己所拥有的表创建同义词的话，会出现怎样的结果呢？同样将返回例 10-22 中的错误。原因就是只有数据库管理员才拥有公有同义词的创建权限。

例 10-23　用户 neu 为其所拥有的表 employees 创建私有同义词 emp_sy。

```
CREATE SYNONYM emp_sy FOR employees;
```

例 10-23 可成功创建。

10.4.3　删除同义词

删除同义词的语法如下：

```
DROP [PUBLIC] SYNONYM 同义词;
```

例 10-24　删除用户 neu 的同义词 emp_sy。

```
DROP SYNONYM emp_sy;
```

注意： 只有数据库管理员才有权限删除公有同义词。

小　　结

本章主要介绍了如何对视图、序列、索引和同义词四种常见数据库对象进行管理的内容，具体如下：

① 介绍了视图的概念，以及创建和维护各种视图的方法。对于在应用中需要经常执行的复

杂查询语句，以及需要限制用户访问等情况下，通常可采用创建视图的方式来简化操作。

② 介绍了序列的概念，以及创建和维护序列的方法。对于伪列 CURRVAL 和 NEXTVAL 的使用需要注意，当序列首次被使用时，必须要使用 NEXTVAL。

③ 介绍了索引的概念，以及创建和维护索引的方法。使用索引可以加快查询速度，但并不意味着创建越多的索引查询速度就越快，索引的创建将需要根据实际情况进行判断是否需要创建索引。

④ 介绍了同义词的概念，以及如何创建同义词。对于公有同义词的删除只有数据库管理员才有权限。

习　题

1. 试创建视图 v_emp_80，包含 80 号部门的员工编号、姓、名、年薪。

2. 从视图 v_emp_80 中查询年薪在 12 万元以上的员工的信息。

3. 创建试图 v_dml，包含部门编号大于 100 号的部门的信息。

4. 从视图 v_dml 插入如下记录：部门编号 360，部门名称 AAA，管理者编号 101，区域编号 1700。

5. 从视图 v_dml 中删除 300 号以上的部门信息。

6. 给表 employees 创建同义词 em。

7. 使用同义词 em 统计各部门员工的人数。

第11章 PL/SQL 概述

前面的章节中，我们学习了结构化查询语言(Structured Query Language，SQL)，它是用来访问关系型数据库一种通用语言，属于第四代语言，是一种非过程化的程序语言，也就是说，没有必要写出将如何做某件事情，只需写出做到什么就可以了。比如，想把员工姓名按照工资由低到高排列，我们只需写出下面的语句：

```
SELECT last_name
FROM employees
ORDER BY salary;
```

如果同样的问题我们用第三代语言（the third-generation language,3GL),如 C 语言来写，我们首先要选择算法，然后按照选用的算法来一步接一步地、过程化地解决问题。无论是第三代语言还是第四代语言都有自己的优点和缺点，通过上述 SELECT 语句我们可以看出 SQL 与第三代相比，比较简单，不需关心底层的数据结构和算法。但是，对于有些复杂的业务流程，SQL 就有些无能为力了，比如业务处理中常常需要进行循环、异常处理等操作，PL/SQL 语言则正是 Oracle 为解决这一问题而设计的。

本章中就将从为什么要使用 PL/SQL 语言入手，简单明了的针对 PL/SQL 语言的结构定义、变量声明、函数使用、IF 语句、循环语句，以及如何与 Oracle 进行交互等内容进行介绍。

11.1　使用 PL/SQL 的原因

PL/SQL 通过增加过程性语言中的一些结构来对 SQL 进行了扩展，使得它不仅仅包括数据库查询语言，而且能做一些过程化的控制，比如循环，判断，定义变量，异常处理等。

11.1.1　PL/SQL 的概念

PL/SQL 是一种过程化语言,PL 是 Procedural Language 的缩写,从名字中我们能够看出 PL/SQL 包含了两类语句，过程化语句和 SQL 语句，它属于第三代语言，与 C 语言、Java 等一样关注于处理细节，因此可以用来实现比较复杂的业务逻辑。

PL/SQL 通过增加了用在其他过程性语言中的结构来对 SQL 进行扩展，把 SQL 语言的易用性灵活性同第三代语言的过程化结构融合在一起。

PL/SQL 是 Oracle 对标准数据库语言的扩展，其他数据库也有对标准数据库语言的扩展，如 SQL Server 使用的 Transact-SQL（T-SQL），DB2 使用的 SQL 过程语言（SQL Procedural Language，SQL PL）。

例 11-1 是一个用 PL/SQL 编写的存储过程例子。

例 11-1 存储过程示例。

```
CREATE OR REPLACE PROCEDURE get_bonus (
  p_empno in number)        --输入参数,获得员工号码
IS
  v_bonus number(9,2);   --奖金数目
BEGIN
/* 根据员工的工资计算奖金
   并把计算出的奖金和工资插入到测试表中
*/
SELECT sal INTO v_sal
   FROM emp
   WHERE empno=p_empno ;
   v_bonus:=
       CASE
           WHEN v_sal<1000 THEN 0.2* v_sal
           WHEN v_sal between 1000 and 2000 THEN 0.4* v_sal
           ELSE 0.5* v_sal
       END ;
   INSERT INTO testpl1
       (empno,sal,bonus)
       VALUES
       (p_empno,v_sal,v_bonus);
   COMMIT;
END get_bonus;
```

这个例子中有 SQL 语句（SELECT 和 INSERT），这是第四代语言结构，同时也有第三代语言结构（变量和判断）。关于存储过程具体细节，将在后面的第 14 章创建存储过程和函数中介绍。

11.1.2 PL/SQL 的优点

PL/SQL 的优点如下：

① 改善了性能。PL/SQL 以整个语句块发给服务器，这个过程在单次调用中完成。而如果不使用 PL/SQL，每条 SQL 语句都有单独的传输交互，在网络环境下占用大量的服务器时间，同时增加了网络拥挤概率的出现，如图 11-1 所示。

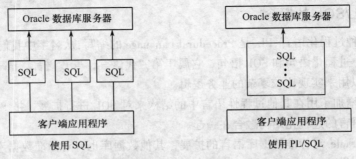

图 11-1　客户机/服务器环境中的 PL/SQL 与 SQL 传输的对比

② 可重用性。PL/SQL 能运行在任何 Oracle 环境中（不论它的操作系统和平台），在其他

Oracle 能够运行的操作系统上无需修改代码。

③ 模块化。每个 PL/SQL 单元可以包含一个或多个程序块，程序中的每一块都实现一个逻辑操作，从而把不同的任务进行分割，由不同的块来实现，块之间可以是独立的或是嵌套的。这样一个复杂的业务就可以分解为多个易管理、明确的逻辑模块，使程序的性能得到优化、程序的可读性更好。

11.2　PL/SQL 结构

PL/SQL 程序的基本结构是块，所有的 PL/SQL 程序都是由块组成的。

11.2.1　PL/SQL 块结构

一个基本的 PL/SQL 块由三部分组成：声明部分、可执行部分以及异常处理部分。PL/SQL 的块结构如下所示：

```
DECLARE
/* 声明部分    -- 这部分包括 PL/SQL 变量，常量，游标，用户定义的异常等的定义 */
BEGIN
/* 可执行部分  -- 这部分包括 SQL 语句及过程化的语句
这部分是程序的主体 */
EXCEPTION
/* 异常处理部分 -- 这部分包括异常处理语句  */
END;
```

在上面的块结构中，只有执行部分是必须的，声明部分和异常处理部分都是可选的。

块结构中的执行部分至少要有一个可执行语句。

例 11-2　PL/SQL 块结构示例。

```
DECLARE
  v_variable  VARCHAR2(5);--变量声明
BEGIN
  SELECT column_name
  INTO  v_variable
  FROM  table_name;--PL/SQL 中的 SQL 语句
EXCEPTION
  WHEN exception_name THEN --异常处理
  ...
END;
```

11.2.2　PL/SQL 块类型

PL/SQL 块按存储方式及是否带名称等分为以下几种类型：

① 匿名块（Anonymous）：一般在要运行的应用中说明，运行时传递给 PL/SQL 引擎处理，只能执行一次，不能被存储在数据库中。

② 过程（Procedure）：是命名的 PL/SQL 块，以编译后的形式存放在数据库中，由开发语言调用或者 PL/SQL 块中调用，能够被多次执行，是一种用来执行某些操作的子程序。

③ 函数（Function）：是命名的 PL/SQL 块，函数和过程一样，都以编译后的形式存放在数据

库中。函数主要用于科学计算。

④ 包（Package）：包就是被组合在一起的相关对象的集合，当包中任何存储过程或函数被调用，包就被加载到内存中，包中的任何函数或存储过程的访问速度将大大加快。包由两个部分组成：包头和包主体（body），包头描述变量、常量、游标、包中存储过程、函数的声明，包体包括完全定义存储过程、函数等。

⑤ 触发器（Trigger）：命名为 PL/SQL 块，被存储在数据库中，能够被多次执行，当相应的触发事件发生时自动被执行。

过程和函数的具体例子见后面第 14 章。

11.3 变量声明

PL/SQL 中可以使用标识符来声明变量，常量，游标，用户定义的异常等，并在 SQL 语句或过程化的语句中使用。

标识符的命名和 Oracle 对数据库对象的命名原则相同，如不能超过 30 个字符长，第一个字符必须为字母等。对标识符的命名最好遵循项目组相关命名规范。在本书中，例子采用的命名规范要求变量以 v_开头，常量以 c_开头，以标识符用途来为其命名。如 v_LastName 表示一个处理名字的变量，c_BirthDay 表示一个处理出生日期的常量。采用这样的命名规范比较好，把数据类型缩写加入标识符名称中，这样通过标识符名称就能得知标识符的数据类型。

11.3.1 语法

声明标识符的语法如下：

```
identifier [CONSTANT] datatype [NOT NULL] [:= | DEFAULT expr];
```

从语法中我们可以看出其中的两项必选项，标识符名称及数据类型。

1. 常量声明

当可选项中关键字是 CONSTANT，表示此标识符为常量。声明常量时必须加此关键字，常量在声明时必须初始化，否则在编译时会出错。例如：

```
c_PI    CONSTANT NUMBER(8,7) := 3.1415926;
```

这里，如果没有后面的 ":= 3.1415926" 是没有办法通过编译的。

2. 变量声明

在 PL/SQL 中声明变量与其他语言不太一样，它采用从右往左的方式声明，比如声明一个可变长字符类型的变量处理用户的地址 v_Address，其最大长度为 60 个字符，那么其形式应为：

```
v_Address  varchar2(60);
```

注意：变量名称不要和数据库中表名或字段名相同，尽管这种问题在编译的时候不会有任何的错误或警告，但在运行过程中可能会产生意想不到的结果，程序的维护也更加复杂。

3. 变量初始化

如果一个变量没有进行初始化，它将默认被赋值为 NULL。如果使用了非空约束（NOT NULL），就必须给这个变量赋一个值。在语句块的执行部分或者异常处理部分，也要注意不能将 NULL 赋值给被限制为 NOT NULL 的变量。

初始化变量可以用 "∶=" 或 "DEFAULT"，如果没有设置初始值，变量默认被赋值为 NULL，如果变量的值能够确定，最好对变量进行初始化。

例如 可以这样声明：

```
v_Flag varchar2(20) not null :='True';
```

而不能声明为：

```
v_Flag varchar2(20) not null;
```

声明标识符时，要注意每行声明一个标识符，这样代码可读性更好，也更易于维护。

例如：

```
v_FirstName varchar2(20);
v_Job   varchar2(20);
```

而不要写成如下形式：

```
v_FirstName ,   v_Job varchar2(20);
```

例 11-3　变量名同列名相同的示例。

```
DECLARE
  employee_id   employees.employee_id%TYPE;
BEGIN
  employee_id := 100;
  DELETE FROM employees WHERE employee_id = employee_id;
END;
```

在例 11-3 中，我们想删除员工号码为 100 的员工信息，但在删除语句中使用的变量名与 employees 表中 employee_id 字段名相同，这时删除的就不止是员工号码为 100 的记录了，而是表中的所有记录！

避免出现这类问题的方法很简单，可以使用 v_ 作为变量的前缀，这样基本就不会和数据库对象名称相冲突了。

例如 employee 表中参加工作时间字段名为 Hire_Date，变量可以这样命名：

```
v_Hire_Date     date;
```

例 11-4　字符型和日期型变量初始化示例。

```
v_Comm      number(2,2) := 0;
v_HireDate  date := sysdate - 1;
```

11.3.2　标量数据类型

标量（Scalar）数据类型没有内部组件，数据类型不能再拆分，可以分为以下四类：

1. 数值型

① NUMBER [(precision, scale)]：可存储整数或实数值，范围为 1 e130～10e125，这里 precision 是精度，即数值中所有数字位的个数，scale 是刻度范围，即小数右边数字位的个数，精度的默认值是 38。

② BINARY_INTEGER：可存储整数，范围为 $-2\,147\,483\,647\sim 2\,147\,483\,647$。

③ PLS_INTEGER：可存储整数，范围为 $-2\,147\,483\,647\sim 2\,147\,483\,647$，这种数据类型只在 PL/SQL 中使用，能提供更好的性能。

④ SIMPLE_INTEGER: Oracle 11g 新增加的数据类型，这是一个比 PLS_INTEGER 效率更高的整数数据类型。

2．字符型

① CHAR [(maximum_length)]：在 PL/SQL 中最大长度是 32 767。

② VARCHAR2 (maximum_length)：在 PL/SQL 中最大长度是 32 767。

③ LONG：大对象类型。

3．日期型

① DATE。

② TIMESTAMP。

4．布尔型

存储逻辑值 TRUE 或 FALSE，例如：

```
v_flag  BOOLEAN NOT NULL := TRUE;
```

PL/SQL 主要用于数据库编程，所以其数据类型与 Oracle 数据类型基本类似，它们的不同点如表 11-1 所示，表中未列出的其他数据类型，可参考 Oracle 数据类型的描述，具体见第 9 章中表 9-2。

表 11-1　PL/SQL 数据类型

数据类型	ORACLE 中最大长度	PL/SQL 中最大长度	注释
VARCHAR(size) NVARCHAR2(size)	4 000 B	32 767 B	
CHAR(SIZE) NCHAR(SIZE)	2 000 B	32 767 B	
PLS_INTEGER		2 147 483 647 bit	只适用 PL/SQL
BINARY_INTEGER		2 147 483 647 bit	
BOOLEAN		TRUE、FALSE、NULL	只适用 PL/SQL
LONG	2 GB		不建议使用
LONG RAW	2 GB		不建议使用

给变量赋值有两种方式，这里介绍的是直接给变量赋值，另外一种方式是从数据库表中取出某个或某几个字段的值来赋给变量，这种方式将在本章后面的 11.6 节中有介绍。直接给变量赋值的语法：

```
Identifier := expr;
```

这里的赋值符号是"：="，而不是"="。

例 11-5　赋值符号的使用。

```
X := 100;
Y := Y + (X * 20);
```

11.3.3　%TYPE 属性

%TYPE 属性，在实际开发中的使用是非常多的。%TYPE 属性可提供变量、常量或数据库列的数据类型。比如 PL/SQL 中的变量在很多情况下，是用来处理存储在数据库表中的数据，这时变量的数据类型应该和表中对应列的数据类型相同，如果类型错误的话，变量的赋值、比较等都有可能出现错误。比较安全的方式可以把变量声明为%TYPE 类型。这种用法是非常有用的，比如变量引用的列的数据类型和大小改变了，如果声明为%TYPE 类型，程序员就不必修改涉及这个变量的声明部分代码，没有声明为%TYPE 类型，则必须检查所有子程序中涉及该变量声明部分的代码，并在必要处修改。

　　例如，声明一个变量，用来处理员工姓名，employees 表中 first_name 的数据类型为 varchar2(20)，如果不使用%TYPE 类型，可以这样声明变量 v_firstname varchar2(20) ，如果数据库表中员工姓名这个字段的长度变了，比如姓名字段改为 30 个字符长：first_name varchar2(30)，所有程序中涉及用户姓名变量 v_firstname 的数据类型全部都要修改。如果使用%TYPE 类型，声明变量 v_firstname employee.salary%TYPE，在这种情况下就不需修改涉及用户姓名变量的数据类型。

　　PL/SQL 中，不但列名可以使用%TYPE，而且变量、游标、记录，或声明的常量都可以使用%TYPE。这对于定义相同数据类型的标识符非常有用。比如声明一个变量用来处理教师姓名，v_teachername varchar2(20)，如果有变量处理学生姓名，数据类型和教师姓名的数据类型相同，可以这样声明 v_studentname v_teachername%type。

11.3.4　复合数据类型

　　标量类型是经过预定义的，利用这些类型可以衍生出一些复合类型。复合数据类型在使用前必须被定义，记录之所以被称为复合数据类型，是因为它是由域这种由数据元素的逻辑组所组成。域可以是标量数据类型或其他记录类型，它与 C 语言中的数据类型"结构"相似，记录也可以看成表中的数据行，域则相当于表中的列，行或记录中的每一列或域都可以被引用或单独赋值，也可以通过一个单独的语句引用记录所有的域。在存储过程或函数中记录也可能有参数。PL/SQL 中的复合类型主要包括记录(RECORD)类型、表(TABLE)类型。

1. 记录类型

声明语法如下：

```
TYPE record_type_name IS RECORD
    (field_declaration[, field_declaration]…);
```

其中 field_declaration 部分子语法：

```
field_name {field_type | variable%TYPE
            | table.column%TYPE | table%ROWTYPE}
            [[NOT NULL] {:= | DEFAULT} expr]
```

声明语法和我们前面讲过的 CREATE TABLE 语句比较像。其中，TYPE 声明复合类型的关键字，record_type_name 是记录类型的名字。RECORD 声明为记录的关键字，每个域声明的格式即"{field_type|variable%TYPE|table.column%TYPE | table%ROWTYPE} [[NOT NULL]{:=|DEFAULT}expr]"和在记录外作为变量的声明格式相同，包括 NOT NULL 约束和默认值设定，NOT NULL 约束和默认值是可选的。引用时必须定义相关的变量，记录只是 TYPE，不是 VARIABLE。

例 11-6　关于记录型变量的赋值和使用的示例。

```
DECLARE
    TYPE recTypeStudent IS RECORD
        (sname VARCHAR2(20),
        sex CHAR(1) DEFAULT 'M',
        birthday date,
        major VARCHAR2(10));
```

```
    v_recStu  recTypeStudent;--引用前要定义变量
BEGIN
   v_recStu.sname:='张三';
   v_recStu.major:='计算机';
   Dbms_Output.Put_line(v_recStu.sname);
   Dbms_Output.Put_line(v_recStu.major);
END;
```

这个例子中我们给记录类型的变量赋值，并打印出来。

例 11-6 运行结果如下：

张三
计算机

PL/SQL 过程已成功完成

也可以用 SELECT 语句向记录赋值，这将会从数据库中检索数据并将该数据存储到记录中。需注意的是，记录中字段应该和查询结果列表中的字段相匹配。语句的具体使用请参考本章 11.6 节。假设我们有 students 这样一个表，表结构如表 11-2 所示。

表 11-2　students 表结构

字 段 名	数 据 类 型	默 认 值
sname	VARCHAR2(20)	
sex	CHAR(1)	'M'
birthday	date	
major	VARCHAR2(10)	

例 11-7　使用 SELECT 语句赋值的示例。

```
SELECT sname, sex , birthday, major
INTO v_StudentInfo
FROM students WHERE sname ='张三';
```

定义一个记录变量可以使用%ROWTYPE，%ROWTYPE 可以理解为某些开发语言中的记录类型数据。如学生记录，包括学生姓名、性别、电话、专业，引用时的格式为"学生记录变量.姓名"，或"学生记录变量.性别"等。

使用%ROWTYPE，在 PL/SQL 中将一个记录声明为具有相同类型的数据库行的作法是很常见的。PL/SQL 提供了%ROWTYPE 运算符，使得这样的操作更为方便。

例 11-8　%ROWTYPE 示例。

```
DECLARE
v_StudentRecord students%ROWTYPE;
```

v_StudentRecord 可以拥有下面的结构：

```
(sname VARCHAR2(20),
 sex CHAR(1) DEFAULT 'M',
 birthday date,
 major VARCHAR2(10) );
```

上面的代码将定义一个记录，该记录中的字段将与 students 表中的列相对应，类似于%TYPE，%ROWTYPE 将返回一个基于表定义的类型。如果表的定义改变了，那么%ROWTYPE 也随之改变。

2. 表类型

Index-by，这不是我们以前讲过的物理存储数据的表，而是一种变量类型，也称为 PL/SQL 表，它类似于 C 语言中的数组，在处理方式上也相似。它的声明方式如下：

```
TYPE type_name IS TABLE OF
     {column_type | variable%TYPE
     | table.column%TYPE} [NOT NULL]
     | table.%ROWTYPE
     [INDEX BY BINARY_INTEGER];
identifier   type_name;
```

其中，type_name 是类型的名字，可以把它想成 C 语言中的数组名。IS TABLE OF 后面是数据类型的定义，可以定义为标量类型，也可以定义为复合类型。引用时必须定义相关的变量。表和数组不同，表有两列，键（KEY）和值（VALUE），KEY 就是定义时声明的 BINARY_INTEGER，和数组的下标有些类似，但不一定要按特定顺序排列，它们不像数组那样在内存中是连续的。VALUE 就是定义时声明的任何数据类型，和数组的元素类似。

除了记录和 Index-by 表之外，还有对象类型、集合（嵌套表和 VARRAYS）等类型，这些类型不是很常用，如果大家以后用得到的话，可以查阅一下相关文档。

例 11-9 记录类型的变量使用的示例。

```
Declare
  Type tabTypeArray is Table Of Number
  Index by Binary_Integer;
  v_tabArray tabTypeArray; --引用前要定义变量
BEGIN
  For I In 1..10 Loop
    v_tabArray (I) := I*2;
  End Loop;
  For I In 1..10 Loop
    Dbms_Output.Put_line(To_char(v_tabArray (I)));
  End Loop;
End;
```

这个例子中我们给记录类型的变量赋值，并打印出来，结果如下所示。

```
2
4
6
8
10
12
14
16
18
20
```

PL/SQL 过程已成功完成。

11.3.5 其他

除了上面介绍的变量数据类型中比较常见的标量类型、复合类型外，PL/SQL 中也支持大对象的处理及数据类型之间的相互转换。以下我们来分别介绍。

1. LOB 数据类型

LOB（Large object，大对象）数据类型用于存储类似图像、声音这样的大型数据对象，LOB 数据对象可以是二进制数据也可以是字符数据，其最大长度不超过 4 GB。在 PL/SQL 中操作 LOB 数据对象可以使用 ORACLE 提供的包 DBMS_LOB。LOB 数据类型可分为四类：BFILE、BLOB、CLOB、NCLOB。

2. 数据类型之间的转换

在执行运算的过程中，经常需要把一种数据类型转换成另外一种数据类型。这种转换既可以是隐式转换，也可以是显示转换。前面的学习中我们已经知道了这两种转换的特点。Oracle 中数据显式转换的函数 TO_DATE、TO_NUMBER、TO_CHAR 在 PL/SQL 都可以使用。

11.4　函数与操作符的使用

与其他程序设计语言相同，PL/SQL 程序中也常常需要使用一些函数或操作符，本节中将针对 PL/SQL 中函数和操作符的应用进行介绍。

1. PL/SQL 函数的应用

过程性语句中可以使用下面函数：

① 单行数值函数：mod，round，trunc，ceil，floor 等函数。

② 单行字符函数：chr，concat，initcap，length，lower，lpad，ltrim，replace，rpad，rtrim，substr，trim，upper 等函数。

③ 日期函数：add_months，last_day，months_between，next_day，round，sysdate，trunc 等函数。

④ timestamp 函数。

⑤ greatest、least 函数。

⑥ 转换函数：to_char，to_date，to_number 等函数。

过程性语句不可直接使用下面函数：

① DECODE 函数。

② 组函数：AVG，MIN，MAX，COUNT，SUM，STDDEV，VARIANCE 等函数。

在 PL/SQL 中这些函数只能在 SQL 语句中使用。

例如，如果给表示员工姓名的变量赋值，它的值是 employees 表中 last_name 字段的前五位和 first_name 的前五位组合在一起，可以通过例 11-10 实现。

例 11-10　内置函数使用示例。

```
V_ename:= substr(last_name,1,5) || substr(first_name,1,5);
```

如果给表示员工平均工资的变量赋值，它的值是 employees 表中 salary 字段的平均值，不可用这样使用：

```
V_avgSal := avg(salary);
```

而应该这样用：

```
SELECT avg(sal)
```

```
INTO V_avgSal
FROM employees;
```

注意：在 PL/SQL 中使用函数时要特别注意这些不能在过程性语句中使用的函数。

在 Oracle 11g 之前版本，如果要将 sequence 的值赋给变量，需要通过类似以下语句实现：

select seq_name.next_val into v_x from dual;

在 Oracle 11g 中，可以使用如下语句来实现：

```
v_name := seq_name.next_val;
```

2．操作符

与其他程序设计语言相同，PL/SQL 有一系列操作符。操作符分为下面几类：

① 算术操作符（见表 11-3）。

② 比较操作符（见表 11-4、表 11-5）。

③ 逻辑操作符（见表 11-6）。

④ 其他操作符（见表 11-7）。

表 11-3　PL/SQL 中的算术操作符

操 作 符	描　述
+	加
−	减
/	除
*	乘
**	乘方

表 11-4　PL/SQL 中的比较操作符

操 作 符	描　　述
<	小于操作符
<=	小于或等于操作符
>	大于操作符
>=	大于或等于操作符
=	等于操作符
!= 或 <>	不等于

表 11-5　PL/SQL 中的其他比较操作符

操 作 符	描　　述
IS NULL	如果操作数为 NULL 返回 TRUE
LIKE	比较字符串值
BETWEEN … AND …	验证值是否在范围之内
IN	验证操作数在设定的一系列值中

表 11-6　PL/SQL 中的逻辑操作符

操 作 符	描　述
AND	两个条件都必须满足
OR	只要满足两个条件中的一个
NOT	取反

表 11-7　PL/SQL 中的其他操作符

操 作 符	描　述
‖	连接操作符
:=	赋值操作符

3．注释

添加注释可以提高程序的可读性，使程序更加易于理解，也更易于将来的维护。建议以下地方应使用注释：

① 程序头部：说明程序的主要功能、程序的作者、创建日期、修改日期及本次修改内容、各主要输入参数、输出参数的说明。

② 声明部分：说明主要变量、常量、游标等。

③ 程序体中重要的算法：说明主要的算法、思路。

PL/SQL 支持两种注释样式：

① 单行注释。如果注释只有一行，可以使用单行注释，单行注释以两个连字符 (--) 开始，可以扩展到行尾。

例如对下面变量所做的单行注释：

```
v_TeacherName varchar2(30); --这个变量用来处理教师姓名
```

② 多行注释。这些注释以 "/*" 开始并以 "*/" 结束，可以跨越多行，如程序头部用于说明程序内容的注释、重要算法的注释。建议多采用多行注释（和 C、Java 中的使用方式相同）。

以下给出了一个例子，这是一个名为 calc_tax 的存储过程，关于存储过程，后面的章节会有详细介绍。过程中的两个参数采用了单行注释，说明了参数的用途，程序头部采用了多行注释，说明了程序的功能、作者、创建时间、修改日期、修改内容。

例 11-11 关于注释的使用。

```
PROCEDURE calc_tax
(p_empno IN NUMBER,-- 员工号码
 p_tax OUT NUMBER --员工所得税);
/*
功　　能：按照政策，计算个人所得税，根据员工号码，返回所得税
作　　者：张三
创建日期：2005-10-08
修改内容：2011-09-01 根据税务总局文件对全年奖金计税方法做了调整
*/
```

注意：代码书写时必须遵循代码规范，适当缩进，规范化进行变量命名。

11.5　控　制　结　构

PL/SQL 中的控制结构和其他开发语言类似，能够控制 PL/SQL 程序流程，PL/SQL 支持条件控制和循环控制结构。

11.5.1　条件语句

IF…THEN…ELSIF 语法：

```
IF 条件1 THEN
语句体1;
ELSIF 条件2 THEN
    语句体2;
    …
ELSE
  语句体3;
END IF;
```

注意：注意 ELSIF 的写法，不是 ELSEIF。

IF 可以嵌套，可以在 IF 或 IF…ELSE 语句中使用 IF 或 IF…ELSE 语句。

例如我们要在 3 个数中找出最大值，可以使用 IF…ELSE 语句。

例 11-12　IF 语句示例。

```
IF (a>b)  and  (a>c) THEN
    x:=a;
ELSE
    x:=b;
    IF c>x THEN
    x:=c;
    END IF;
END IF;
```

注意每个 IF 语句以相应的 END IF 语句结束，IF 语句后必需有 THEN 语句，IF…THEN 语句行不跟语句结束符 "；"，每个 IF 语句如果有 ELSE 语句的话，只能有一个 ELSE 语句，ELSE 语句行不跟语句结束符 "；"，ELSIF 不需要匹配的 END IF 语句。

11.5.2　循环语句

循环控制的基本形式是 LOOP 语句，LOOP 和 END LOOP 之间的语句将无限次的执行。

1．简单循环

简单循环的特点，循环体至少执行一次，LOOP 语句的语法如下：

```
LOOP
    语句体;
    [EXIT;]
END LOOP
```

LOOP 和 END LOOP 之间的语句，如果没有终止条件，将被无限次的执行，显然这种死循环是我们要避免的，在使用 LOOP 语句时就应该使用 EXIT 语句，强制循环结束。

例 11-13　LOOP 循环示例。

```
X:=1;
    LOOP
        X:=X+1;
        IF X>10 THEN
            EXIT;
        END IF;
    END LOOP;
    Y:=X;
```

当 Y 的值是 11 时结束循环。也可以使用 EXIT WHEN 语句结束循环，如果条件为 TRUE，则结束循环。

```
X:=1;
    LOOP
        X:=X+1;
        EXIT WHEN X>10;
    END LOOP;
    Y:=X;
```

以上两种方法的结果相同。

2. WHILE 循环

语法：

```
WHILE 条件 LOOP
    语句体;
END LOOP;
```

WHILE…LOOP 有一个条件与循环相联系，如果条件为 TRUE，则执行循环体内的语句，如果条件为 FALSE，则结束循环。WHILE 循环和以上介绍的简单循环相比，是先进行条件判断，因此循环体有可能一次都不执行。

例 11-14 WHILE 循环示例。

```
X:=1;
WHILE X<=10 LOOP
  X:=X+1;
END LOOP;
Y := X;
```

3. FOR 循环

语法：

```
FOR counter IN [REVERSE] start_range...end_range LOOP
    语句体;
END LOOP;
```

LOOP 和 WHILE 循环的循环次数都是不确定的，FOR 循环的循环次数是固定的，counter 是一个隐式声明的变量，start_range 和 end_range 指明了循环的次数。

如果使用了 REVERSE 关键字，那么循环变量从最大值向最小值叠代。

例 11-15 FOR 循环示例。

```
FOR v_counter in 1..10 loop
    X := x + 1;
END loop;
y := x;
```

如果要退出 FOR 循环可以使用 EXIT 语句。

在 Oracle 11g 增加了 CONTINUE 关键字，在 PL/SQL 中这个关键字的用法和在其他高级语言 CONTINUE 关键字的用法相同。这个关键字用在循环语句中。如简单循环、WHILE 循环、FOR 循环等语句。表示跳过循环体剩余的语句而强制执行下一次循环。

例 11-16 CONTINUE 示例。

```
DECLARE
    v_sum NUMBER(3):=0;
BEGIN
    FOR I IN 1..10 LOOP
        IF MOD(I,3)=0 THEN
            CONTINUE;
        ELSE
            v_sum := v_sum + I;
        END IF;
```

```
    END LOOP;
    dbms_output.put_line(v_sum );
  END ;
```

11.6　与 Oracle 交互

PL/SQL 支持查询语句、DML 语句和事务控制语句，但是 DDL 语句及 DCL 语句却不能在 PL/SQL 中直接使用，要想实现在 PL/SQL 中使用 DDL 语句及 DCL 语句，可以通过使用动态 SQL 来实现，使用像 DBMS_SQL 这样的内建包或执行 EXECUTE IMMEDIATE 命令建立动态 SQL 来执行 DDL 语句及 DCL 语句。

11.6.1　PL/SQL 中 SELECT 语句的使用

SELECT 语句用于从数据库中查询数据，当在 PL/SQL 中使用 SELECT 语句时，必须要与 INTO 子句一起使用，SELECT INTO 语句也是给变量赋值的一种方法，可以把数据库表中的值取出赋给变量，SELECT INTO 语句必须返回而且只能返回一条记录。查询的返回值被赋予 INTO 子句中的变量，变量的声明是在 DELCARE 中。SELECT INTO 语法如下：

```
SELECT [DISTICT|ALL]{*|column[,column,...]}
INTO (variable[,variable,...] |record)
FROM {table|(sub-query)}[alias]
WHERE…
```

如果我们想知道员工号为 113 的员工的姓名和工资，可使用下面代码实现。

例 11-17　SELECT 语句的使用。

```
DECLARE
  v_LastName employees.last_name%TYPE;
  v_Salary employees.salary%TYPE;
BEGIN
  SELECT last_name, salary
    INTO v_LastName, v_Salary
    FROM employees
   WHERE employee_id = 113;
   DBMS_OUTPUT.PUT_LINE(
   v_LastName || '的工资是' || to_char(v_salary ));
END;
/
```

DBMS_OUTPUT.put_line 的含义是在屏幕上输出一个字符串，DBMS_OUTPUT 是 Oracle 的内置包，使用后，SQL*Plus 会将输出显示到屏幕上。

使用 set serveroutput on 命令设置环境变量 serveroutput 为打开状态，从而使得 PL/SQL 程序能够在 SQL*plus 中输出结果，使用 DBMS_OUTPUT 包时，要注意设置这个环境变量。

我们可以看一下两个变量的赋值结果，员工号为 113 的员工是 "Popp"，工资是 6 900，结果如下：

```
Popp 的工资是 6900
PL/SQL 过程已成功完成。
```

下面一段代码会出错，不会出现上面的结果，想一想为什么。

```
DECLARE
   v_LastName employees.last_name%TYPE;
   v_Salary employees.salary%TYPE;
   employee_id employees.employee_id%TYPE;
BEGIN
   employee_id := 113;
   SELECT last_name, salary
     INTO v_LastName, v_Salary
     FROM employees
    WHERE employee_id = employee_id;
    DBMS_OUTPUT.PUT_LINE(
    v_LastName || '的工资是' || to_char(v_salary ));
END;
```

SELECT INTO 语句中也可以包含分组函数，比如我们想知道 110 部门的工资总和，可通过例 11-18 实现。

例 11-18 SELECT 语句中组函数的使用示例。

```
DECLARE
   v_SalSum   NUMBER(10,2);
BEGIN
   SELECT   SUM(salary)
   INTO     v_SalSum
   FROM     employees
   WHERE  department_id = 110;
   DBMS_OUTPUT.PUT_LINE ('110 部门工资总和为 ' || TO_CHAR(v_SalSum));
END;
/
```

运行结果如下：

110 部门工资总和为 20300
PL/SQL 过程已成功完成。

11.6.2 PL/SQL 中 DML 语句的使用

在 PL/SQL 中，DML 语句的使用和在 SQL 语句中的用法是相同的。

1. INSERT 语句

比如公司新成立了一个部门，部门名为 HR，部门号为 300，我们需要在部门表中增加一条记录，如下例。

例 11-19 INSERT 语句的使用示例。

```
BEGIN
   INSERT INTO departments
      (department_id,department_name)
   VALUES (300,'HR');
END;
/
```

2. UPDATE 语句

我们刚加入的部门，部门名为简写的 HR，想把它改为 "Human Resource"，如下例。

例 11-20　UPDATE 语句的使用示例。

```
BEGIN
  UPDATE departments
    SET  department_name ='Human Resource'
    WHERE department_id = 300;
END;
/
```

程序运行结果如下：

```
 SELECT department_name,department_id
    FROM departments
    WHERE department_id=300;
```

```
DEPARTMENT_NAME                 DEPARTMENT_ID
------------------------------- -------------
Human Resource                            300
```

3. DELETE 语句

假设 Human Resource 部门被撤销，我们需要从部门表中删除这条记录，如下例。

例 11-21　DELETE 语句的使用示例。

```
BEGIN
  DELETE FROM departments
    WHERE department_id = 300;
END;
/
```

11.6.3　PL/SQL 中事务处理语句的使用

以下事务处理语句，和我们以前在 SQL 中的使用完全相同。

```
COMMIT [WORK];
SAVEPOINT savepoint_name;
ROLLBACK [WORK];
ROLLBACK [WORK] TO [SAVEPOINT] savepoint_name;
```

例 11-22　加入新部门 HR 后，使用 COMMIT 语句提交数据。

```
BEGIN
  INSERT INTO departments
    (department_id,department_name)
  VALUES (300,'HR');
  COMMIT;
END;
/
```

11.6.4　动态 SQL

前面我们已经提到，在 PL/SQL 中对于 SQL 中的 DDL 和 DCL 语句不能够进行直接使用，而是需要使用动态 SQL 来实现相关语句的执行。

实现动态 SQL 有两种方式：调用 DBMS_SQL 包和本地动态 SQL。本地动态 SQL 是通过执行 EXECUTE IMMEIDATE 命令来实现的。由于对 DBMS_SQL 包的调用涉及一些较为复杂的内容，因此这里暂不作相关介绍，而主要向大家介绍本地动态 SQL 的应用。

本地动态 SQL 语法：

```
EXECUTE IMMEDIATE '动态 SQL'
[INTO 变量列表]
[USING 绑定参数列表]
[{RETURNING | RETURN} INTO 输出参数列表];
```

语法说明：

① 动态 SQL 是指 DDL、DCL 和带参数的 DML 等。

② 绑定参数列表为传入参数值列表，即其类型为 IN 类型，在执行时与动态 SQL 中的参数（即占位符，可以理解为形参）进行绑定。

③ 输出参数列表为动态 SQL 执行后返回的参数列表。

例 11-23 使用动态 SQL 创建部门表 dept，并写入数据。

```
  BEGIN
/*动态 SQL 为 DDL 语句*/
    EXECUTE IMMEDIATE 'create table dept(deptno number,dname varchar2(10),
    loc number )';
/* 向 dept 表插入 3 条记录*/
    EXECUTE IMMEDIATE 'INSERT INTO dept
        VALUES(10, ''SALES'',1500) ';
    EXECUTE IMMEDIATE 'INSERT INTO dept
        VALUES (20,'' ACCOUNT '',1700) ';
    EXECUTE IMMEDIATE 'INSERT INTO dept
        VALUES (30, ''IT_PROG'',1500) ';
END;
```

假如 dept 表在执行上述 PL/SQL 块前并不存在，那么执行上述块后查询 dept 表得如下结果：

```
SELECT * FROM dept;


   DEPTNO DNAME          LOC
---------- ----------    ----------
       10  SALES          1500
       20  ACCOUNT        1700
       30  IT_PROG        1500
```

例 11-24 带参数的动态 SQL 的处理示例。

```
/*这里使用带参数存储过程主要为大家演示动态 SQL 的使用,具体带参数存储过程后边的章节会具体介绍*/
CREATE OR REPLACE PROCEDURE test_sql(p_no number)
IS
    v_name varchar2(10);
    v_loc number;
BEGIN
/*动态 SQL 为带参数查询语句*/
    EXECUTE IMMEDIATE ' SELECT dname,loc FROM dept WHERE deptno=:1 '
    INTO v_name,v_loc
```

```
        USING p_no;
        DBMS_OUTPUT.PUT_LINE(v_name ||'所在地为'||to_char(v_loc));
    EXCEPTION
        WHEN OTHERS THEN
        DBMS_OUTPUT.PUT_LINE('没有符合条件记录!');
    END test_sql;
```

上述过程中的动态 SQL 语句使用了占位符 ":1 ",该占位符相当于函数的形式参数,使用 ":" 作为前缀。使用 USING 语句,使 p_no 在执行时将占位符 ":1" 给替换掉,这里 p_no 相当于函数里的实参。上述存储过程调用结果如下:

```
SQL> set serveroutput on
SQL> exec test_sql(10);
SALES 所在地为 1500

PL/SQL 过程已成功完成。
```

注意: 动态 SQL 的执行是以损失系统性能来换取其灵活性的,所以对动态 SQL 进行一定程度的优化是有必要的。

小　结

本章主要介绍了如下内容:PL/SQL 简介,介绍大家需要了解 PL/SQL 的优点及主要用途;PL/SQL 的块结构,包括声明部分,程序的主体部分及异常处理部分,需要读者了解每一部分的用途;声明部分中主要了解标量类型变量和复合类型变量声明及表达式和运算符的使用;控制结构部分需要掌握判断及循环的使用;与 Oracle 交互部分需要掌握查询语句,DML 语句及事务控制语句在 PL/SQL 中的用法。这些都属于 PL/SQL 的基础部分,这部分的内容在书中后续章节中还能接触到。

习　题

1. 从部门表中找到最大的部门号,将其输出到屏幕。
2. 在部门表中插入一个新部门。
3. 将练习 2 中的部门从部门表中删除。
4. 定义变量代表员工表中的员工号,根据员工号获得员工工资,如果工资小于 4 000,输出到屏幕上的内容为员工姓名和增涨 10%以后的工资,否则输出到屏幕上的内容为员工姓名和增涨 5%以后的工资。

第12章 | 游标

针对数据库的应用，我们经常有访问结果集的需求，有了游标，用户就可以访问结果集中的任意一行数据了，例如提取当前行等。

12.1 游标的处理

我们知道 PL/SQL 中 SELECT INTO 语句只返回一行数据。如果返回的数据超过一行，比如说想查到员工表中所有员工的姓名，使用如下语句：

```
SELECT LAST_NAME
FROM EMPLOYEES;
```

该语句的运行结果会返回很多行数据，这时使用 SELECT INTO 语句来处理就会出现异常，要实现对多行返回结果的处理，我们就需要使用游标了。

12.1.1 游标的概念

游标字面理解就是游动的光标。用数据库语言来描述：游标是映射在结果集中一行数据上的位置实体。有了游标，用户就可以使用游标来访问结果集中的任意一行数据，提取当前行的数据后，即可对该行数据进行操作，当使用 SQL 语句时，ORACLE SERVER 打开一个内存区域，用来分析和执行语句，游标就是这块区域的句柄或者指针，借助于游标，PL/SQL 能够控制这块区域中记录的访问。

游标分为显式游标和隐式游标，当可执行部分发生一个 SQL 语句时，PL/SQL 建立一个隐式游标，它定义 SQL 标识符，PL/SQL 自动管理这一游标。显式游标由程序员显式说明和命名。

12.1.2 游标的处理步骤

从本节起，在没有特别指明的情况下，我们所说的游标都是指显式游标，对于显式游标的处理包括声明游标、打开游标、读取游标、关闭游标四个步骤。

1. 声明游标

要在程序中使用游标，必须首先声明游标。声明游标的时候，它就与一特定的 SQL 语句相关联。声明是指游标的定义，即在声明部分定义。

声明游标语法：

```
CURSOR cursor_name IS
 SELECT statement;
```

例 12-1 游标的使用。

```
CURSOR curEmp IS SELECT ename,salary
FROM emp
WHERE salary>2000;
...
```

在游标定义中，SELECT 语句可以从单个表或视图中选取数据，也可以从多个表或视图中选取数据。

2．打开游标

使用游标之前应该首先打开游标，打开游标就是执行游标定义中的子查询语句。

打开游标的语法是：

```
OPEN cursor_name;
```

cursor_name 是在声明部分定义的游标名。

例 12-2　打开游标。

```
OPEN curEmp;
```

3．读取游标

从游标中取得数据使用 FETCH 命令。每一次提取数据后，游标会自动指向结果集的下一行，游标提取时要注意必须是在游标打开状态下才可以，否则会出异常。

提取游标的语法是：

```
FETCH cursor_name INTO variable[,variable,...];
```

对于 SELECT 定义的游标的每一列，FETCH 变量列表都应该有一个变量与之相对应，注意：变量的类型要相同，变量的顺序要一致。

例 12-3　游标使用示例。

```
/*这段程序使用游标来处理 employees 表的 last_name,salary 两个字段的内容*/
DECLARE
    v_LastName employees.last_name%TYPE;
    v_Salary employees.salary%TYPE;
    CURSOR curEmp IS
    SELECT last_name,salary
    FROM employees;
BEGIN
    OPEN curEmp;
    --要从游标中提取所有员工的姓名、薪水，需要使用多次下面的 FETCH 语句
    FETCH curEmp INTO v_LastName, v_Salary;
    DBMS_OUTPUT.PUT_LINE(
    v_LastName || '的工资是' || to_char(v_salary ));
    CLOSE curEmp;
END;
    /
```

例 12-3 运行结果如下：

```
King 的工资是 24000
PL/SQL 过程已成功完成
```

例 12-3 中只有一条数据被取到，如果要得到表中全部数据，需要调用多次 FETCH 语句。这样的代码无疑是非常麻烦的，如果有多行返回结果，可以使用循环并利用游标属性为结束循环的

判断条件，以这种方式提取数据，程序的可读性和简洁性都大为提高，下面我们使用循环重新写上面的程序，如例 12-4 所示。

例 12-4 游标提取示例。

```
/*这段程序使用游标来处理 employees 表的 last_name,salary 两个字段的内容,游标的提取采用循环
方式*/
DECLARE
    v_LastName employees.last_name%TYPE;
    v_Salary employees.salary%TYPE;
    CURSOR curEmp IS
    SELECT last_name,salary
    FROM employees;
BEGIN
    OPEN curEmp;
    LOOP
      FETCH curEmp INTO v_LastName,v_salary;
      EXIT WHEN curEmp%NOTFOUND;
      IF v_salary > 8000 THEN    --以下语句用来对提取的数据做处理
          DBMS_OUTPUT.PUT_LINE(
          v_LastName || '的工资是' || to_char(v_salary ));
      End IF;
    END LOOP;
    CLOSE curEmp;
END;
/
```

例 12-4 运行结果如下：

```
King 的工资是 24000
Kochhar 的工资是 17000
De Haan 的工资是 17000
Hunold 的工资是 9000
Greenberg 的工资是 12000
Faviet 的工资是 9000
Chen 的工资是 8200
Zlotkey 的工资是 10500
Abel 的工资是 11000
Taylor 的工资是 8600
Hartstein 的工资是 13000
Higgins 的工资是 12000
Gietz 的工资是 8300
```

PL/SQL 过程已成功完成。

记录变量常用于从游标中提取数据行，当游标选择很多列的时候，那么使用%ROWTYPE 属性比为每列声明一个变量要方便得多。

当在表上使用%ROWTYPE 并将从游标中取出的值放入记录变量中时，如果要选择表中所有列，可以在 SELECT 子句中使用 "*"。

例 12-5 %ROWTYPE 使用示例。

```
DECLARE
    R_emp employees%ROWTYPE;
    CURSOR curEmp IS
    SELECT *
      FROM employees
      ORDER BY salary;
BEGIN
    OPEN curEmp;
    LOOP
      FETCH curEmp INTO r_emp;
      EXIT WHEN curEmp%NOTFOUND;
      IF r_emp.salary >8000 THEN --以下语句用来对提取的数据做处理
          DBMS_OUTPUT.PUT_LINE(
              r_emp.Last_Name || '的工资是' || to_char(r_emp.salary));
      End IF;
    END LOOP;
    CLOSE curEmp;
END;
/
```

例 12-5 运行结果如下：

```
Chen 的工资是 8200
Gietz 的工资是 8300
Taylor 的工资是 8600
Hunold 的工资是 9000
Faviet 的工资是 9000
Zlotkey 的工资是 10500
Abel 的工资是 11000
Greenberg 的工资是 12000
Higgins 的工资是 12000
Hartstein 的工资是 13000
Kochhar 的工资是 17000
De Haan 的工资是 17000
King 的工资是 24000
```

PL/SQL 过程已成功完成。

%ROWTYPE 也可以用游标名来定义，这样的话就必须要首先声明游标，具体使用如例 12-6 所示。

例 12-6 %ROWTYPE 使用示例（注意前缀）。

```
DECLARE
    CURSOR curEmp IS
    SELECT last_name,salary
      FROM employees
      ORDER BY salary;
    R_emp curEmp%ROWTYPE;
BEGIN
    OPEN curEmp;
```

```
    LOOP
        FETCH curEmp INTO r_emp;
        EXIT WHEN curEmp%NOTFOUND;
        IF  r_emp.salary >8000 THEN  --以下语句用来对提取的数据做处理
            DBMS_OUTPUT.PUT_LINE(
            r_emp.Last_Name || '的工资是' || to_char(r_emp.salary));
        End IF ;
    END LOOP;
    CLOSE curEmp;
END;
/
```

例 12-6 结果如下，我们能看到这两种用法产生的结果相同。

Chen 的工资是 8200
Gietz 的工资是 8300
Taylor 的工资是 8600
Hunold 的工资是 9000
Faviet 的工资是 9000
Zlotkey 的工资是 10500
Abel 的工资是 11000
Greenberg 的工资是 12000
Higgins 的工资是 12000
Hartstein 的工资是 13000
Kochhar 的工资是 17000
De Haan 的工资是 17000
King 的工资是 24000

PL/SQL 过程已成功完成。

4. 关闭游标

关闭游标是游标操作的最后一步，可以释放游标所占用的资源，关闭游标之后，关于游标的存取等操作都不能再进行。

关闭游标的语法是：

```
CLOSE cursor_name;
```

例 12-7 关闭游标示例。

```
CLOSE curEmp;
```

12.1.3 游标的属性

从前面的介绍中我们了解了游标的两种类型，显式游标及隐式游标。无论是显式游标还是隐式游标，都可以使用游标的属性。ORACLE 游标有四个属性：%ISOPEN，%FOUND，%NOTFOUND，%ROWCOUNT。

① %ISOPEN 判断游标是否被打开，如果打开，%ISOPEN 为 true，否则为 false。

② %FOUND、%NOTFOUND 判断游标是否指向有效的记录，如果有效，则%FOUND 为 true，%NOTFOUND 为 false，否则为%FOUND 为 false，%NOTFOUND 为 true。

③ %ROWCOUNT 返回到当前位置为止游标读取的记录行数。

例 12-8 游标属性应用示例，编写 PL/SQL 程序查询工资超过 6 000 元的最低工资的员工及工资。

```
DECLARE
    v_LastName employees.last_name%TYPE;
    v_Salary employees.SALARY%TYPE;
CURSOR curEmp IS
    SELECT last_name,salary
    FROM employees
    WHERE salary>6000
    Order by salary;
BEGIN
    IF curEmp%isopen = false THEN
        open curEmp;
    END IF;
fetch curEmp INTO v_LastName, v_Salary;
while curEmp%found loop
        IF curEmp%rowcount=2 THEN
exit;
        END IF;
DBMS_OUTPUT.PUT_LINE(v_LastName ||'的工资是'||to_char(v_Salary));
fetch curEmp INTO v_LastName, v_Salary;
END loop;
close curEmp;
END;
/
```

例 12-8 结果如下：

```
Popp 的工资是 6900
PL/SQL 过程已成功完成。
```

想想看还有其他方法来实现这个问题吗？

隐式游标的属性同显式游标类似，也有具有四个属性，但需要注意的是，隐式游标的前缀为 SQL，显式游标则为游标名。

① %ISOPEN 判断游标是否被打开，如果打开，%ISOPEN 为 true，否则为 false。

② %FOUND、%NOTFOUND 判断游标是否指向有效的记录，如果有效，则%FOUND 为 true，%NOTFOUND 为 false，否则为%FOUND 为 false，%NOTFOUND 为 true。

③ %ROWCOUNT 返回最近一条 SQL 语句所影响到的记录的数量（整数型）。

例 12-9 隐式游标属性应用示例。

```
DECLARE
    v_rowcount  NUMBER := 20;
BEGIN
    DELETE FROM  employees
    WHERE    salary>6000
  v_rowcount := (SQL%ROWCOUNT ||
                ' rows deleted.');
    DBMS_OUTPUT.PUT_LINE( v_rowcount);
END;
```

12.2　典型游标 FOR 循环

游标 FOR 循环是一种快捷处理游标的方式，它使用 FOR 循环依次读取结果集中的行数据，当 FOR 循环开始时，游标自动打开，每循环一次系统自动读取游标当前行的数据，当退出 FOR 循环时，游标被自动关闭。使用游标 FOR 循环的时候不需要也不能使用 OPEN 语句、FETCH 语句和 CLOSE 语句，否则会产生错误。

```
FOR record_name IN cursor_name LOOP
  statement1;
  statement2;
  ...
END LOOP;
```

例 12-10 为我们想把工资大于 6 000 元的员工姓名和工资列出来。

例 12-10　游标中 FOR 循环示例。

```
DECLARE
    v_LastName employees.last_name%TYPE;
    v_Salary employees.SALARY%TYPE;
    CURSOR curEmp  IS
    SELECT last_name,salary
    FROM employees
    WHERE salary>6000;
BEGIN
    FOR curEmployee in curEmp loop
      v_LastName := curEmployee.last_name;
      v_Salary := curEmployee.salary;
    DBMS_OUTPUT.PUT_LINE(v_LastName ||'的工资是'||to_char(v_Salary));
    END loop;
END;
/
```

例 12-10 运行结果如下：

```
King 的工资是 24000
Kochhar 的工资是 17000
De Haan 的工资是 17000
Hunold 的工资是 9000
Greenberg 的工资是 12000
Faviet 的工资是 9000
Chen 的工资是 8200
Sciarra 的工资是 7700
Urman 的工资是 7800
Popp 的工资是 6900
Zlotkey 的工资是 10500
Abel 的工资是 11000
Taylor 的工资是 8600
```

Grant 的工资是 7000
Hartstein 的工资是 13000
Higgins 的工资是 12000
Gietz 的工资是 8300

PL/SQL 过程已成功完成。

12.3 带参数的游标

与存储过程和函数相似，可以将参数传递给游标并在查询中使用。这对于处理在某种条件下打开游标的情况非常有用。它的语法如下：

```
CURSOR cursor_name[(parameter[,parameter],...)] IS select_statement;
```

定义参数的语法如下：

```
Parameter_name [IN] data_type[{:=|DEFAULT} value]
```

与存储过程不同的是，游标只能接受传递的值（IN），而不能传出值（OUT）。参数只需定义数据类型，不要指定大小。

另外可以给参数设定一个默认值，当没有参数值传递给游标时，就使用默认值。游标中定义的参数只能在游标内使用，不要在超出游标以外的程序中。

给参数赋值是在打开游标这一步来做的，语法如下：

```
OPEN cursor_name[value[,value]....];
```

例 12-11 为我们想查找所有部门号、部门名称、部门的工资和。

例 12-11 带参数游标示例。

```
DECLARE
  CURSOR curDept IS
    SELECT *
    FROM departments
    ORDER BY department_id;
  CURSOR curEmp (p_dept VARCHAR2) IS
    SELECT last_name,salary
    FROM employees
    WHERE department_id=p_dept
    ORDER BY last_name;
    r_dept departments %ROWTYPE;
    v_ename employees.last_name%TYPE;
    v_salary employees.salary%TYPE;
    v_tot_salary employees.salary%TYPE;
BEGIN
  OPEN curDept;
  LOOP
    FETCH curDept INTO r_dept;
    EXIT WHEN curDept%NOTFOUND;
      DBMS_OUTPUT.PUT_LINE('部门:'||r_dept.DEPARTMENT_ID||'-'||r_dept.
      DEPARTMENT_NAME);
```

```
      v_tot_salary:=0;
      OPEN curEmp(r_dept.DEPARTMENT_ID);
      LOOP
         FETCH curEmp INTO v_ename,v_salary;
         EXIT WHEN curEmp%NOTFOUND;
         v_tot_salary:=v_tot_salary+v_salary;
      END LOOP;
      CLOSE curEmp;
      DBMS_OUTPUT.PUT_LINE('部门总工资:'|| v_tot_salary);
   END LOOP;
   CLOSE curDept;
END;
   /
```

这个例子中，第二个游标是带参数的游标，参数为外层循环传入的部门号，内层循环中每次根据传入的不同部门号计算工资的和，当然这个问题有更简单的解决方法，想想看？

例 12–11 运行结果如下：

```
部门:10-Administration
部门总工资:4400
部门:20-Marketing
部门总工资:19000
部门:50-Shipping
部门总工资:17500
部门:60-IT
部门总工资:19200
部门:80-Sales
部门总工资:30100
部门:90-Executive
部门总工资:58000
部门:100-Finance
部门总工资:51600
部门:110-Accounting
部门总工资:20300
部门:210-IT Support
部门总工资:0

PL/SQL 过程已成功完成。
```

小　结

本章主要介绍了游标的概念、游标的属性、游标的处理、游标中 FOR 循环、带参数的游标等几个内容。在 PL/SQL 中我们经常遇到处理结果集的问题，使用游标就能够处理，通过对带参数游标的使用，我们能够更加灵活地处理结果集，可以只定义一个游标，传递不同的参数来得到不同的结果集。

习　题

1. 在屏幕上输出工资最高的前 5 名员工姓名、参加工作时间、工资。

2. 把参加工作时间在 1995 年之后的员工姓名（first_name,last_name）、参加工作时间显示在屏幕上。

3. 创建一个新表 dept_test，包含字段部门号、部门名称、利用游标遍历部门表，把部门表中的部门号、部门名取出插入到表 dept_test 中。

4. 将工资大于 5 000 的员工姓名（last_name）在 A～K 之间的合成一个字符串，在 L～M 之间合成一个字符串，在 N～Z 之间合成一个字符串，分别在屏幕上输出。

第13章 异常处理

在编程的过程中大家一定希望自己的代码质量较高，不会因为用户偶尔输入不太"合格"的数据而无法运行。在一段没有语法错误的代码中，我们还需要加入一段代码来使我们的程序更加健壮，这就是异常处理。

13.1 异 常

在程序的运行过程中，可能会因为各种原因发生这样或那样的错误，异常处理就是针对错误进行处理的一段程序。任何好的程序都必须设计为能够处理发生的任何错误。PL/SQL用异常和异常处理器来实现错误处理，它的异常处理机制提供了能够处理前面未处理异常的功能。

13.1.1 异常的定义

Oracle中出现错误的情形通常分为编译时错误（compile-time error）和运行时错误(run-time error)。我们这里所说的异常处理是指处理运行时错误，编译时错误不能被程序处理，因为此时程序尚未运行，这类错误在编译过程中被发现并报告给用户。下面例子中是一个在编译时的错误，并不是我们这里说的异常处理，异常处理是指编译通过后，在程序运行中出现的错误。

例13-1 无异常处理的示例。

```
DECLARE
    v_LastName employees.last_name%TYPE;
    v_Salary employees.SALARY%TYPE;
    CURSOR curEmp IS SELECT last_name,salary FROM employees;
    BEGIN
    OPEN curEmp;
    LOOP
    FETCH curEmp INTO v_ LastName,v_salary;
    EXIT WHEN curEmp%NOTFOUND;
        IF v_salary > 8000 THEN    --以下语句用来对提取的数据做处理
        DBMS_OUTPUT.PUT_LINE(
    v_ LastName || '的工资是' || to_char(v_salary ));
        End IF;
    END LOOP;
    CLOSE curEmp;
    END ;
    /
```

例 13-1 返回运行结果如下：

```
FETCH curEmp INTO v_ LastName,v_salary;
                       *
ERROR 位于第 8 行：
ORA-06550：第 8 行，第 22 列：
PLS-00103：出现符号 "LASTNAME"在需要下列之一时：
. ( , % ; limit
符号 "." 被替换为 "LASTNAME" 后继续。
ORA-06550：第 12 行，第 4 列：
PLS-00103：出现符号 "LASTNAME"在需要下列之一时：
. ( ) , * @ % & | = -
+ < / > at in is mod not range rem => .. <an exponent (**)>
<> or != or ~= >= <= <> and or like as between FROM using ||
符号 "." 被替换为 "LASTNAME" 后继续。
```

当错误发生时，异常被触发，就是说程序的正常执行过程被停止，程序无条件转到异常处理部分，Oracle 允许声明其他异常条件类型以扩展错误/异常处理，这种扩展使 PL/SQL 的异常处理非常灵活。PL/SQL 中异常分为预定义异常、用户定义异常、非预定义异常。下面我着重讲解前两类异常。

13.1.2 预定义异常

每当 PL/SQL 违背了 Oracle 原则或超越了系统依赖的原则时就会隐式的产生内部异常。每个 Oracle 错误都有一个号码，在 PL/SQL 中通过名字处理预定义异常，PL/SQL 为一些 Oracle 公共错误进行了预定义。如 SELECT INTO 语句返回多行数据时，PL/SQL 就会触发预定义异常 TOO_MANY_ROWS。

常用预定义异常的简单描述如表 13-1 所示。

表 13-1 常用预定义异常的简单描述

异 常 名	描　　述
NO_DATA_FOUND	单行 SELECT 查询，没有返回数据
TOO_MANY_ROWS	单行 SELECT 查询，返回多行数据
INVALID_CURSOR	发生非法游标操作
ZERO_DIVIDE	试图被 0 除
DUP_VAL_ON_INDEX	试图在具有唯一索引的字段中插入重复值

我们来看一下预定义异常——TOO_MANY_ROWS，该异常经常在 SELECT INTO 语句的应用中产生。

例 13-2 TOO_MANY_ROWS 的使用。

```
DECLARE --内部块开始
v_LastName employees.last_name%TYPE;
BEGIN
SELECT last_name
  INTO v_LastName
  FROM employees ;
EXCEPTION
```

```
WHEN TOO_MANY_ROWS THEN
     dbms_output.put_line(' TOO_MANY_ROWS ');
END;
/
```

例 13-2 运行结果如下：
```
TOO_MANY_ROWS
```

PL/SQL 过程已成功完成。

我们可以看到，由于返回的记录数太多，程序进入了异常处理，打印出了 TOO_MANY_ROWS 这条信息。

下面也是 SELECT INTO 语句中比较容易出现的异常——NO_DATA_FOUND。

例 13-3 NO_DATA_FOUND 的使用示例。
```
DECLARE --内部块开始
v_LastName employees.last_name%TYPE;
BEGIN
SELECT last_name
   INTO v_LastName
   FROM employees
WHERE employee_id=0;
EXCEPTION
WHEN NO_DATA_FOUND THEN
   dbms_output.put_line(' NO_DATA_FOUND ');
END;
/
```

例 13-3 运行结果如下：
```
NO_DATA_FOUND
```
PL/SQL 过程已成功完成。

我们可以看到，由于没有返回结果，程序进入了异常处理，打印出了 NO_DATA_FOUND 这条信息。

13.1.3 用户定义异常

用户定义的异常不一定必须是 Oracle 返回的系统错误，用户可以在自己的应用程序中创建可触发及可处理的自定义异常，和预定义异常不同的是，用户定义的异常，系统不会自动触发（这种异常对系统来说不一定是错误），需要用户来触发异常，另外用户定义的异常，需要在声明部分定义。用户定义的异常处理部分基本上和预定义异常相同。

例如，我们的工资分为 A、B、C 三档，一个级别为 D 的数据对我们来说是无效的数据，因此我们的应用会报异常，但对系统来说没有什么错误，这类异常是由用户应用程序触发的。

例 13-4 用户定义异常的使用示例。
```
  DECLARE
SALARY_LEVEL VARCHAR2(1);
INVALID_SALARY_LEVEL EXCEPTION; --声明异常
    BEGIN
SALARY_LEVEL:='D';
```

```
IF SALARY_LEVEL NOT IN('A', 'B', 'C') THEN
    RAISE INVALID_SALARY_LEVEL;  --触发用户自定义异常
END IF;
    EXCEPTION WHEN INVALID_SALARY_LEVEL THEN
DBMS_OUTPUT.PUT_LINE('INVALID SALARY LEVEL');
    END;
    /
```

13.2   异常的处理

当一个运行时错误发生时，称为一个异常被抛出。在 PL/SQL 程序设计中，异常的抛出和处理是非常重要的内容。

PL/SQL 程序块的异常部分包含了程序处理错误的代码，当异常被抛出时，程序控制离开执行部分转入异常处理部分，一旦程序进入异常部分就不能再自动回到原异常抛出块的执行部分。下面是异常处理部分的一般语法：

```
EXCEPTION
  WHEN exception1 [OR exception2 . . .] THEN
    语句体;
    ...
  [WHEN exception3 [OR exception4 . . .] THEN
    语句体;
    ...]
[WHEN exceptionN] THEN
    语句体;
    ...]
[WHEN OTHERS THEN
    语句体1;
    ...]
```

用户必须在独立的 WHEN 子句中为每个异常设计异常处理代码，WHEN OTHERS 子句必须放置在最后面，它作为默认处理器处理没有显式处理的异常。当异常发生时，控制转到异常部分，Oracle 查找当前异常相应的 WHEN exception···THEN 语句，捕获异常，THEN 之后的代码被执行，如果错误陷阱代码只是退出相应的嵌套块，那么程序将继续执行内部块 END 后面的语句。如果没有找到相应的异常陷阱，那么将执行 WHEN OTHERS。在异常部分 WHEN 子句没有数量限制。

在 Oracle 11g 中，可以通过设置 PLSQL_Warning=enable all，如果在 WHEN OTHERS 没有报错就发警告信息。

当异常抛出后，控制无条件转到异常处理部分，这就意味着控制不能回到异常发生的位置，当异常被处理和解决后，控制返回到上一层执行部分的下一条语句。

例 13-5   发生异常后控制转向。

```
DECLARE  --内部块开始
v_ename emp.ename%type;
BEGIN
SELECT ename INTO v_ename FROM emp;
```

```
    --发生异常，控制转向；
EXCEPTION
    WHEN TOO_MANY_ROWS THEN
    dbms_output.put_line('Too_Many_rows');
    WHEN OTHERS THEN
  --控制不会从 TOO_MANY_ROWS 异常转到这里
  --因为异常已经在 TOO_MANY_ROWS 中被处理
END;
```

下面这段程序的异常处理，因为没有找到相应的异常陷阱，是在 WHEN OTHERS 子句中处理的。

例 13-6 WHEN OTHERS 示例。

```
BEGIN
    SELECT ename INTO v_ename FROM emp;
    --发生异常，控制转向
EXCEPTION
        WHEN ZERO_DIVIDE THEN --不能处理 TOO_MANY_ROWS 异常
            dbms_output.put_line('divide by zero error');
    WHEN OTHERS THEN
--由于 TOO_MANY_ROWS 没有解决，控制将转到这里
END;
```

当某异常发生时，在块的内部没有该异常处理器时，控制将转到或传播到上一层块的异常处理部分。

13.3　异常的传播

从上节中我们已经介绍了异常的产生和处理过程，PL/SQL 中错误处理的原则如下：

①　如果当前块中有该异常的处理器，则执行该异常处理语句块，然后控制权传递到外层语句块。

②　如果没有当前异常的处理器，把该异常传播给外层块。然后在外层执行执行步骤①。如果此语句在最外层语句块，则该异常将被传播给调用环境。

也就是说没有处理的异常将沿检测异常调用程序传播到外面，当异常被处理并解决，或到达程序最外层时传播停止。关于异常的处理和传播流程，可以参考图 13-1，左边的图是异常被捕获的情况，右边图是异常没有被捕获，异常被传播的情况。

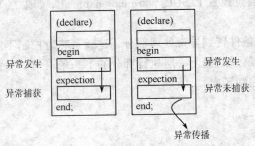

图 13-1　异常的处理和传播流程

例 13-7　内部块异常示例。

```
DECLARE
val NUMBER;
BEGIN
dbms_output.put_line('外部块语句执行体部分。');

    BEGIN              --内部块开始
      val:=1/0;        --除 0 异常
       dbms_output.put_line('this line will not execute');
    END;               --内部块结束

EXCEPTION
   WHEN OTHERS THEN
     dbms_output.put_line('外部块，捕获异常！');     --处理异常
END;
```

小　　结

本章主要介绍了异常，包括异常的概念，异常的处理，异常的传播。除了我们介绍的两种异常类型外，大家也可以简单了解另外一种异常——非预定义异常，这类异常是 Oracle 错误，同预定义异常不同，这类异常只有错误号，没有错误名称，因为 PL/SQL 的异常是通过名称处理的，所有此类异常的处理方式稍微复杂一些。通过异常处理代码，我们程序的健壮性得到了进一步的加强。

习　　题

1. 根据员工号，获得员工到目前为止参加工作的年限（保留到整数），员工号不存在时提示"此员工号不存在"。

2. 编写 PL/SQL 块，使用 SELECT 语句将管理者编号为空的员工的姓名及工作编号显示出来，如果符合条件的员工多于一人，则返回字符串"最高管理者人员过多！"字符串，如果找到没有符合条件的记录，则返回字符串"没有最高管理者，请指定"。

3. 获得每个部门的平均工资，如果平均工资大于 15 000，视为用户定义的异常，提示"该部门的平均工资过高"。

第14章 创建存储过程和函数

存储过程与函数有如下优点：

- 可重用性：一旦命名并保存在数据库中以后，任何应用都可以调用
- 抽象和数据隐藏：用户只需知道存储过程与函数对外提供的功能，而无需知道其内部实现
- 安全性：通过存储过程与函数提供数据对象的操作权限，而不必给出存储过程与函数涉及每个对象的权限，提高了安全性。

14.1 存 储 过 程

存储过程就是命了名的 PL/SQL 块，可以有零个或多个参数，以编译后的形式存放在数据库中，然后由开发语言调用或者在 PL/SQL 块中调用，是一种用来执行某些操作的子程序。

14.1.1 存储过程的创建

存储过程的创建和其他数据库对象一样，用 CREATE 语句来创建。创建存储过程的语法如下：

```
CREATE [OR REPLACE] PROCEDURE
[schema.]procedure_name [(argument [in|out|in out] type…)]
IS | AS
 [本地变量声明]
BEGIN
    执行语句部分
[EXCEPTION]
    错误处理部分
END[procedure_name];
/
```

其中：CREATE 是创建存储过程，procedure_name 是要创建的存储过程名，argument 是参数，关于参数和 in，out，in out 关键字，可参考本章 14.1.2 节，type 相关参数的数据类型、声明段位于 IS 或 AS 和 BEGIN 关键字之间，IS 或 AS 关键字是等价的，可按自己的习惯选择。

OR REPLACE 关键字和我们前面介绍过的视图修改类似，如果要改变存储过程的代码，可以删除该过程然后重新创建，我们也可以使用 OR REPLACE 关键字把这两个操作在一步中完成，如果过程存在，先删除，如果过程不存在，就直接创建。但是如果过程存在而没有使用 OR REPLACE 关键字，想一想会出现什么问题？

注意： 和匿名块不同，过程和函数声明中不能用 DECLARE 关键字，而是用 IS 或 AS 关键字。可执行段位于 BEGIN 和 EXCEPTION 关键字之间，如果没有异常处理段，则位于 BEGIN 和 END 关键字

之间。如果有异常处理段，它位于 EXCEPTION 和 END 关键字之间。END 关键字后面的 procedure_name 是方括号括起来的，就是说 procedure_name 可以有也可以没有，建议包含过程名，使程序更易于阅读，这是一种比较好的编程风格。

我们可以使用 PL/SQL Developer 工具来创建存储过程，在 PL/SQL Developer 工具左侧的对象树中找到 Procedures 后，右击，在弹出的快捷菜单中选择 New 命令，如图 14-1 所示，弹出图 14-2 所示的窗口。

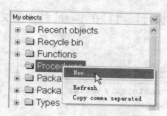

图 14-1 创建存储过程

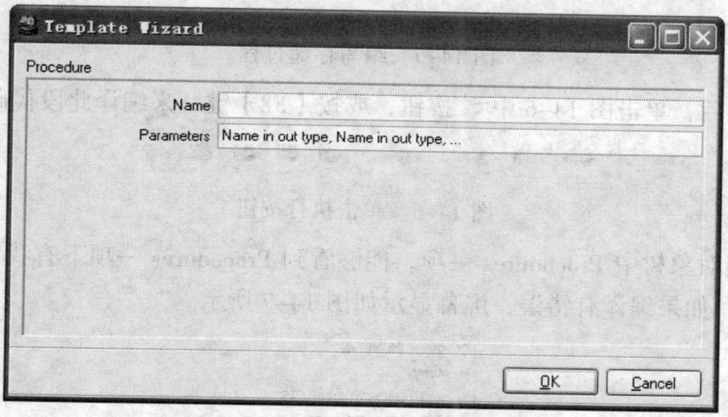

图 14-2 填写存储过程名称

在 Name 文本框中填写存储过程的名称，在 Parameters 文本框中列出参数名称、参数的输入输出方向（具体内容见 14.1.2 节），参数的数据类型有默认值时列出默认值，如果没有参数，此项不用填写，如图 14-3 所示。单击 OK 按钮，屏幕就会显示图 14-4 的界面。

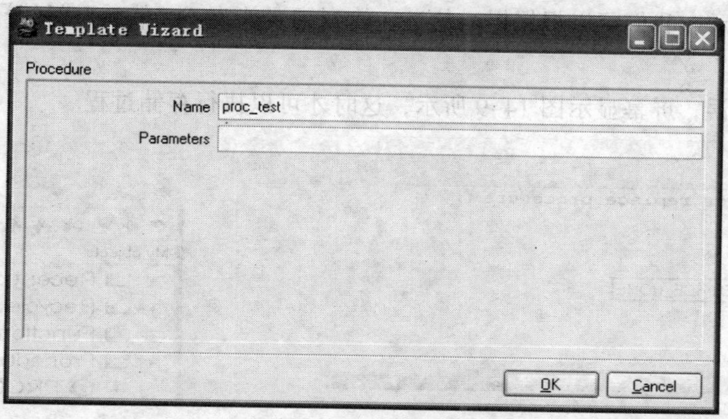

图 14-3 填写存储过程参数

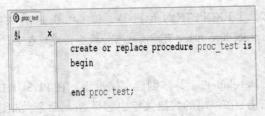

图 14-4　进入存储过程编辑界面

这时，我们可以把存储过程的执行代码写在 Begin 和 End 之间，以下是最简单的一个存储过程，如图 14-5 所示。

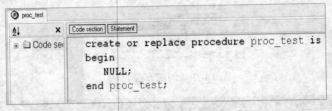

图 14-5　编写存储过程

过程编写完成后，单击图 14-6 中 按钮，或按【F8】键，来编译此段代码。

图 14-6　单击执行按钮

找到工具左侧对象树中 Procedures 一项，能够看到 Procedures 一项下有我们刚才创建的存储过程 PROC_TEST，如果编译有错误，屏幕显示如图 14-7 所示。

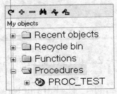

图 14-7　存储过程编译错误提示

编译时有错误的存储过程是不能执行的，需要先找出错误所在，改正后才可以执行。

如图 14-8 所示，我们可以根据提示信息，找到错误并改正，然后重新编译，可以使用快捷键【F8】。

如果编译无错误，屏幕显示图 14-9 所示，这时才可以执行存储过程。

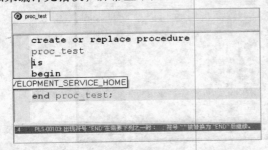

图 14-8　重新编译存储过程

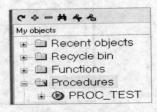

图 14-9　存储过程成功创建

　　在匿名块中调用存储过程和在存储过程中调用存储过程的方式基本相同，以下我们以匿名块为例，调用刚才写好的存储过程。

```
BEGIN
    proc_test;
END;
/
```

也可以在 SQL*Plus 环境下创建存储过程，下面是创建一个简单的存储过程的例子。

　　例 14-1　最简单的存储过程创建示例。

```
CREATE PROCEDURE proc_test
AS
BEGIN
    NULL;
END;
/
```

　　在这个过程中，存储过程的名字为 proc_test ，没有参数，没有变量 ，没有异常处理，这几部分都可以省略，不能省略的是程序的主体，即 BEGIN 和 END 之间的程序段，我们这里什么都没做，执行的是一个空语句。

　　如果是在 SQL*Plus 环境下创建的存储过程，END 语句的下一行，要有 "/"。如果存储过程没有错误，会显示提示信息 "过程已创建"，否则会显示提示信息 "警告：创建的过程带有编译错误"，这时需要改正错误后，才可以继续下面的执行过程。

　　在 SQL*Plus 环境下执行存储过程的方法：

```
set serveroutput on
BEGIN
    proc_test;
END;
/
```

在 SQL*Plus 环境下也可以这样执行存储过程：

```
execute proc_test
```

或简写为

```
exec proc_test
```

执行存储过程时需要有 EXECUTE 的权限。只有将 EXECUTE 权限赋予用户，用户才可以运行它。若要所有用户都可以运行，要将它赋予 PUBLIC 权限。

14.1.2　参数

　　过程和其调用者的数值传递可以采用参数来处理，参数可以为任何合法的 PL/SQL 类型，根据方向的不同有三种模式：IN、OUT、IN OUT。

　　① IN 参数通过调用者传入，在过程中只能被读取，不能改变。是默认模式，可以有默认值。

　　② OUT 参数由过程赋值并传递给调用者。如果过程需要向调用者返回信息的时候，我们可以采用 OUT 参数。不能是具有默认值的变量，也不能是常量，过程中要给 OUT 参数传递返回值。

　　③ IN OUT 具有 IN 参数和 OUT 参数两者的特性，在过程中可以被读取也可以被赋值。

例 14-2 IN 参数的使用。

```
CREATE OR REPLACE PROCEDURE up_ins_test
(p_f1 varchar2 ,p_f2 number default 10)
IS
BEGIN
    INSERT INTO t_test (f_1,f_2) VALUES(p_f1,p_f2);
END up_ins_test;
```

存储过程编写完成后，并没有被执行，尝试执行 SELECT 语句。

```
SELECT *
FROM t_test;
```

从图 14-10 中，我们能看到表中并没有数据。

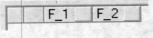

图 14-10　t_test 表中暂无数据

执行存储过程 up_ins_test:

```
Begin
 up_ins_test (p_f1=> 'abc',p_f2=> 100);
End;
```

执行过程后，我们再来看一下表中的值，如图 14-11 所示，数据已经被插入到例子中的新建表 t_test 中。

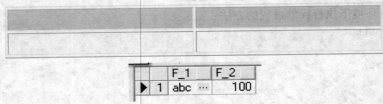

图 14-11　t_test 表中数据

常见的参数传递方法：

① 使用位置表示，不需写出参数名，赋值的顺序和定义的顺序相同。

例：exec up_ins_test ('abc', 100)。

② 使用名称表示，写参数名，顺序可以和定义的顺序不同，如果参数没有默认值，调用时的参数名的数量不能和定义时不同。

例：exec up_ins_test (p_f2=> 100,p_f1=>'abc')。

③ 使用混合方式表示，既可以按名称也可以用位置混合起来用。

例：exec up_ins_test ('abc', p_f2=> 100)。

OUT 参数用于从过程向调用者返回值。例如，需要基于 employees 表编写一个存储过程，实现通过输入员工编号（EMPLOYEE_ID）返回员工名字（LAST_NAME）的功能。

这里就需要定义两个参数：一个是 IN 模式参数，一个 OUT 模式参数。

例 14-3 OUT 参数应用的示例。

```
CREATE OR REPLACE PROCEDURE up_GetEmpName
(    p_empid in employees.employee_id%type,
```

```
      p_ename out employees.last_name%type)
AS
BEGIN
   SELECT last_name
     INTO p_ename
     FROM employees
     WHERE employee_id = p_empid;
EXCEPTION
WHEN NO_DATA_FOUND THEN
     p_ename := 'null';
 END up_GetEmpName;
```

IN OUT 参数可以用来传入参数，也可以从存储过程返回值。

和其他数据库对象一样，删除存储过程时使用 DROP 语句，语法如下：

```
DROP PROCEDURE procedure_name
```

例如，把已创建的过程删除的语句如下：

```
DROP PROCEDURE up_GetEmpName;
```

14.2 函　　数

函数是一个命名的 PL/SQL 块。函数和过程都可以没有参数，也可以有多个参数。一般来说，函数用于计算一个值。

函数和过程有相类似的结构，但函数必须返回一个值到调用环境，而过程可以没有返回值或有多个返回值（即输出参数）到调用环境中。和过程类似，函数有头部、声明部分、执行部分和异常处理部分。在函数的头部中必须有一个 RETURN 子句，这个语句要说明函数返回值的类型，不需要指明数据类型的长度或精度，并且在执行部分至少有一个 RETURN 语句。

创建函数的语法和过程的语法基本相同，详细请参考 14.1.1 节，需要注意上一段落中讲到的函数和过程的不同之处。 在函数中同样有 IN、OUT、IN OUT 三种参数传递模式，但对于函数，IN 参数较为常用，而 OUT 或 IN OUT 参数最好不用。函数的创建语法如下：

```
CREATE [OR REPLACE] FUNCTION
 [schema.] function_name [(argument [in|out|in out] type…)]
RETURN returning_datatype
IS | AS
[本地变量声明]
BEGIN
         执行语句部分
[EXCEPTION]
         错误处理部分
END[function_name];
```

函数可以作为一个方案对象存储在数据库中用来反复执行。存储在数据库中的函数也称为存储函数，函数也可以创建在客户端应用程序中。本书中只讨论创建存储函数。

从调用方式上来看，过程是作为一个独立执行语句在 PL/SQL 调用的，函数是作为一个 SQL 表达式或 PL/SQL 表达式的一部分被调用，例如存储过的调用方式如下：

过程名称(参数1,参数2);

函数的调用则是以合法的表达式的方式调用,通常采用给变量赋值或作为 SQL 语句的子句的方式实现。

给变量赋值的方式:

变量名称:= 函数名称(参数1,参数2);

作为 SQL 语句的子句方式:

SELECT 函数名称(参数1,参数2) FROM dual;

函数和存储过程的区别如表 14-1 和图 14-12 所示。

表 14-1 过程和函数的区别

存 储 过 程	函 数
作为 PL/SQL 的命令执行	作为表达式的一部分调用或 SQL 子句调用
头部没有 return 语句	头部必须有 return 语句
没有返回值,但可以使用 OUT 参数传出一个或多个值	必须返回一个值
可以包含一个 return 语句	必须包含至少一个 return 语句

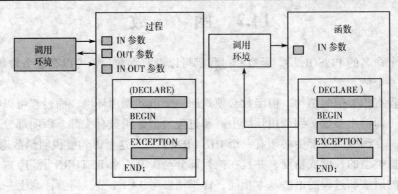

图 14-12 过程和函数的区别

例 14-4 将上一节的存储过程实现的功能通过函数来实现。

```
CREATE OR REPLACE FUNCTION  uf_GetEmpName
(p_empid in number)
return employees.last_name%type
AS
  p_ename employees.last_name%type;
BEGIN
  SELECT last_name
  INTO p_ename
  FROM employees
WHERE employee_id = p_empid;
 return p_ename;
 EXCEPTION
   WHEN NO_DATA_FOUND THEN
     return 'error';
END uf_GetEmpName;
```

执行过程如图 14-13 所示，图中左侧为调用环境，函数 uf_GetEmpName 中有一个数值型的输入参数，赋值为 149，图中右侧为函数，参数 p_empid 接受从调用环境中传入的数值 149，函数执行完成后，返回 p_name 的值。

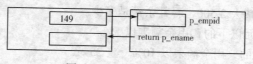

图 14-13　函数的调用

通过例 14-5 来看一下函数的两种调用方式。

例 14-5　匿名块中函数的调用。

```
DECLARE
v_ename VARCHAR2(50);
BEGIN
    v_ename:=uf_getempname(100);
    dbms_output.put_line(v_ename);
END;
```

例 14-6　函数在 SQL 中的调用。

```
SELECT employee_id,uf_getempname(employee_id) FROM employees;
```

和其他数据库对象一样，删除时使用 DROP 语句，语法如下：

```
DROP FUNCTION  function_name
```

例如我们把已创建的函数删除，代码如下：

```
DROP PROCEDURE uf_GetEmpName;
```

一般来说，关于我们创建的函数和过程的一些信息，都可以通过图形化界面清晰的看到，也可以在 user_source 这个数据字典视图中查询。

小　　结

本章主要介绍了过程的创建及调用，函数的创建及调用，子程序中参数的几种模式：IN、OUT、IN OUT。过程和函数在实际开发中使用得比较多，也是 PL/SQL 中的重点内容。

习　　题

1. 创建存储过程 PrintEmp，将 employees 表中所有员工的编号和姓名显示出来。

2. 创建存储过程 PTEST，接受两个数相除并且显示结果，如果第二个数是 0，则显示消息 not to DIVIDE BYZERO!，不为 0 则显示结果。

3. 创建存储过程，根据员工编号计算该员工年薪（工资+奖金），并将计算出的年薪值传递到调用环境。

4. 编写一个函数，根据员工编号计算该员工进入公司的月数。

5. 为 employees 表中工作满 20 年以上的员工加薪 20%。

6. 创建一个函数 Emp_Avg，根据员工号，返回员工所在部门的平均工资。

7. 创建一个过程 Update_SAL，通过调用上题中的函数，实现对每个员工工资的修改：如果该员工所在部门的平均工资小于 1 000,则该员工工资增加 500;工资大于等于 1 000 而小于 5 000,增加 300;工资大于等于 5 000,增加 100。

8. 编写函数计算个人所得税:个人收入(除去各项保险及住房公积金)超过 3 500 元的,需交个人所得税。用月收入减去 3 500,看其余额是多少。

余额在 500 元及 500 元以下的,用余额乘以 5%。

余额在 501~2 000 元的,用余额乘以 10%,减 25 元。

余额在 2 001~5 000 元的,用余额乘以 15%,减 125 元。

余额在 5 000~2 0000 元的,用余额乘以 20%,减 375 元。

第15章 用户、权限和角色

数据库对象是存储在用户中的，用户的创建以及用户相关的权限的管理是本章介绍的主要内容。

15.1 用　户

用户是数据库的使用者。用户相关的信息包括用户的用户名称和密码、用户的配置信息（包括用户的状态、用户的默认表空间等）、用户的权限、用户对应的方案中的对象等。

用户一般是由 DBA 来创建和维护的。创建用户后，用户不可以执行任何 Oracle 操作（包括登录），只有赋予用户相关的权限，用户才能执行相关权限允许范围内的相关操作。可以直接对用户授权，也可以通过角色来间接授权。

15.1.1 创建用户

最基本的创建用户的语法为：

```
CREATE USER user
IDENTIFIED BY    password;
```

CREATE USER、IDENTIFIED BY 为语法保留字。CREATE USER 后面跟要创建用户的名字，而 IDENTIFIED BY 后面则是用户的初始化密码。

执行该语句的用户需要有"创建用户"的权限，一般为系统的 DBA 用户（SYS 和 SYSTEM 用户）都有该权限。

例 15-1　创建用户 test。

首先，以 SYSTEM 用户登录，执行 CREATE 语句创建 test 用户，同时设定用户密码也为 test。

```
CREATE USER test IDENTIFIED BY test;
```

用户被创建后，没有任何权限，包括登录权限，这时如果使用 test 用户登录会出现图 15-1 所示的提示信息。

图 15-1　新建用户登录失败

可以看到 test 用户登录失败。这时因为用户如果想登录，至少需要具有 CREATE SESSION 的权限，授予权限的语句是"GRANT 权限 TO 用户名"，通常情况下是由 DBA 来管理权限。

例 15-2 给用户 test 授予权限。

首先，以具有 DBA 管理权限的 SYSTEM 用户登录，执行 GRANT 授权操作。

```
GRANT CREATE SESSION TO test;
```

然后再次使用 test 用户登录，登录成功。

15.1.2 用户建表相关权限

test 用户登录后能够执行什么 SQL 操作呢？默认情况下，用户对于该用户下的对象拥有所有的数据访问权限，如增、删、改、查数据等权限，但却不具有对数据库对象进行定义的权限，比如创建表、创建视图等。但一个初始创建的用户，除了一些系统提供的数据字典视图外，没有任何属于该用户的对象，那么如何来创建对象呢？用户要想创建对象，需要具有对象的创建权限。例如，要想创建表，需要有表的创建权限（CREATE TABLE），要想创建序列，要有序列的创建权限（CREATE SEQUENCE），针对其他对象的创建权限相类似。

例 15-3 如果用户没有建表权限时如何创建表呢？下面以为 test 用户创建表 emp1 为例。

首先，以 test 用户身份执行建表操作：

```
CREATE TABLE emp1(id NUMBER,last_name VARCHAR2(20),salary NUMBER);
```

执行结果如图 15-2 所示。

图 15-2 新建用户建表权限不足

因为新创建的 test 用户没有被授予建表权限（CREATE TABLE），所以权限不足导致建表失败。

例 15-4 赋予 test 用户的创建表的权限。

首先，以 SYSTEM 用户身份给 test 用户授予 CREATE TABLE 权限：

```
GRANT CREATE TABLE TO test;
```

然后以 test 用户身份执行建表操作：

```
CREATE TABLE emp1(id NUMBER,last_name VARCHAR2(20),salary NUMBER);
```

执行结果如图 15-3 所示。

图 15-3 创建表时表空间异常

例 15-4 中即使用户拥有了 CREATE TABLE 建表权限，但是建表的时候也失败了，这是什么原因呢？根据错误提示发现是关于表空间的使用上出现了权限问题。其实，与建表的相关权限有两个：

① CREATE TABLE 权限确认了可以建立用户表的对象，对象的定义可以存储到数据字典中。

② 另外一个权限是用户数据存储需要空间（该空间是在相关表空间中被分配的）的使用权限，默认情况下用户没有任何表空间的使用权限，需要 DBA 来分配。

对于用户空间分配和管理的操作通常有两步，一是给用户分配表空间的配额，可以给用户多个空间的配额；二是给用户指定一个默认的表空间，以后创建各种对象的时候，如果没有特殊指定，则对象都是在该用户默认表空间中创建的。如果不指定用户的默认表空间，则系统默认给用户分配的默认表空间是 SYSTEM，SYSTEM 是系统表空间，存放的是数据字典等系统数据，不应该用来存储用户数据。这里对 test 的默认表空间是 USERS，所以，例 15-4 中的错误提示是"对表空间'USERS'无权限"。对于默认表空间也可以根据实际情况进行修改，下面给 test 用户指定新的默认表空间和分配表空间配额。

例 15-5 给 test 用户指定默认表空间和分配表空间配额。

首先，以 SYSTEM 用户登录，查询一下数据库有哪些表空间。

```
SELECT * FROM v$tablespace;
```

查询结果如图 15-4 所示。

	TS#	NAME	INCLUDED_IN_DATABASE_BACKUP
1	0	SYSTEM ···	YES
2	1	UNDOTBS1 ···	YES
3	2	TEMP ···	YES
4	5	EXAMPLE ···	YES
5	6	INDX ···	YES
6	9	USERS ···	YES

图 15-4 数据库表空间

SYSTEM 是系统表空间，存放数据字典等系统数据；UNDOTBS1 是回滚表空间，也可以理解成是一种特殊的数据（用于回滚的数据），也是系统维护的；其余大都是一些普通用户的表空间，存放各种不同的应用数据，比如 INDX 是用以存储用户的索引数据的表空间，EXAMPLE 是用以存储数据库的例子 SCHEMA 的表空间等。这里给 test 用户指定的新的默认表空间是 EXAMPLE，实际应用中一般是根据需求创建应用用户自己的表空间。

以 SYSTEM 用户身份登录为 test 用户定义默认表空间为 EXAMPLE：

```
ALTER USER test
DEFAULT TABLESPACE example;
```

然后，以 test 用户身份再次执行创建表的语句：

```
CREATE TABLE emp1(id NUMBER,last_name VARCHAR2(20),salary NUMBER);
```

返回结果如图 15-5 所示。

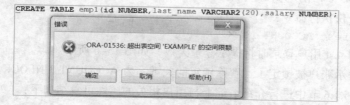

图 15-5 创建表时表空间限额异常

虽然给用户指出了默认表空间，但却没有给用户分配该表空间中空间使用的配额，对于配额的分配可以 SYSTEM 用户身份登录后使用 ALTER 语句实现。配额的分配语句如下：

```
ALTER USER test
QUOTA 10m ON example;
```

需要注意的是，默认表空间和用户的表空间配额等，都是用户的属性，可在用户创建的时候指定，或者修改用户（ALTER USER）时进行修改，而不是通过授权命令来修改。上面代码中给用户 test 在 EXAMPLE 表空间上分配了 10 MB 的空间使用权限，用户在该表空间上只有 10 MB 的使用权限，如果超过该限度，用户的相关操作执行失败。

最后，再次以 test 用户身份执行建表命令：

```
CREATE TABLE emp1(id NUMBER,last_name VARCHAR2(20),salary NUMBER);
```

至此，表创建成功。

15.1.3　修改用户密码

如果用户想修改自己的密码，可以执行如下 SQL 语句：

```
ALTER USER user IDENTIFIED BY 新密码;
```

此命令不需要输入旧密码，直接把用户的密码修改为新密码，当然前提是该用户已经登录了 Oracle 服务器。另外，DBA 用户（如 SYSTEM 用户）也可以使用该语句实现密码的修改，DBA 用户可以修改任何普通用户的密码，而且不需要知道用户的旧密码。

也可以在 SQL*Plus 下执行 password 命令来修改登录用户自己的密码，该命令是 SQL*Plus 命令，提示会输入旧密码和新密码。

15.1.4　用户的状态

用户账号初始创建后，状态是正常的，处于 OPEN 状态，表明该用户可用，除了该状态之外，还有 EXPIRED 和 LOCKED 状态。EXPIRED 表示密码过期，用户下次登录的时候需要修改密码；LOCKED 状态表示该帐户已被锁定，不能执行任何 Oracle 相关操作（即使拥有相关的权限）。密码过期通常是用户安全策略的一部分，可以设置用户的密码过期策略，过期之后系统在用户再次登录时会自动提示用户修改密码；当然 DBA 也可以强制设置用户密码过期。账户锁定则一般是由 DBA 来管理的，比如如果用户出差一段时间，可以在这段时间内把该用户账户锁定。与这两种状态相关的 DBA 的管理命令分别为：

① 密码过期：

```
ALTER USER user PASSWORD EXPIRE;
```

② 帐户锁定/解锁：

```
ALTER USER user ACCOUNT LOCK[UNLOCK];
```

例 15-6　修改 test 用户为锁定状态。

以 SYSTEM 身份执行命令：

```
ALTER USER test ACCOUNT LOCK;
```

然后再次使用 test 用户登录时将提示登录失败，如图 15-6 所示。

登录失败，提示账户被锁定了，解除锁定的关键字为 ACCOUNT UNLOCK。关于用户的状态的查询将在后面 15.1.6 节中进行介绍。综上与用户相关的属性可总结如下：

① 授权机制：用户密码。

图 15-6 用户被锁定登录失败

② 权限：直接和间接权限。
③ 默认表空间。
④ 表空间配额。
⑤ 账户锁定。
⑥ 其他：临时表空间，资源限制等。

15.1.5 删除用户

删除用户的语法为：

```
DROP USER user [CASCADE];
```

当用户中已经创建了相关的存储对象时，默认是不能删除用户的，需要先删除该用户下的所有对象，然后才能删除该用户的定义。这一步操作也可以使用 CASCADE 可选项来完成，CASCADE表示系统先自动删除该用户下的所有对象，然后再删除该用户的定义。已经登录的用户是不允许被删除的。

15.1.6 用户信息相关数据字典视图

与用户信息相关的数据字典视图主要有两个，一个是 DBA_USERS，一个是 DBA_TS_QUOTAS。DBA_USERS 是关于用户的属性信息，而 DBA_TS_QUOTAS 是用户的相关表空间的配额信息。这些数据字典视图一般是由 DBA 来执行的

例 15-7 查看与用户信息相关的数据字典 DBA_USERS。

以 SYSTEM 用户身份执行 SELECT 语句：

```
SELECT username,account_status,default_tablespace FROM dba_users;
```

执行结果如图 15-7 所示。

	USERNAME	ACCOUNT_STATUS	DEFAULT_TABLESPAC
1	MGMT_VIEW	OPEN	SYSTEM
2	SYS	OPEN	SYSTEM
3	SYSTEM	OPEN	SYSTEM
4	DBSNMP	OPEN	SYSAUX
5	SYSMAN	OPEN	SYSAUX
6	SCOTT	OPEN	USERS
7	NEU	OPEN	DATA_TS
8	TEST	LOCKED	EXAMPLE
9	OUTLN	EXPIRED & LOCKED	SYSTEM
......			
38	SPATIAL_CSW_ADMIN_USR	EXPIRED & LOCKED	USERS
39	SPATIAL_WFS_ADMIN_USR	EXPIRED & LOCKED	USERS

图 15-7 数据字典 DBA_USERS

USERNAME 代表用户的名字，ACCOUT_STATUS 代表用户的状态，DEFAULT_TABLESPACE 代表用户的默认表空间。

例 15-8 查看 DBA_TS_QUOTAS 中用户相关的表空间的配额信息。

以 SYSTEM 用户身份执行 SELECT 语句：

```
SELECT * FROM dba_ts_quotas;
```

执行结果如图 15-8 所示。

	TABLESPACE_NAME		USERNAME		BYTES	MAX_BYTES	BLOCKS	MAX_BLOCKS	DROPPED
1	SYSAUX	...	OLAPSYS	...	16318464	-1	1992	-1	NO
2	SYSAUX		WK_TEST		12582912	-1	1536	-1	NO
3	SYSAUX		SYSMAN		132382720	-1	16160	-1	NO
4	SYSAUX		FLOWS_FILES		458752	-1	56	-1	NO
5	DATA_TS		NEU		2555904	-1	312	-1	NO
6	EXAMPLE		TEST	...	0	10485760	0	1280	NO

图 15-8　数据字典 DBA_TS_QUOTAS

MAX_BYTES 是以字节为单位列出了用户在相关表空间中的最大配额。

15.2 权　　限

Oracle 服务器中，用户只有获得了相关的权限，才能执行该权限允许的操作。权限的管理实际上前面已经提到一些，比如建表的权限，权限的赋予等，本节将系统了解一下权限的管理。

Oracle 中存在两种用户的权限：

① 系统权限（system privilege）：允许用户在数据库中执行指定的行为，一般可以理解成比较通用的一类权限。

② 对象权限（object privilege）：允许用户访问和操作一个指定的对象，该对象是一个确切存储在数据库中的命名对象。

15.2.1 系统权限

Oracle 系统中包含 100 多种系统权限，其主要作用：

① 执行系统端的操作，比如 CREATE SESSION 是登录的权限，CREATE TABLESPACE 创建表空间的权限。

② 管理某类对象，比如 CREATE TABLE 是用户建表的权限。

③ 管理任何对象，比如 CREATE ANY TABLE、ANY 关键字表明该权限"权力"比较大，可以管理任何用户下的表，所以一般只有 DBA 来使用该权限，普通用户是不应该拥有该类权限的。

授予和回收权限的语法关键字分别为 GRANT（授权）和 REVOKE（回收权限）。

下面根据数据库对象来划分介绍部分系统权限：

1. 表

① CREATE TABLE（建表）。

② CREATE ANY TABLE（在任何用户下建表）。

③ ALTER ANY TABLE（修改任何用户的表的定义）。

④ DROP ANY TABLE（删除任何用户的表）。

⑤ SELECT ANY TABLE（从任何用户的表中查询数据）。

⑥ UPDATE ANY TABLE（更改任何用户表的数据）。

⑦ DELETE ANY TABLE（删除任何用户的表的记录）。

注意： 以上权限中除了含有 ANY 关键字的那些权限外，对于当前用户下的表的操作权限剩一种 CREATE TABLE 权限。那么，对表进行修改或删除等操作的权限哪里去了呢？实际上，这些权限已经隐含在了 CREATE TABLE 权限中，当用户拥有了 CREATE TABLE 权限后，也同时获得了对该用户下的任何表的 DROP、UPDATE、SELECT、DELETE、INSERT、TRUNCATE 等操作权限，同时也具有了对于该表相关索引的创建权限。需要注意的是，从安全的角度来说，任何含 ANY 关键字的权限不应该被分配给普通用户。

2. 索引

① CREATE ANY INDEX（在任何用户下创建索引）。

② ALTER ANY INDEX（修改任何用户的索引定义）。

③ DROP ANY INDEX（删除任何用户的索引）。

3. 会话

① CREATE SESSION（创建会话，登录权限）。

② ALTER SESSION（修改会话）。

4. 表空间

① CREATE TABLESPACE（创建表空间）。

② ALTER TABLESPACE（修改表空间）。

③ DROP TABLESPACE（删除表空间）。

④ UNLIMITED TABLESPACE（不限制任何表空间的配额）。

注意： 表空间的所有权限都不应该分配给普通用户。

5. 系统特权权限 SYSDBA 和 SYSOPER

① SYSOPER 的权限：启动停止数据库，恢复数据库等。

② SYSDBA 的权限：

- 所有 SYSOPER 功能的管理权限。
- 创建数据库等权限。

注意： 以系统特权权限登录的用户一般都是特权用户，或者称为超级用户。这两种权限需要在登录时使用 "CONN 用户名 AS 特权" 来登录，比如 "CONN sys AS sysdba" 是以 SYSDBA 的特权身份登录，执行一些只有特权用户才能执行的操作，比如数据库的创建、启动和停止等。以 SYSDBA 身份登录的用户在 Oracle 中是权限最大的用户，可以执行数据库的所有操作。这些特权权限是不应该随便赋予给普通用户的。

15.2.2　授予用户系统权限

授予用户系统权限的语法：

```
GRANT 系统权限 TO user [WITH ADMIN OPTION];
```

WITH ADMIN OPTION 的含义是把该权限的管理权限也赋予用户。默认情况下，权限的赋予工作是由拥有管理权限的管理员用户来执行的，当权限被赋予给其他用户后，其他用户就获得了该权限的使用权，可以使用在该权限允许范围内的相关 Oracle 操作，但用户并没有获得该权限的管理权，所以该用户没有权力把该权限再赋予给其他用户，而使用 WITH ADMIN OPTION 选项则可以授予普通用户管理权限。

例 15-9　测试 test 用户能否把自有权限 CREATE SESSION 赋予给其他用户。

首先，以 test 用户身份执行对 neu 用户的授权操作：

```
GRANT create session TO neu;
```

执行结果如图 15-9 所示。

图 15-9　授权权限不足

授权失败的原因是因为 test 用户没有 CREATE SESSION 权限的管理权限。对于权限的管理权限的授予，需要在权限的授予过程中使用 WITH ADMIN OPTION 选项。

以 SYSTEM 用户身份执行对 test 用户的授权操作：

```
GRANT create session TO test WITH ADMIN OPTION;
```

再次以 test 身份执行对 neu 用户的授权操作：

```
GRANT create session TO neu;
```

此时将授权成功。

15.2.3　回收系统权限

回收系统权限语法：

```
REVOKE 系统权限 FROM user;
```

只能回收使用 GRANT 授权过的权限，权限被回收后，用户就失去了原权限的使用权和管理权（如果有管理权限的话）。

注意：使用 WITH ADMIN OPTION 选项授予的权限在回收时候的级联回收策略如下：如果用户 A 授予权限给用户 B，同时带有选项 WITH ADMIN OPTION，用户 B 又把该权限赋予给用户 C；如果此时用户 A 把权限从用户 B 处收回，那么用户 B 给予出去的权限（用户 C 对该权限的使用权）是否还继续存在？在系统权限的管理中，Oracle 的策略是继续保留权限，用户 C 继续拥有该权限的使用权。也就是说，系统权限不会级联回收。

15.2.4　对象权限

对象权限的种类不是很多，但数量相当大，因为具体对象的数量很多。对象权限的分类如表 15-1 所示。

对于对象权限来说，表除了执行的权限外，其余的对象权限都有；视图没有修改的权限（含在创建视图权限中），也不能基于视图来创建索引；序列只有修改和查询的权限；而存储过程则只有执行的权限。

表 15-1 对象权限的分类

权限分类 对象类型	表（Table）	视图（View）	序列（Sequence）	存储过程 （Procedure）
SELECT（选择）	○	○	○	
INSERT（插入）	○	○		
UPDATE（更改）	○	○		
DELETE（删除）	○	○		
ALTER（修改）	○		○	
INDEX（索引）	○			
REFERENCE（引用）	○	○		
EXECUTE（执行）				○

说明：表内有圆圈的项说明此对象具有相对应的权限。

一定要清楚这里的对象权限不是某类通用的权限，而是针对某个具体存在的命名的对象。比如对于表的 ALTER 权限的一个具体例子：ALTER ON employees 才是一个完整的对象权限。对象权限除了直接作用在某个对象外，还可以对表中的具体列设置对象权限。

1. 授予对象权限

授予对象权限的语法如下：

```
GRANT 对象权限种类 ON 对象名[(列名列表)] TO user
[WITH GRANT OPTION];
```

授予对象权限的用户是对象的拥有者（owner）或其他有对象管理权限的用户（常为 DBA）。另外，也可以把对象的管理权限也赋予给其他用户，语法为 WITH GRANT OPTION（区别于系统权限中的 WITH ADMIN OPTION）。

例 15-10 默认情况下，test 用户不能够访问 neu 用户下的表，如果希望访问，则需要为 test 用户授予访问 neu 用户下对象的权限。

首先，以 test 用户身份执行 SELECT 查询操作，对是否具有权限进行验证：

```
SELECT * FROM neu.employees;
```

执行结果如图 15-10 所示。

图 15-10 对象访问权限不足

访问失败的实际原因是没有访问权限。如果以 neu 身份执行如下授权命令：

```
GRANT select on employees To test;
```

然后再次以 test 用户身份执行查询将成功返回查询结果。

2．回收对象权限

回收对象权限的语法如下：

```
REVOKE 对象权限种类 ON 对象名[(列名列表)] FROM user;
```

对象的权限会级联回收，这一点同系统权限的回收策略不同。

3．权限的查询

权限相关的数据字典有很多，下面来简要介绍几个：

① DBA_SYS_PRIVS：查询所有的系统权限的授权情况。

② SESSION_PRIVS：查询出当前会话已经激活的所有系统权限。

③ DBA_TAB_PRIVS：查询出表的对象权限的授权情况。

具体数据字典视图的字段定义请参阅相关的 Oracle 帮助文档。

15.3　角　　色

角色（ROLE）的目的就是为了简化权限的管理，来看如图 15-11 所示场景：

图 15-11　用户、权限、角色关系

　　如果存在很多的用户，而某些用户所做的工作比较相似，需要赋予相似的权限。图 15-11 中 3 个用户所需要的权限相同（四个权限），当单独对每个用户赋予权限的时候，需要赋予 $4 \times 3 = 12$ 次。而如果我们把四个权限存储成一个集合对象——角色，然后再把该角色赋予给相关的用户，这样可大大简化管理的负担，而且易于以后的维护。以后想给三个用户增加权限的时候，就不必给每个用户分别添加权限，只需要把权限赋予给角色，那么已经拥有该角色的用户会自动获得角色中新增加的权限，使得维护成本降低。

　　总结一下，使用角色有以下好处：

① 简化权限的管理。

② 动态权限的管理。

③ 权限的可选择性。

15.3.1　角色管理

1．创建角色

创建角色的命令如下：

```
CREATE ROLE role;
```

例 15-11　建立一个测试角色 tr。

首先，以 SYSTEM 的用户身份执行 CREATE 语句创建角色 tr：

```
CREATE ROLE tr;
```

其次，为 tr 角色赋予权限：

```
GRANT create sequence TO tr;
```

第三步，将已被授予权限的角色授予用户 test：

```
GRANT tr To test;
```

最后，以 test 用户登录，验证是否已拥有相关权限，以 test 用户登录后执行：

```
SELECT * FROM session_privs;
```

执行结果如图 15-12 所示。

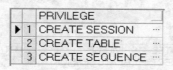

图 15-12　test 用户权限

可以看到用户已经通过角色 tr 间接地获得了 CREATE SEQUENCE 的权限。

2．收回角色

回收角色的命令如下：

```
REVOKE 角色 FROM 用户;
```

3．删除角色

如果角色已经不再使用，可以从数据库中删除，命令如下：

```
DROP ROLE 角色;
```

15.3.2　预定义角色

默认情况下，数据库中已经创建了几个预定义角色，比较常用的三个预定义角色为 DBA、CONNECT 和 RESOURCE。DBA 在这里可不是代表数据库系统管理员，而只是一个角色的名称，不过这种角色中的权限通常都是赋予给数据库管理员的。

每种角色都已经预先设置了很多的系统权限，DBA 角色中有大量系统管理权限，通常只会把该角色赋予给数据库管理员，而不会给普通用户；而 CONNECT 和 RESOURCE 是相对较安全的角色，角色内包含的权限仅限于用户自己的对象范围内，所以，可以使用 CONNECT 和 RESOURCE 来简化权限管理。那么角色中包含了哪些权限，如何查询呢？上节中已经知道了数据字典 DBA_SYS_PRIVS 是查询所有系统权限的授予情况，这其中也包括了赋予给角色的系统权限，下面通过条件过滤来分别查询一下三个预定义角色的权限。

例 15-12　查询 DBA 角色中的系统权限。

```
SELECT * FROM DBA_SYS_PRIVS
WHERE GRANTEE='DBA';
```

执行结果如图 15-13 所示。

可以看到，DBA 的角色拥有大多数的系统权限（139 个），所以，拥有 DBA 角色的用户的权限非常大，不要轻易把 DBA 的角色赋予给非数据库管理员。

		GRANTEE	PRIVILEGE	ADMIN_OPTION
▶	1	DBA	DROP ANY CUBE BUILD PROCESS	YES
	2	DBA	CREATE CUBE	YES
	3	DBA	ALTER ANY CUBE DIMENSION	YES
	4	DBA	ALTER ANY MINING MODEL	YES
	5	DBA	DROP ANY MINING MODEL	YES
	……			
	200	DBA	DROP USER	YES
	201	DBA	MANAGE TABLESPACE	YES

图 15-13   DBA 角色中的系统权限

例 15-13   查询 CONNECT 角色的相关权限。
```
SELECT * FROM DBA_SYS_PRIVS
WHERE GRANTEE='CONNECT';
```
执行结果如图 15-14 所示。

		GRANTEE	PRIVILEGE	ADMIN_OPTION
▶	1	CONNECT	CREATE SESSION	NO

图 15-14   CONNECT 角色的相关权限

相对来说，CONNECT 角色中的权限都是相对安全的，仅限于用户在用户自己的方案中创建相关对象。

例 15-14   查询 RESOURCE 角色中的权限。
```
SELECT * FROM DBA_SYS_PRIVS
WHERE GRANTEE='RESOURCE';
```
执行结果如图 15-15 所示。

		GRANTEE	PRIVILEGE	ADMIN_OPTION
▶	1	RESOURCE	CREATE TRIGGER	NO
	2	RESOURCE	CREATE SEQUENC	NO
	3	RESOURCE	CREATE TYPE	NO
	4	RESOURCE	CREATE PROCEDU	NO
	5	RESOURCE	CREATE CLUSTER	NO
	6	RESOURCE	CREATE OPERATC	NO
	7	RESOURCE	CREATE INDEXTYF	NO
	8	RESOURCE	CREATE TABLE	NO

图 15-15   RESOURCE 角色的相关权限

RESOURCE 角色中的权限也是相对安全的，和 CONNECT 角色区别是 RESOURCE 中没有登录的权限，另外，增加了几种对象的创建权限。

15.3.3   其他

1. PUBLIC 对象

在授权的对象中，有一个特殊的对象 PUBLIC，它既不是用户，也不是角色，而是代表公众，PUBLIC 中拥有的所有权限，所有数据库的用户都会自动拥有。为安全起见，PUBLIC 中不应该拥有任何权限。

比如说，如果我们给 PUBLIC 赋予 CREATE SESSION 权限：
```
GRANT create session TO public;
```
那么，所有的用户都会自动从 public 中获得登录的权限。

2. 角色相关的数据字典视图

① DBA_ROLES：数据库中的角色列表。

② DBA_ROLE_PRIVS：查询把哪些角色赋予给哪些对象了（包括赋予给用户的，赋予给角色的，赋予给 PUBLIC 的）。

③ SESSION_ROLES：当前用户激活的角色。

具体的数据字典视图中的相关字段的含义，请参考详细的 Oracle 帮助文档。

提问：如果想从定义中查询一个用户所拥有的所有权限，该如何查询？

小　　结

本章主要介绍了数据库安全管理方面的用户、权限和角色等内容，具体如下：

① 介绍了创建和维护用户的方法。对于初始创建的用户是没有任何权限的，但可以通过 DBA 用户使用 GRANT 语句为新建用户授予权限。

② 介绍了系统权限、对象权限，以及如何对这些权限进行授予和回收。

③ 介绍了角色的作用，以及如何创建角色、给角色授权等操作方法。

习　　题

1. 建立新用户 user_neu。

2. 给用户 user_neu 授权，使其能够登录到数据库，能够查询和修改 neu 下的 EMPLOYEES 表。

3. 查询用户 user_neu 的系统权限有哪些。

4. 回收用户 user_neu 的登录权限。

5. 回收用户 user_neu 所拥有的 SELECT 和 UPDATE 对象权限。

6. 建立角色 role_neu。

7. 给角色 role_neu 授权，使其能够登录到数据库。

8. 赋角色 role_neu 给用户 user_neu。

9. 删除角色 role_neu。

10. 删除用户 user_neu。

第16章 || Oracle 数据库备份与恢复

备份是保证应用系统及数据库业务连续性的最基本保证。在系统意外宕机、硬件损坏或者是重要的数据库表被误删除的情况下，如果没有进行过数据备份、数据备份不及时或者数据备份存在错误，都可能发生数据无法恢复的情况，这将对企业造成无法挽回的损失。因此，掌握基本的数据库备份方法是数据库管理员或应用开发人员的必备技能。

本章主要对 Oracle 数据库备份与恢复操作中所使用的 EXPDP 和 IMPDP，以及 EXP 和 IMP 技术进行介绍，即重点对开发人员必须掌握的逻辑备份与恢复功能进行详细讲解。

16.1　备份与恢复简介

数据库的备份和恢复是两个相互对应的概念，备份是恢复的基础，恢复则是备份的目的，数据恢复程度的好坏很大程度上依赖于备份的情况。数据库的备份，就是把数据库信息复制到一些转储设备（如磁盘等）的过程，当数据库出现故障的时候，可以随时用已备份的数据库信息进行恢复。所谓恢复，就是把数据库由故障状态转变为无故障状态的过程。通过数据库备份和恢复可使数据的丢失最小化，使用户的损失降到最低。

有多种方法对 Oracle 数据库备份与恢复进行分类，如果按照备份方式划分，可以分为逻辑备份与物理备份，其中物理备份又分为冷备份（离线备份）和热备份（联机备份）。如果按照备份工具来划分，可以分为 EXPDP/IMPDP 工具备份、用户管理备份（即 OS 备份）、RMAN（Recovery Manager）备份和第三方工具备份（如赛门铁克 VERITAS 等）。

其中，用户管理和 RMAN 管理的备份也可认为是一种物理备份。所谓物理备份就是转储 Oracle 的物理文件，如数据文件、控制文件、归档日志文件等，当数据库发生故障时，利用这些文件进行数据库还原。用户管理的备份与恢复使用 SQL 命令和操作系统命令相结合的方式进行，因此，有时也称之为 OS 备份与恢复。RMAN 管理的备份与恢复使用 RMAN 命令进行，可以使用 RMAN 来备份数据文件、控制文件、参数文件、归档日志等文件。

EXPDP 或 EXP 工具备份是一种逻辑备份方案，是对数据库对象（如用户、表、存储过程等）利用 EXPDP 或 EXP 工具程序进行导出操作（导出操作是以 SQL 语句等脚本为单位的动作），并将导出的文件存储到 OS 文件中形成逻辑备份文件，该过程又可称之为导出；对于导出的逻辑备份文件可以利用 IMPDP 或 IMP 工具程序把文件内的备份信息导入到数据库中，实现恢复操作，该过程可称之为导入。

物理备份与逻辑备份各有自己的应用场景。物理备份在合理配置后，可以最大限度地进行系统数据恢复，甚至可以基于任意指定时间点进行修改或恢复，最大限度保证数据库的可用性，是 Oracle

数据库在系统正式上线运行后必不可少的备份方式，也是数据库管理员较多选用的备份方式。但是由于需要具备系统管理、数据库管理等相关知识背景，技术较为复杂，不易掌握。

逻辑备份与物理备份相比较，可以针对数据库级、方案级、表级甚至表空间进行备份，也可以针对备份级的一部分进行恢复操作，操作比较简单，运行灵活。同时逻辑备份集的可移植性更强一些，可以恢复到不同版本、不同平台的数据库上。但是由于逻辑备份是对象级的备份，因此备份和恢复的效率比较低，同时备份的数据不是实时的数据，只能够将数据恢复到备份的那一个点，因此逻辑备份通常作为开发人员使用，用于开发过程的阶段性备份、定时备份等使用，同时也可以作为应用系统物理备份的补充。

对于程序开发人员而言，在程序的开发过程中更多的选用逻辑备份进行数据库备份与恢复，因此，本章中将主要介绍如何使用 EXPDP 和 IMPDP、EXP 和 IMP 实现数据库的逻辑备份操作。

16.2　EXPDP 和 IMPDP

从 Oracle 10g 开始，Oracle 引入了数据泵（Data Dump）导入导出工具 EXPDP 和 IMPDP。但仍然保留了传统的 EXP 和 IMP 工具进行导入导出操作。不过由于 EXPDP 和 IMPDP 的速度比 EXP 和 IMP 有所提升，因此 Oracle10g 后建议使用数据泵技术进行逻辑备份和恢复操作。

16.2.1　EXPDP 和 IMPDP 概述

数据泵 EXPDP 和 IMPDP 是一个基于服务器端的高速导入导出工具，通过 dbms_datapump 包来调用，其主要功能有以下几点：

① 实现逻辑备份和逻辑恢复。

② 在数据库用户之间移动对象。

③ 在数据库之间移动对象。

④ 实现表空间搬移。

数据泵导出导入（EXPDP 和 IMPDP）与早期版本的导出导入（EXP 和 IMP）相比除了在速度上存在优势外，还具有以下优点：

① 为数据及数据对象提供更细微级别的选择性，如使用 exclude,include,content 等参数。

② 可以设定数据库版本号，主要针对于老版本的数据库系统的兼容问题。

③ 提升并行执行能力，在应用整体资源不繁忙的时候、充分利用资源、提高导出导入的性能与效率。

④ 预估导出作业所需要的磁盘空间，如 estimate_only 参数的使用。

⑤ 支持分布式环境中通过数据库链接实现导入导出。

⑥ 支持导入时重新映射功能。

⑦ 支持元数据压缩及数据采样。

另外，数据泵导入导出工具与传统的导入导出工具在实际应用的过程中还需要注意以下问题：

① EXPDP 和 IMPDP 是服务端的工具程序，只能在 Oracle 服务器端使用，不能在客户端使用。默认情况下所有的转储、日志以及其他的文件都建立在服务器端。

② EXP 和 IMP 是客户段工具程序，既可以在客户端使用，也可以在服务器端使用。

③ 数据泵和传统方式导出的文件在进行导入操作时不能混合使用。也就是说 IMP 只能导入 EXP 导出的文件,不能导入 EXPDP 导出的文件;而同样 IMPDP 只能导入 EXPDP 导出的文件,而不能导入 EXP 导出的文件。

16.2.2 使用 EXPDP 导出

使用数据泵导出 EXPDP 工具可以将数据库对象结构或数据导出后压缩成一个二进制文件存储在 OS 磁盘上形成导出文件,以便可以在不同的 OS 之间进行迁移。数据泵导出支持导出表、导出方案、导出表空间、导出数据库、导出特定时间点数据、导出对象结构、导出加密文件和导出部分数据等导出模式。

EXPDP 工具对于导出(EXPDP)命令提供很多命令行参数,各参数可在 Windows 命令行窗口中执行"expdp help=y"语句进行查看,命令运行效果如图 16-1 所示。

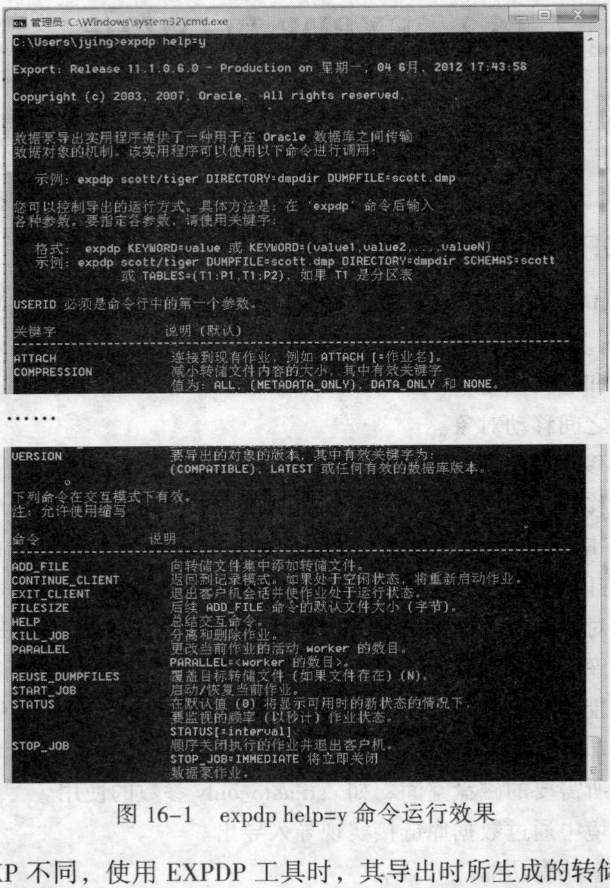

图 16-1　expdp help=y 命令运行效果

与传统的导出 EXP 不同,使用 EXPDP 工具时,其导出时所生成的转储文件只能被存放在已创建的文件目录中,而不能在导出的过程中直接指定转储文件的存放目录。因此,在执行导出操作前,必须先使用 CREATE DIRECTORY 命令创建指向要存放导出文件目录的指针,同时,还要给数据库用户授予使用该 DIRECTORY 对象的读写权限。

例 16-1　创建 DIRCTORY 目录对象,并授予 neu 用户对该对象的读写权限。

首先,在 SQL*Plus 环境下,以 SYSTEM 用户身份登录。

```
conn system/oracle
```

执行创建 DIRCTORY 目录对象 expdp_dir 以及授予 neu 用户对该目录对象的读写权限。

```
CREATE DIRECTORY expdp_dir AS 'E:\EXPDP_FILE';
GRANT read, write ON DIRECTORY expdp_dir TO neu;
```

将 DIRECTORY 目录对象创建并授权完成后，就可以选用符合需求的导出模式进行导出操作了。需要注意的是，上面介绍创建 DIRCTORY 目录对象以及给 DIRCTORY 对象授权的操作都属于 SQL 语句操作，通常会在语句后使用分号";"结束，但对于数据泵的 EXPDP 操作则属于系统命令操作，是不能在"SQL>"提示符后执行的，也不需要使用分号";"结束。

1. 表导出模式

选用表导出模式可以导出表及其分区的数据和元数据到转储文件中。对于普通用户只可以导出其自有表，但如果希望导出其他用户下的表，则需要具有 DBA 角色或 EXP_FULL_DATABASE 角色。表导出模式语法如下：

```
EXPDP username/password
DIRECTORY=directory_object
[DUMPFILE= file_name]
[LOGFILE=logfile_name]
TABLES=[schema_name.]table_name[, …]
```

语法说明：

① Username 和 password 表示执行导出操作时用以连接数据库的用户名和密码。

② directory_object 参数值用来指定已创建的 DIRCTORY 目录对象名称。

③ file_name 参数值用来指定执行导出操作时生成的导出文件的名称。当 DUMPFILE 参数省略时，将默认导出文件名为 expdat.dmp。

④ logfile_name 参数用来指定导出日志文件名。当 LOGFILE 参数省略时，将默认导出日志文件名为 export.log。

⑤ schema_name 参数值用于指定要导出的表所在的方案名。

⑥ table_name 参数值表示要导出的表名，可以同时指定多个表名，表示要同时导出多个表。

后面将介绍的几种导出模式语法中所涉及的参数如与上述几个参数为同名参数，其含义相同，对 DUMPFILE 和 LOGFILE 两个参数的省略情况也相同，将不再赘述。

例 16-2 导出 neu 用户下的 employees 和 departments 表到转储文件 neu_tab.dmp。

```
EXPDP neu/oracle DIRECTORY=expdp_dir DUMPFILE=neu_tab.dmp
TABLES=employees,departments
```

语句执行效果如图 16-2 所示。

2. 方案导出模式

选用方案导出模式可导出用户下所有对象以及对象中的数据到转储文件中。普通用户只可以导出自身方案，但如果希望导出其他方案，则需要具有 DBA 角色或 EXP_FULL_DATABASE 角色。方案导出模式的语法如下：

```
EXPDP username/password
DIRECTORY=directory_ object
[DUMPFILE= file_name]
[LOGFILE=logfile_name]
[SCHEMAS=schema_name[, …]]
```

图 16-2　表导出模式

语法说明：

schema_name 参数值表示要导出的方案名，可以同时导出多个方案。当 SCHEMAS 参数省略时，默认导出当前连接用户的方案。

例 16-3　导出 neu 用户和 scott 用户下的所有信息到转储文件 expdp_schema.dmp。

EXPDP system/oracle DIRECTORY=expdp_dir DUMPFILE=expdp_schema.dmp
SCHEMAS=neu,scott

语句执行效果如图 16-3 所示。

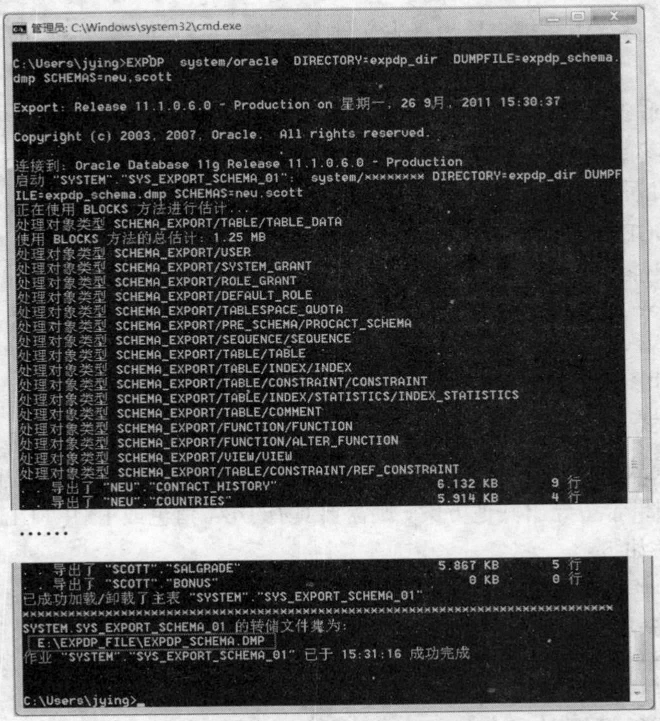

图 16-3　方案导出模式

3. 表空间导出模式

选用表空间导出模式可从数据库导出一个或多个表空间的对象和数据到转储文件中。与前面两种模式不同的是，要实现导出表空间操作，则用户必须具有 DBA 角色或 EXP_FULL_DATABASE 角色。表空间导出模式的语法如下：

```
EXPDP  username/password
DIRECTORY=directory_object
[DUMPFILE= file_name]
[LOGFILE=logfile_name]
TABLESPACES=tablespace_name[, ...]
```

语法说明：

tablesapce_name 参数值表示要导出的表空间，允许同时导出多个表空间。

例 16-4　导出 users 和 example 表空间到转储文件 tablespace.dmp。

```
EXPDP system/oracle DIRECTORY=expdp_dir DUMPFILE=tablespace.dmp
TABLESPACES=users,example
```

语句执行效果如图 16-4 所示。

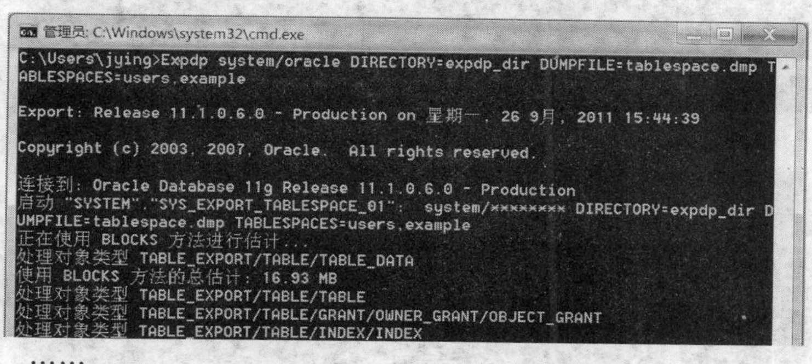

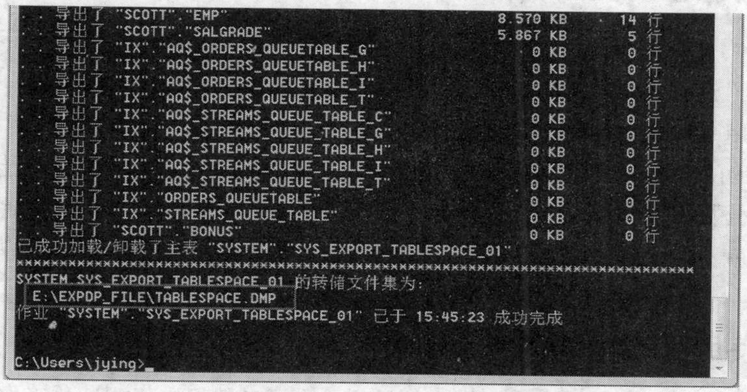

图 16-4　表空间导出模式

4. 数据库导出模式

选用数据库导出模式可导出数据库中的所有对象和数据到转储文件中。对于数据库导出操作要求用户必须具有 DBA 角色或 EXP_FULL_DATABASE 角色。数据库导出模式的语法如下：

```
EXPDP  username/password
DIRECTORY=directory_object
```

```
[DUMPFILE= file_name ]
[LOGFILE=logfile_name]
[FULL={y|n}]
```

语法说明：

参数 FULL 用于指定数据库导出模式，当 FULL 省略时，默认为 n。 当指定 FULL=Y 时，表示采用数据库导出模式。

例 16-5　导出当前登录数据库 oradb 到转储文件 oradb.dmp。

`EXPDP system/oracle DIRECTORY=expdp_dir DUMPFILE=oradb.dmp FULL=Y`

语句执行效果如图 16-5 所示。

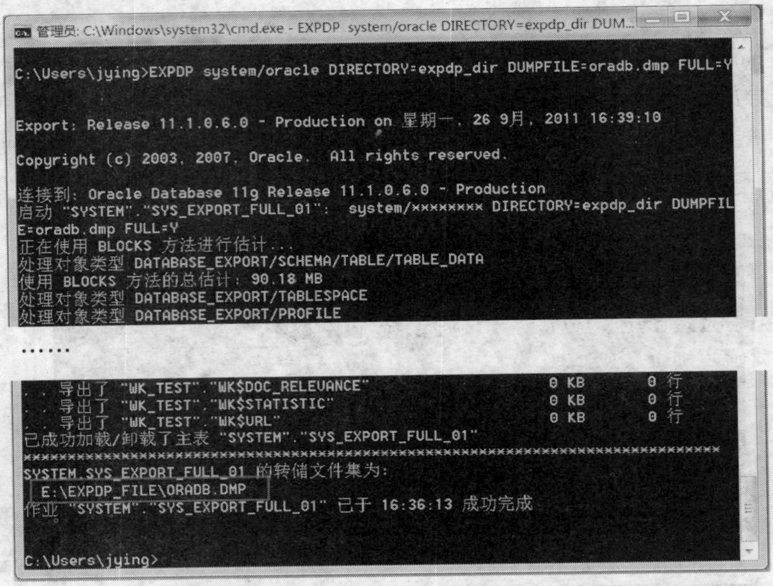

图 16-5　数据库导出模式

除了上面介绍到的几种导出模式外，还可以使用 FLASHBACK_TIME 参数实现导出特定时间点数据功能；使用 CONTENT 参数实现导出对象结构功能；在 Oracle 11g 中使用 ENCRYPTION、ENCRYPTION_MODE、ENCRYPTION_PASSWORD 等参数实现导出加密文件功能；使用 QUERY 参数实现导出部分数据功能等。对于这些参数以及使用 expdp help=y 帮助命令能够看到的一些参数的使用，这里就不做详细介绍了，如果需要可结合帮助以及上面介绍过的几种导出模式语法进行应用。

16.2.3　使用 IMPDP 导入

使用数据泵 EXPDP 工具实现导出操作的目的是为了对数据恢复或迁移工作做好准备，而将使用 EXPDP 导出工具导出的转储文件导入到 Oracle 数据库中，就必须使用数据泵的另一个导入工具 IMPDP。使用 IMPDP 导入工具可以将转储文件（导出文件）中的元数据以及数据导入到 Oracle 数据库中。与 EXPDP 导出相对应的则有导入表、导入方案、导入表空间、导入数据库、导入特定时间点数据、导入对象结构、导入加密文件和导入部分数据等导入模式。

IMPDP 工具对导入操作也提供很多命令行参数，各参数可在 Windows 命令行窗口中执行 impdp

help=y 语句进行查看，命令运行效果如图 16-6 所示。

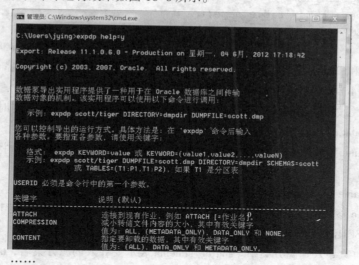

图 16-6　impdp help=y 命令运行效果

　　在使用 IMPDP 执行导入操作前，与 EXPDP 相同，导入文件必须被存放在已创建的文件目录中，并且已经针对该文件目录创建了 DIRCTORY 对象，而不可以在导入的过程中直接指定转储文件的存放目录。对于 DIRCTORY 对象的创建和读写权限的授予在本章 16.2.2 节的例 16-1 中已经介绍，这里不再赘述。

1．表导入模式

　　表导入模式是将使用表导出模式导出的转储文件中的内容导入到数据库中。普通用户可以将表导入其自身方案。但如果希望使用其他用户连接身份导入表，则需要该用户具有 DBA 角色或 IMP_FULL_DATABASE 角色。表导入模式语法如下：

```
IMPDP  username/password
DIRECTORY=directory_object
[DUMPFILE= file_name]
```

```
[LOGFILE=logfile_name]
TABLES=[schema_name.]table_name[, …]
[REMAP_SCHEMA=source_schema:target_schema]
```

语法说明：

① username 和 password 表示执行导入操作时用以连接数据库的用户名和密码。

② directory_object 参数值用来指定已创建的 DIRCTORY 目录对象名称。

③ file_name 参数值用来指定要导入的文件名称。当 DUMPFILE 参数省略时，将默认待导入文件的名称为 expdat.dmp。

④ logfile_name 参数用来指定导入日志文件名。当 LOGFILE 参数省略时，将默认导入日志文件名为 export.log。

⑤ schema_name 参数值用于指定要导入的表所在的方案名。

⑥ table_name 参数值表示要导入的表名，可以同时指定多个表名，表示要同时导入多个表。

⑦ REMAP_SCHEMA 参数用于指定将某方案的对象导入到另一个方案中，当该参数省略时，导入操作只能将对象导入到源方案中。source_schema 表示要导入的源方案名，target_schema 表示要导入的目标方案名。

后面将介绍的几种导入模式所涉及的参数如与上述几个参数为同名参数，其含义将相同，对 DUMPFILE 和 LOGFILE 两个参数的省略情况也相同，后面不再赘述。

例 16-6 将已导出的 neu 用户下的 employees 表和 departments 表（转储文件名为 neu_tab.dmp ）导入到两个表的源方案 neu 中。

```
IMPDP neu/oracle DIRECTORY=expdp_dir DUMPFILE=neu_tab.dmp
TABLES=employees,departments
```

语句执行效果如图 16-7 所示。

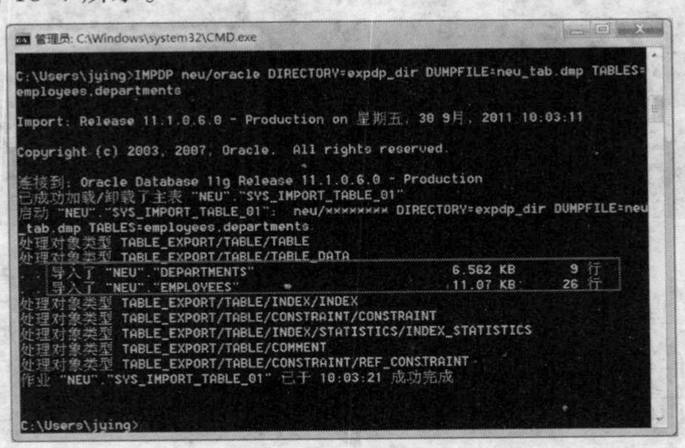

图 16-7 表导入到源方案中

例 16-7 将已导出的 neu 用户下的 employees 表和 departments 表（转储文件名为 neu_tab.dmp ）导入到 system 方案中。

```
IMPDP system/oracle DIRECTORY=expdp_dir DUMPFILE=neu_tab.dmp
TABLES=employees,departments REMAP_SCHEMA=neu:system
```

注意： 由于本例中执行的导入操作是将表导入其他方案中，因此，进行导出操作时使用了具有管理权限的 system 用户连接到数据库，而不能使用普通用户，如 neu 用户。

语句执行效果如图 16-8 所示。

图 16-8　表导入到其他方案中

2. 方案导入模式

选用方案导入模式可将已导出的方案及其所有的对象和数据导入到数据库中。普通用户只可以将从自身方案中导出的对象及数据导入回方案中，但如果用户希望导入其他方案或同时导入多个方案时，则要求该用户必须具有 DBA 角色或 IMP_FULL_DATABASE 角色。方案导入模式的语法如下：

```
IMPDP  username/password
DIRECTORY=directory_ object
[DUMPFILE= file_name]
[LOGFILE=logfile_name]
[SCHEMAS=schema_name[, …]]
[REMAP_SCHEMA=source_schema:target_schema]
```

语法说明：

① schema_name 参数值表示要导入的方案名，可以同时导入多个方案。当 SCHEMAS 参数省略时，默认导入当前连接用户的方案。

② REMAP_SCHEMA 参数的使用表示将源方案（source_schema）内的所有对象均导入到目标方案（tartet_schema）中。

例 16-8　将已导出的 neu 方案下的所有对象及数据恢复到 neu 方案中，存放 neu 方案数据的转储文件为 expdp_schema.dmp。

```
IMPDP  neu/oracle  DIRECTORY=expdp_dir  DUMPFILE=expdp_schema.dmp
SCHEMAS=neu
```

语句执行效果如图 16-9 所示。

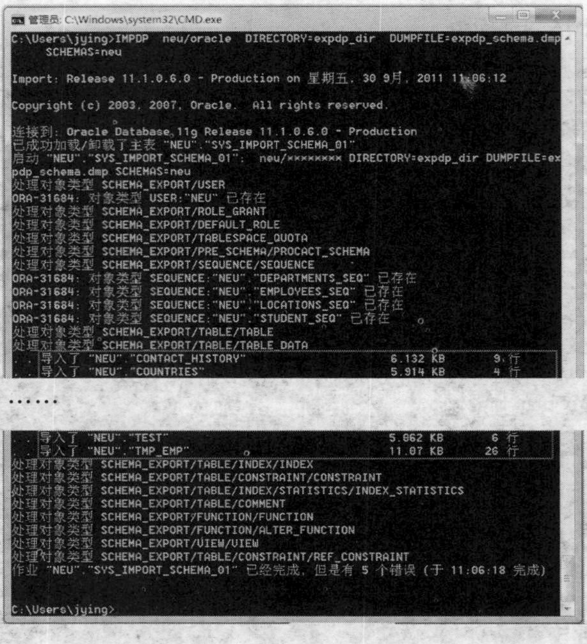

图 16-9　导入源方案

例 16-9　将已导出的 neu 方案下的所有对象及数据导入到 system 方案中，存放 neu 方案数据的转储文件为 expdp_schema.dmp。

```
IMPDP system/oracle DIRECTORY=expdp_dir DUMPFILE= expdp_schema.dmp
SCHEMAS=neu REMAP_SCHEMA=neu:system
```

语句执行效果如图 16-10 所示。

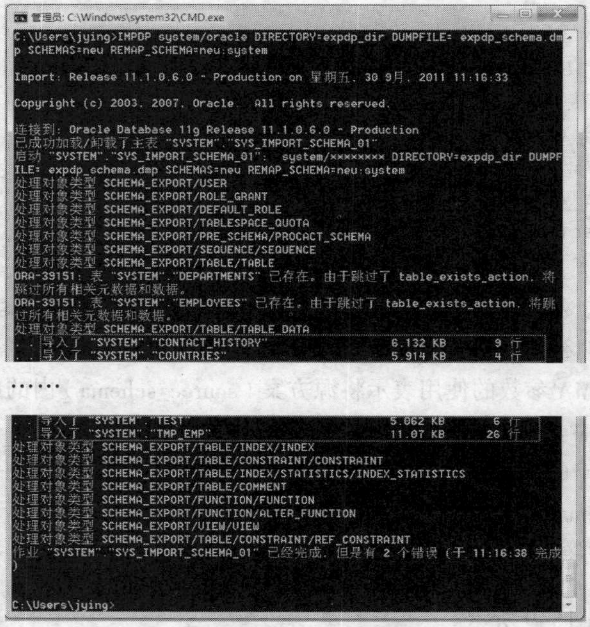

图 16-10　导入其他方案

3. 表空间导入模式

选用表空间导入模式,可使表空间导出模式导出的转储文件中的对象及数据导入到数据库中。与前面两种模式不同的是，要实现导入表空间操作，用户必须具有 DBA 角色或 IMP_FULL_DATABASE 角色。表空间导入模式的语法如下：

```
IMPDP  username/password
DIRECTORY=directory_object
[DUMPFILE= file_name]
[LOGFILE=logfile_name]
TABLESPACES=tablespace_name[, ...]
```

语法说明：

tablesapce_name 参数值表示要导入的表空间，允许同时导入多个表空间。

例 16-10　将转储文件 simple.dmp 中的表空间 simple 导入数据库中。

```
IMPDP system/oracle DIRECTORY=expdp_dir DUMPFILE=simple.dmp
TABLESPACES=simple
```

语句执行效果如图 16-11 所示。

图 16-11　表空间导入模式

4. 数据库导入模式

选用数据库导入模式可将已导出到转储文件中的数据库对象及数据导入到数据库中。数据库导入操作要求用户必须具有 DBA 角色或 IMP_FULL_DATABASE 角色。数据库导入模式的语法如下：

```
IMPDP  username/password
DIRECTORY=directory_object
[DUMPFILE= file_name ]
[LOGFILE=logfile_name]
[FULL={y|n}]
```

语法说明：

参数 FULL 表示是否采用数据库导入模式，当 FULL 省略时，默认为 n。当指定"FULL=y"时，表示采用数据库导入模式。

例 16-11　将已导出到转储文件 oradb.dmp 中的所有对象及相关数据装载到数据库中。

```
IMPDP system/oracle DIRECTORY=expdp_dir DUMPFILE=oradb.dmp FULL=Y
```

除了上面介绍到的几种导入模式外，与导出模式相对应的还有使用 FLASHBACK_TIME 参数实现导入特定时间点数据功能；使用 CONTENT 参数实现导入对象结构功能；在 Oracle 11g 中使用 ENCRYPTION、ENCRYPTION_MODE、ENCRYPTION_PASSWORD 等参数实现导入加密文件功能；使用 QUERY 参数实现导入部分数据功能等。对于以上参数以及使用 impdp help=y 帮助命令查看到的一些参数的使用，这里就不做详细介绍了，如果需要，可结合帮助以及前面章节介绍过的几种导出\导入模式语法进行尝试使用。

16.3　EXP 和 IMP

在前面章节中介绍了 Oracle 10g 版本之后可使用数据泵实现数据的导入导出操作，那么在 Oracle 10g 版本之前，是如何实现数据的导入导出操作呢？在数据泵（EXPDP 和 IMPDP）出现之前，Oracle 提供了与数据泵类似的可对数据库进行逻辑备份的客户端工具 EXP 和 IMP。使用 EXP（Export）工具可将数据从数据库中提取出来，之后可再利用 IMP（Import）工具将提取出来的数据导入 Oracle 数据库中去。

数据导入（IMP）的过程是数据导出（EXP）的逆反过程，首先利用 EXP 工具将数据库中的数据导出并保存在操作系统下的一个二进制文件中，文件后缀为.dmp。这个二进制文件与操作系统无关，可跨平台使用，从而使得数据的导入导出操作更加灵活。

16.3.1　使用 EXP 导出

使用 EXP 导出工具可将数据库对象及数据导出到某转储文件中，Oracle 支持以下几种方式的导出：

① 表方式（T 方式），将指定表对象及数据导出。

② 用户方式（U 方式），将指定用户方案中的所有对象及数据导出。

③ 完整的数据库方式（E 方式），将数据库中的所有对象导出。

EXP 工具对导出操作命令提供很多命令行参数，各参数可在 Windows 命令行窗口中执行 exp help=y 语句进行查看，命令运行效果如图 16-12 所示。

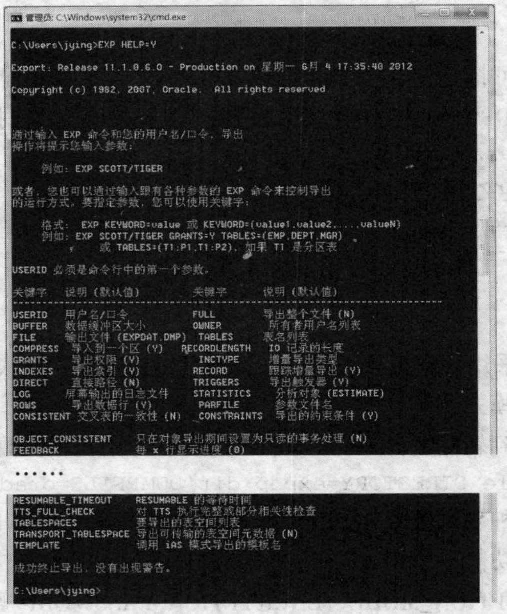

图 16-12　exp help=y 命令运行效果

使用 EXP 工具进行导出操作时，EXP 工具提供了导出过程向导功能，具体操作可通过在 Windows 命令行窗口中输入 exp 导出命令或者 "exp 数据库用户名/密码" 命令进入导出操作过程，具体操作步骤如下：

① 输入 exp 命令。

② 输入执行导出操作的数据库用户名和密码。

③ 选择导出方式。

④ 设定导出参数。

⑤ 输入导出对象，如果需要导出多个对象，则可以多次输入导出对象。

例 16-12 导出 neu 用户下的 employees 和 departments 表到转储文件 neu_tab.dmp。

导出操作过程如图 16-13 所示。

图 16-13　EXP 工具导出操作

从图 16-13 中可以看到，在使用 EXP 工具进行导出操作的过程中，当填写完导出文件存放路径和名称后，可对本次导出操作需要使用的方式进行选择，系统默认导出方式为 U，即采用用户方式导出当前用户；如果希望导出表对象，可选用 "表方式"，即输入字母 T，如例 16-12 所示；如果希望导出数据中所有对象及数据，可选用 "完整的数据库" 方式，即输入字母 E。

例 16-12 中已经针对 "表方式" 的导出操作进行了介绍，对于其他两种方式的使用过程与表方式基本类似，这里就不再进行详细介绍。

在使用 EXP 工具进行导出操作时，除了使用上面介绍的导出向导方式进行导出外，还可以使用 EXP 命令语句实现导出。

1. 导出表

```
EXP neu/oracle FILE=d:\ neu_tab1.dmp TABLES=employees,departments
```

执行上述 EXP 命令导出 neu 用户中的自有表 employees 和 departments。普通用户可以导出自身方案中的表及相关对象，但是如果希望导出其他方案中的表及相关对象和数据时，则需要执行导出操作的用户必须具有 DBA 角色或者 EXP_FULL_DATABASE 角色。使用具有 DBA 角色的 system

用户导出 neu 用户下的表，具体如下：

```
EXP system/oracle FILE=d:\neu_tab2.dmp
TABLES=neu.employees,neu.departments
```

2. 导出用户

```
EXP neu/oracle FILE=d:\neu1.dmp
```

执行上述 EXP 命令可导出 neu 用户中所有对象。普通用户可以导出自身方案中的所有对象，但是如果希望导出其他方案，则需要执行导出操作的用户必须具有 DBA 角色或者 EXP_FULL_DATABASE 角色。使用具有 DBA 角色的 system 用户导出 neu 用户方案，具体如下：

```
EXP system/oracle OWNER=neu FILE=d:\neu2.dmp
```

3. 导出数据库

```
EXP system/oracle FULL=y FILE=d:\oradb.dmp
```

导出数据库功能的实现必须要求执行导出操作的用户具有 DBA 角色或者 EXP_FULL_DATABASE 角色。

16.3.2 使用 IMP 导入

使用 IMP 导入工具可将已导出的数据库对象及数据导入到数据库中，Oracle 支持以下几种方式的导入：

① 导入表，将已导出的表对象及数据导入到数据库中。

② 导入用户方案，将已导出的用户方案中的所有对象及数据导入数据库中。

③ 导入数据库，将已导出的数据库中的所有对象重新装载到数据库中。

IMP 工具对导入操作命令提供很多命令行参数，各参数可在 Windows 命令行窗口中执行 imp help=y 语句进行查看，命令运行效果如图 16-14 所示。

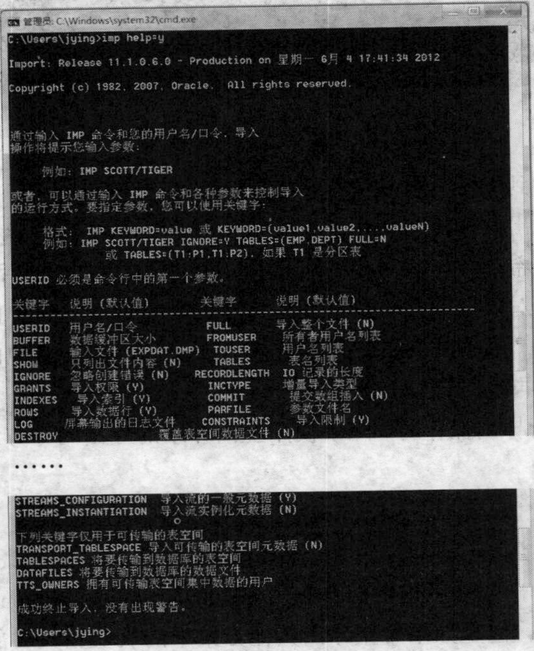

图 16-14 imp help=y 命令运行效果

使用 IMP 工具进行导入操作时，IMP 工具同样提供了导入过程向导功能，具体操作可通过在 Windows 命令行窗口中输入 imp 导入命令或者 "imp 数据库用户名/密码" 命令进行导入操作，具体操作步骤如下：

① 输入 imp 命令。

② 输入执行导入操作的数据库用户名和密码。

③ 输入导入文件路径及名称。

④ 设定导入参数。

例 16-13 将已导出的 neu 用户下的 employees 和 departments 表导入 neu 用户中。

导入操作过程如图 16-15 所示。

图 16-15 使用 IMP 工具导入表

在使用 IMP 工具进行导入操作时，除了使用上面介绍的使用导入向导方式进行导入外，还可以使用 IMP 命令语句实现导入。

1. 导入表

```
IMP neu/oracle FILE=d:\neu_tab1.dmp TABLES=employees,departments
```

执行上述 IMP 命令将已导出的 neu 用户中的自有表 employees 和 departments 导入到 neu 用户中。普通用户可以导入从自身方案中导出的表及相关对象，但是如果希望导入其他方案中的表及相关对象和数据时，则需要执行导入操作的用户必须具有 DBA 角色或者 IMP_FULL_DATABASE 角色。使用具有 DBA 角色的 system 用户导入 neu 用户下的表，具体如下：

```
IMP system/oracle FILE=d:\neu_tab2.dmp
TABLES= employees,departments FROMUSER=neu TOUSER=system
```

2. 导入用户

```
IMP neu/oracle FILE=d:\neu1.dmp FROMUSER=neu TOUSER=neu
```

执行上述 IMP 命令可将已导出的 neu 用户中所有对象导入 neu 方案中。普通用户可以导入自身方案中所导出的对象，但是如果希望导入其他方案的对象，则需要执行导入操作的用户必须具有 DBA 角色或者 IMP_FULL_DATABASE 角色。使用具有 DBA 角色的 system 用户导入已导出的 neu 用户方案中的对象，具体如下：

```
IMP system/oracle FILE=d:\neu2.dmp FROMUSER=neu TOUSER=system
```

3. 导入数据库

```
IMP system/oracle FULL=y FILE=d:\oradb.dmp
```

导入数据库功能的实现必须要求执行导入操作的用户具有 DBA 角色或者 IMP_FULL_DATABASE 角色。

除了前面 EXP 和 IMP 小节中介绍到的几种导出\导入方式外，与数据泵（EXPDP 和 IMPDP）功能非常相似的是，还可以使用 FLASHBACK_TIME、ROWS、QUERY 等参数实现某些特定的数据导入和导出操作。对于这些参数的应用可使用 exp 或 imp help=y 帮助命令进行查看，这里就不做详细介绍了，如果需要，可结合帮助以及上面介绍过的导入导出操作语法进行应用。

小 结

本章主要介绍了如何使用 Oracle 新版本中的数据泵（EXPDP 和 IMPDP）技术，以及传统的导入导出工具（EXP 和 IMP）进行数据库的逻辑备份和恢复操作，主要内容如下：

① 介绍了数据库备份和恢复的概念。

② 介绍了对于 Oracle 10g 以后的版本，如何使用数据泵（EXPDP 和 IMPDP）工具实现数据库的逻辑备份和恢复。

③ 介绍了对于 Oracle 10g 以前的版本，如何使用传统导出导入（EXP 和 IMP）工具实现数据库的逻辑备份和恢复。

习 题

1. 使用 system 用户登录，创建目录对象 dump_dir，并为 neu 用户授予对于该目录对象的读写权限。

2. 使用 EXPDP 工具导出 neu 用户下的 locations 表到 expdp_tab.dmp 文件中。

3. 假设 neu 用户下的 locations 表丢失，使用 IMPDP 工具将已导出的 neu 用户下的 locations 表导入回数据库中。

4. 使用 EXP 工具导出 neu 用户下的 locations 表到 exp_tab.dmp 文件中。

5. 假设 neu 用户下的 locations 表丢失，使用 IMP 工具将已导出的 neu 用户下的 locations 表导入回数据库中。